持続可能な生活空間の計画へ

生活空間は、住み手が主役となってかたちづくられることで、より使いやすい場となる。また、長期的な観点からの使いやすさや維持可能性、さらには安全性を考えることが大事である。都市計画には、まず生活空間としてのあるべき姿、多様な人がいる社会で誰でも使いやすい空間であることが求められる。その手がかりは、身近にあるさまざまな生活空間の魅力と維持・改善の仕方を捉え返すことにある。

0 伝統的な居住形態

伝統的な住居は、自然災害から居住者の命を守りながら、日々の暮らしでは周辺の自然環境の恩恵を受けた暮らしを成り立たせる、絶妙な場所に立地する。

写1 富山県砺波の散居村（提供：となみ散居村ミュージアム）
屋敷の周りに防風林を配し、強い風から生活を守る空間を形成。空から見ると、自然環境にそくした配置が規則的に展開している。

1 都市における生活空間の計画論

産業革命以降、私たちは、集約的に人が暮らす都市の形成方法を模索してきた。無秩序に都市を形成するのではなく、誰もが健康的で、文化的な生活を送る地域空間に住むことができるようなコントロールを行うことで、持続可能な空間となる。

写2 英国バーミンガムの棟割り集合住宅の中庭
急速な近代化により、劣悪な環境で人々が暮らすこととなった。風通しが悪く、家の中には皆が過ごすのに十分な空間はなかったという。

写3 英国レッチワース田園都市
十分に緑豊かな環境が得られる住宅地の形成。豊かなバックヤードを持つことで、街並みとしての景観を整えつつ、生活者は十分な屋外生活を送ることができる。

写4 ニュータウン内の団地
第2次世界大戦後、都市部の人口増加の受け皿となったのが郊外に立つニュータウン。その中の集合住宅団地は、いまではコミュニティ豊かな空間となったものも多い。

2 生活空間を支える基盤

私たちの生活はいくつもの種類の都市基盤によりかたちづくられている。気候変動、社会のあり方や人口の変化、技術の進展等を踏まえ、持続可能な生活空間づくりに向けて、緑、水、電気、交通等のさまざまな都市基盤のありようを考えることが重要である。

写5　玄関先の緑
家の周りに緑を配することで、景観をかたちづくるばかりでなく、夏の気温を下げ、土があることで降雨を一時的に蓄える。

写6　水と親しめる空間
江戸時代から多摩川沿いの農地を潤してきた二ヶ領用水は、現在は住宅地内の市民の親水空間として再生された。

写7　住民による公園づくりと緑の管理
住民主体で計画された東京・豊島区の雑司が谷公園では、その後の手入れも住民が行う。毎月2回の定期清掃の際に花を植える住民。

写8　誰もが集える道
誰もが歩きやすく、また立ち話等の近隣交流等の場であることが重要である。

写9　誰もが使いやすい移動空間
インクルーシブな社会をつくる要のひとつが、誰もが自由に移動できること。歩行、自転車、車いすなど、車以外のさまざまな手段の利用を許容する道路空間。

3　生活空間を計画する視点

生活空間の維持は、さまざまなものにより支えられている。街並みを整えることを通した居住者間の協力関係の構築や、災害への備えに加え、住んでいる人の多様性を意識して生活空間を計画することで、誰もが住み続けられる街になる。

写10　被害に遭いにくい古くからの神社
集落の中心にある古くからの神社や旧家の立地する場所は、災害の被害から逃れやすい場所が多い。この神社には、東日本大震災の際に保育園の子どもたちが避難し、それを手伝った近所の住民たちとともに全員が難を逃れた。

写11　地区計画により整えられている街並み
美しが丘では、一部建築協定も活用しながら地区計画を主として、整った街並みを維持している（神奈川県横浜市）。

写12　古くからの街並みを住民が維持する佐原
伝統的建造物群保存地区制度を利用して、人が現代の暮らしを営みながら、古い街並みを維持する取組みが行われている（千葉県香取市）。

写13　デンマークの歩車共存道路
コペンハーゲンの住宅地では、子どもたちが遊び、大人が話しやすいように、道に遊具やピクニックベンチが配された歩車共存道路（ボンエルフ）がある。

写14　活躍するNPO
都市部のインフラ等の運営は、NPOが指定管理者として公園の管理や、バスを運行するなど、地域の要となっている。

4 生活空間の再編

生活空間に求められるものは常に変化するが、周辺の農地や自然環境とうまく共存することが重要である。これからの農山漁村は、食料生産の場として、生態系を維持するための拠点として、重要な役割を果たすことを忘れてはならない。

写15　農村・漁村の暮らしの空間
津波被害から再生した宮城県女川町。防潮堤を設けずに海辺に向かう道に商業施設を設け、海から山への視線の通りを確保した。ベンチやテーブルを設け、人の交流の場づくりを意識した再生が実現した。

写16　地域資源としての蔵の活用
長野県飯田市では、中心市街地再生の契機として路地奥の蔵を公開することで、観光客等を惹き付けている。

写17　山村の活性化
徳島県上勝町の「葉っぱビジネス」は、料亭の料理のツマモノを自宅周辺で育て付加価値をつけて、女性の手で出荷する。

写18　木造密集市街地の中のコモン
小学校の統廃合で移転した跡地が、敷地にあった樹木を残したまま防災公園に。左は公道、右は公園内の通路。災害時の救援拠点にもなる。

写19　空き家再生（提供：CO-coya）
空き家の再生は、まちの活性化には欠かせない。まちの溜まり場から人のつながりが生まれる。

生活の視点でとく
都市計画 第2版

薬袋奈美子・室田昌子・加藤仁美・後藤智香子・三寺 潤 著

彰国社

カバーデザイン：佐々木貴子
本文デザイン：スタヂオ・ポップ

読者へ

本書は、生活者の視点でまち・居住地を考えるための素材を提供する。都市計画の基礎的な教科書でありながら、現行制度を説明すること以上に、生活をする空間としてのあるべきまちの姿を考えることのできるような構成にした。そのため、私たちの生活の基盤を支えるために欠かせないテーマに多くの頁を割いている。また、都市計画を学ぶ方、また同時に生活者としてまちづくりにかかわろうとしている方々にも手にとっていただきたい教科書である。

生活の視点から都市を考えるにあたって大切にしたいことは3点ある。

共生の都市

人は自然の一部であり、それを完全にコントロールすることは不可能であろう。また豊かな自然は私たちの生活に潤いをもたらし、健康を維持する基礎でもある。持続可能（サステナブル）な社会をつくり上げるためにも、自然や身のまわりの環境との共生の意識は大切である。気候の変化、地震等の自然災害の頻発、さらに超高齢化、IT（情報技術）の目覚ましい変化の中で生活を支える空間はどんなかたちであろうか。より安全で快適な生活のための都市計画のあり方を、自然との共生を意識して、改めて見直す時期が来ている。

近隣とのコミュニケーションのとれる居住地

気軽に近隣の住民とコミュニケーションをとることで居住地としての質は向上する。住宅地内の道や庭でのお喋りはまちに人の気配をつくり出し、安心できる居住空間となる。子どもたちの育ちや、高齢者の孤立を防ぐ面からも、空き巣等を寄せ付けないなど防犯上も、まちを見守る目は欠かせない。東日本大震災で話題になった絆を忘れたくない。

日常的なコミュニケーションは、居住地内の課題や目標象の共有にも寄与し、維持管理の方向性を緩やかに共有する機会ともなる。近隣でのコミュニティを豊かにする居住地はいかにすればつくられるであろうか。

生活者主体の社会

日常生活を支える都市・居住地は、住む人が主役となって時間をかけてつくり上げていくものだ。例えば、道路や公園の場所・形を決めることは外部の専門家でもできるが、そこを使いこなし、手入れをして、生きた空間とするか否かは、居住者がかかわることで大きく変わる。

以上の3つの視点を軸に、さまざまな居住地のかたち、居住地を考える視点、そして近年の居住地の課題の3つの枠組みで都市計画を読み解いてみていただきたい。本書にふれることにより、居住地の姿や生活のしやすい居住地や都市を想い描いていただきたい。

著者一同

第2版について

本書は幸にも、都市計画からまちづくりまでを網羅した本として、学生はもとより多くの読者に恵まれました。今回、法令や統計の更新をはじめ、内容を全体的に見直しました。また、巻頭にイントロダクションとして口絵を置き、本文は各項目において読者がより深くテーマを考察するヒントとなるよう、「考えてみよう！」という課題のコーナーを設けました。生活空間をより良いものにし、持続可能なかたちへと変える主役は読者のひとりひとりです。そのための考えるきっかけとして、取り組んでいただければ幸いです。

2024年1月　著者一同

目次

⓪プロローグ

伝統的な居住形態から
豊かな生活環境を探る

●共生の居住地づくり

私たちの先人は、集まって住むことで、外敵から身を守り、そして財産を守るための形を考えてきた。外敵とはまずは自然災害の脅威であり、先人の住まわっていた場所は、比較的自然災害に遭遇しにくい場所が選ばれている。時代が下り、人が財産を蓄え、かつクニをつくり領土を統治するようになると、その権利を侵そうとする他者から、守るための形が出来上がる。城下町はその典型といえよう。

そういった都市のあり方を大きく転換させたのは産業革命だ。労働の形、そして都市の形を大きく変え、生活を豊かにするための効率性が追求されるようになった。人口の増加とともに大都市が誕生し、居住者の集約度が飛躍的に高まったが、それを支えたのが、上下水道といった衛生設備と、公共交通や道路網の発達である。

土木技術の発展は、それまで居住に適さないと敬遠されてきた場所にも住居をつくることを可能にした。私たちの現在の豊かな生活はこういった技術に支えられているが、一方で、環境への負荷の大きな都市をつくってしまい、都市基盤の維持にも莫大なコストのかかる街ができあがった。これまでにつくられてきた社会資本を、どのように維持・発展させていくのかが今問われている。

20世紀は規制と誘導による都市づくりの時期でもあった。人口の増加や経済の発展を支える都市づくりのための誘導策、その一方で人が生活する環境を守るための規制という構図が多くの場所で形成されてきた。しかし今は、規制と誘導といった対立的な都市づくりの構造を超えて、環境との共生、そしてさまざまな人・文化との共生ができる住環境をつくることが求められている。20世紀までの、新たに都市・住宅地をつくり、人口増加を前提に発展・成長型の社会をつくる都市計画の考え方を見直さなくてはいけない時代となった。

高齢化社会を迎えているにもかかわらず、高齢者が気軽に外出しやすい環境を整えられたと自信を持っていえるまちは、いくつあるだろうか。少子化対策や高齢者の健康寿命を延ばす策を講じるべきであるとは言われていても、子どもや高齢者のケアをするための "施設" を増やすことが優先されている。しかしそれで、本当に子どもは豊かに育ち、高齢者は人として快適な生活の維持につながるであろうか。住宅地のつくり・計画を変えることで、すべての人が生活しやすい居住地・都市のあり方を模索する時がきている。

●居住者主体の成熟型居住地・都市づくり

共生型社会、そして生活者の一人ひとりが都市をつくり上げる構成員としての自覚を持ち、あるべき都市づくりに向けて判断・行動のできる人の集合体が、本当の意味での成熟型社会である。実現の方策を探ることは喫緊の課題である。判断力・行動力のある人を育てる取組みは、さまざまな形で行われてきているが、ここでは国連の取組みを紹介したい。

発展途上国のスラム問題は、かつてはスラムクリアランスを行い新たな住宅を供給すれば解決すると考えられていた時期もある。しかしそれは住民を別の場所にスラム形成させる結果となった。そこで注目された取組みがセルフビルドである。最低限の材料を提供して自力建設をすることで問題解決を試みたが、日々の労働で最低限の生活を行う人々には、困難であった。そういった取組みの結果打ち出されたのが〈enabling strategy〉、つまり「力をつけさせる戦略」である。力をつけさせるさまざまな方法がある。職業訓練をして低賃金労働から脱却する、スラムコミュニティでまとまることにより地主からの土地購入を実現して生活の安定的な拠点を築く、マイクロクレジット（小規模金融）を用いて身の丈にあったビジネスチャンスを掴みながら次第に生活を安定させることなどである。

こういった姿勢は、スラムだけではなく、一般の居住地でも同じことが言えるのではないだろうか。企業などの利潤追求型社会ではなく、生活のための環境を、生活者自身が自覚的に手に入れるような意識を持ち、そのために居住地・都市について考える力、語る力をつけ、判断・行動に結びつけることが求められる。そういった生活者、そしてそれを支援する専門家が増えなければ、20世紀型の都市計画からの脱却は難しい。

●さまざまな視点で生活空間を観察する

本書は、一般的な都市計画の教科書よりも幅広い内容を、生活の視点で扱っている。建築的な内容と土木的な内容、そして自然系の内容も盛り込んだ。限られた紙幅の中で、掘り下げた説明をするよりも、生活をするうえで関連してくる幅広い分野に触れることを目指して編集した。都市での生活であっても、農山漁村、そして山地がどのように管理され、何が起きているのかを知らなくては、適切な判断をすることのできる市民そして専門家にはなれないと考えたからである。すべてを深く理解することは難しい。しかし、自分の目の前に展開する背景には、気がつかない多くのことがあり、それを知ろうとする姿勢を忘れてはならない。関心を持ったことは、別途専門書を紐解き、知識を深めていただきたい。（薬袋）

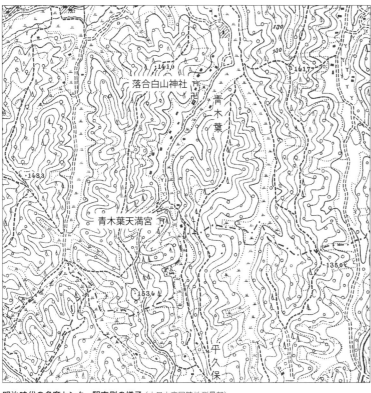

明治時代の多摩センター駅南側の様子（大日本帝国陸地測量部）

青木葉通りと多摩センター駅前地区（1976）

多摩ニュータウンの開発前と後の地形の比較

多摩ニュータウンは、かなり入り組んだ傾斜地の里山を切り開いて、多くの人の住む街をつくった。今でもかなりの高低差があることで知られるが、従前は現状以上に谷が深かったことがわかる。とくに集合住宅形式の住宅がたくさん丘の上に立ち並ぶが、このようなフラットな場所は当初はなく、切り土盛り土を行い集合住宅用地を確保したと思われる。

このような居住地づくりは20世紀型の典型といえよう。この居住地を、21世紀型の方法で維持・改善していくためにはどのような視点と考え方が大切であるのか、さまざまな立場の人と議論してみよう。そのうえで具体的にどのような居住地づくりを今後展開すべきであるのか考えてみよう（等高線の間隔はいずれの地図も10m）。

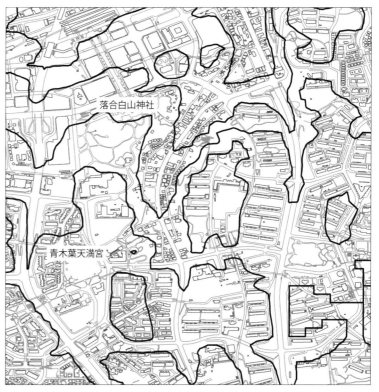

ニュータウン建設のために造成された現在のすがた（国土地理院のデータをもとに作成）

0 プロローグ

❶ 生活空間の計画論

❷ 生活を支える基盤

❸ 生活空間の計画のための視点

❹ 生活空間の再編

❺ 生活空間のマネジメント

◉自然から集落を守る工夫

日本の農村・漁村の集落構成は、その地域の気候や地形の特性、また生業を効率的に行うためのさまざまな工夫を重ねた結晶である。安全を確保するために絶妙な場所に古い住居が立地していることが多い。例えば、古く丘陵地帯の集落では、神社を小高い丘の上に立地させたものが見られる。本家と呼ばれるような家は、その神社から比較的近い尾根の麓に立地して、水を得る便を確保しつつ、川が氾濫しても生命へのリスクが少ない場所に暮らしている。集落は、その周辺に形成され、川に近い場所は田として利用されてきた地区が多い。

室町時代、江戸時代と時代が下るに従い、河川の治水対策の技術が向上し、低地にも集落ができるようになった。独特な集落形態で知られる木曽三川の河口にある輪中集落も、江戸初期ごろからつくられ始めて大規模なものへ発展していった（図1）。

日本は水以外にもさまざまな災害に備える必要があるが、強い季節風に悩まされる地域では、集落全体（瀬戸内海女木島のオーテ、能登半島の間垣）や個別の住宅（石垣、カイニョ、カシグネ等）を守る壁や垣根がつくられてきた（図2）。オーテのような固い守り方をする地域は多くはない。大半が頻繁な手入れの必要とされる樹木を利用している。樹木は、適度な風の力の減衰が期待され、富山・砺波のカイニョのように実のなる木や、家具・建材として利用できる木を植えることは、生活の豊かさもつくり出している（図3）。私たちの祖先は、自然の持つ強すぎる力をかわしつつ、上手く生活の中に気持ちよさを取り入れてきた。

◉農業・漁業を効率的に行う工夫

日本の伝統集落の大半は、農耕を中心とした形態である。漁村と呼ばれる地域であっても、漁業のみを営んでいたわけではなく、自家用が主目的とはいえ、田や畑を持ち、生活を営んできた。

水をどのように田畑に引くのかが、昔も今も変わらない田畑を耕す際の重要な課題である。とくに水田は水を得るための用水を引き、水を平等に分配するための努力が行われてきた。一方低湿地においては、排水をし、できるだけ乾田化するための工夫が施されてきた。集落はこういった作業を協働で行うための組織でもある。

表1　集住形式と集落立地の対応（日本建築学会、1989）

	1. 山頂・山腹	2. 谷あい	3. 台地・平原	4. ふもと	5. 低地	6. 海辺
散らばって住む	散居集落	散在集落	・屯田集落 ・開拓集落	扇状地集落	散居集落	
並んで住む	・柵状集落 ・層状集落	谷筋集落	・街道村 （武蔵野の新田集落）	・段丘下の集落 ・東面する山裾の集落	・輪中集落 ・掘上田集落 ・干拓集落 ・自然堤防土の集落	・砂丘集落 ・干拓集落
かたまって住む		谷奥集落		典型的な日本の集落	・環濠集落 ・条里集落 ・クリーク集落 ・沖縄の基盤状集落	典型的な漁業集落

図1　木曽三川下流の輪中（桑名市輪中の郷の展示資料より作成）
治水工事の進展とともに形成された。堤防で集落全体を囲い、水面よりも低地で生活する。浸水しやすいため、水屋と呼ばれる土盛りをした高い場所に建物をつくり、浸水時に備えた。防風林は風よけのため建物の西側に植える。

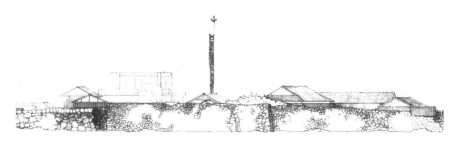

図2　女木島のオーテ（防風石垣）（明治大学 神代研究室・法政大学 宮脇ゼミナール、2012）
オーテと呼ばれる大きな壁をつくり、居住地内を海風から守っている。

写1　富山・砺波の散居村（国土地理院）
日本各地に見られる集落形態。防風林で屋敷を囲うことで、強風から家とそこで営まれる生活を守る。植えられる木は、薪など、生活の用にもなる。

図3　散居村の住居（薬袋研究室）

考えてみよう！　古くから人が住む集落について、明治期の地図や江戸時代の絵図を見て、当時の生活や生業を具体的に想像し、集落空間の使い方を書き込んでみよう。

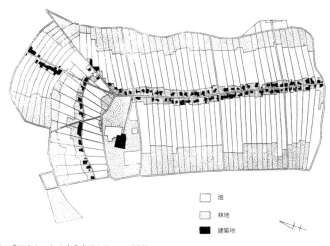

図4　武蔵野の「三点セットの文化」(井上修二、1960)
新田開発は、江戸時代に各地で行われた。武蔵野では、比較的痩せた地質の場所にも新田開発を行ったこともあり、短冊形に土地を分け、雑木林と耕作地・住居を組み合わせることにより、堆肥や燃料の確保を実現した。

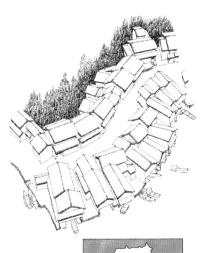

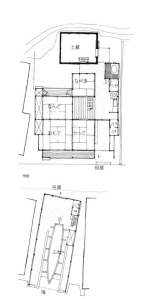

図5　伊根の集落(吉田佳二、1988)
日本海に面する丹後半島の入り組んだ湾の奥の静かな海に面する伊根の集落は、山側に主屋、海にせり出すように舟屋をつくり、舟屋の2階にも居室をつくるなどしてきた。陸よりも海を交通手段に使うほうが便利な地域で、船を守り手入れをしやすくなる賢い暮らし方の例だ。

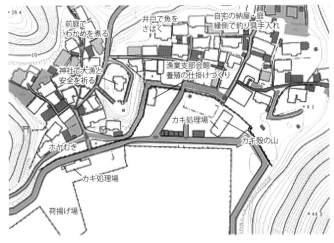

図6　宮城・女川町竹浦地区(薬袋研究室(羽島愛奈))
多くの家が被災した女川町竹浦地区の被災前の様子。海に突き出るようにしてあった小高い神社の東側が古くからある住居で、津波で浸水したものの流失するほどの被害ではなかった。海辺は砂浜であった場所が近年埋め立てられカキ養殖の作業場であった。リスクの小さい場所だが、海に近い場所に古くからの家があり、海を使った豊かな漁村生活が営まれていた。

燃料革命がもたらされ、主たる燃料が薪から石油・電気に変わるまでは、日本の山は雑木林として二次林が形成されてきた。この手入れと、山から得られる恵みをどのように扱うのかが集落コミュニティで重要であった。また多くの集落が共同の場を持ち、神社のような信仰の場と、入会地と呼ばれるような供用の雑木林を持ち集落運営に使われていた。一方で、江戸時代に行われた新田開発では、従来土地が貧弱で、農耕に適さなかった場所でも、雑木林とセットで田を使うことにより営農効率を上げられる集落をつくり出すなど、人口増加を受け止めるための集落の形が形成された(**図4**)。

他にも地形と生業にあわせたさまざまな住まいがある。例えば伊根の舟屋は、波の静かな内湾で、漁を主たる生業としている家庭のための住居として大変効率が良い(**図5**)。海に張り出した住居の1階部分には、船の格納庫と漁具をともに収納できるスペースがある。2階には居室があり、海を常に見守りながら生活することができる。

◉受け継ぎたいコミュニティの知恵と工夫

農山漁村でのコミュニティは、大変強いといわれるが、生活環境を維持するための共同事業体であることが背景にある。生業や生活に欠かせない水の確保や、燃料革命前であれば薪炭を得る場、時には自然災害での避難場所ともなる神社を含む入会地といった共有・共用する空間の自立的な管理は必須であった(**図6**)。東日本大震災の被災地では古くからある高台の神社が多くの人の命を救った。日ごろから参詣するために階段が整い、草刈りされていること、そして住民がそこへの道をよく知っていることが、避難場所として活用されたことの背景にある。また、生物の多様性を維持する拠点として里山も、地域住民の手入れがあって維持が可能である。

現代社会では、必ずしも必要ではないかのように感じられるコミュニティ組織であるが、安全で快適な居住環境を維持するには自立的な地域管理の姿勢は欠かせない。風習、習慣、宗教行事などに含まれていたコミュニティマネジメントとしての意味合いを理解し、各集落の居住者の納得のいく方法でのマネジメント体制を整えることが求められる。　　　　　　(薬袋)

0　プロローグ

❶生活空間の計画論

❷生活を支える基盤

❸生活空間の計画のための視点

❹生活空間の再編

❺生活空間のマネジメント

0.2 都市居住の形を振り返る

●都市の発展の形

　日本の本格的な都市づくりは、中国の都市にならい平城京、平安京といった都がつくられ、今でもその形が残っている。その後武士が登場し、町が戦の攻防の場となる機会が増えることで、都市は外敵の攻撃から守るために効率のよい形態がつくられるようになった（**図1**）。かつて多くの都市では、都市の領域が明確であり、塀等で囲い門を設け、時間を決めた開放であった。武力で領土を守っていた世界各地に類似した都市形態を見ることができる（**図2**）。城下町の中では、一直線ではない曲がり角の多い路地形態が残る。このように伝統的な都市のつくりは、その時々の必要に応じて理にかなっている。

　都市全体から都市の居住地に目を移すと、密度の高い生活でありながらも、快適に過ごすためのさまざまな工夫が見られる。例えば京都などの多くの都市では、大街区により町を構成していたために、通りに面したファサードを小さく区切り、奥に細長い敷地使いをしていた。これが"トオリニワ"と呼ばれる細長い土間空間を有する町屋を形づくることになる（**図3**）。街区の中心部は、長屋にして安い賃料の住居が提供されたり、各屋敷が火事での被害を最小限にするための土蔵が設置されたりした。

●生活を快適・安全にする知恵

　日本では古くから各地の実情や、地域の地形を活かした生活空間づくりが行われてきた。とくに水を得るための工夫は各地で見られる。井戸を掘ることでの水の確保が難しい場合、上水を遠い山からひく工夫も見られる。仙台藩での四谷用水、金沢の辰巳用水、小田原の小田原用水等、多くの町に工夫した用水が見られる（**図4**）。また町の中でも上流から下流に向けて水の使い方ルールを定め、効率よく安全な水の確保を実現していた（**図4**）。

　安全を確保するためにも多くの工夫がある。城下町の立地は、外敵からの守りとともに、自然災害への配慮が見られる。江戸の安定期に大きく発展した町は、現在の都市の基盤となっている場所が多く、川の氾濫などを受けにくいが比較的広い平坦地を上手く利用した都市形成が行われている。また湊町や街道筋の町においては、自然堤防上や海岸砂丘上といった微地形を上手く

図1　戦国時代の城下町
（都市史図集編集委員会、1999）
城を守るために町は効率的なつくりである。

図2　ポルトガルのObidos（薬袋研究室）
中世の城の形が横残る町。牧草地の中の小高い丘の上に立地する城下町は、立派な城壁の中にあり、門を閉めれば、外からの進入が容易ではない。

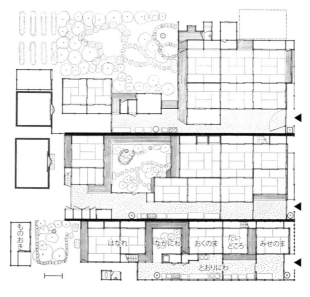

図3　滋賀県彦根町魚屋町の町家（上田・土屋、1975）
町家のトオリニワは、都市部で快適に生活するための工夫のひとつ。細長い敷地の奥にある生活空間や収納空間（蔵など）と、通りに面した店（みせ・たな）部分とを結ぶと同時に、空気の通り道でもあった。とくになかにわを設けることで採光・通風が格段によくなり快適な居住環境が形成された。

凡例
本流（開口部）
隧道（トンネル）
第一支流
第二支流
第三支流
その他四ッ谷用水
河川（現在）
鉄道（現在）
道路（現在）
段丘の境界

出典：「四ッ谷用水総集編I」（佐藤昭典著）を参考に作成

図4　仙台の四谷用水（仙台市）
河岸段丘上に立つ青葉城とその城下町は、守備の面での立地は素晴らしいが、水の安定供給に課題があった。伊達政宗は広瀬川上流から用水をひき、豊かな町が実現した。

考えてみよう！ 伝統的な街並みの残る地区を訪問したり、地図で確かめて、地区内のコミュニケーション空間がどこにあったのかを考えてみよう。

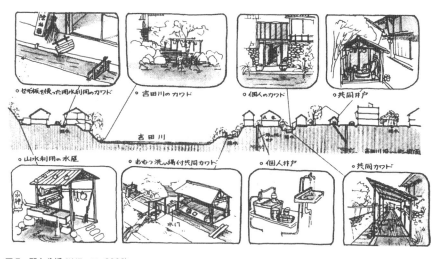

図5 郡上八幡（渡辺一二、2003）

図6 金沢の六斗の広見（薬袋研究室）
金沢の広見は、江戸期に城下町としての防御性を高める目的で、直線道路をなくするために生み出された空間と言われ、辻広場的空間として御触れが出される場でもあった。今でも密集市街地の中で人が立ち止まることができるゆとり空間として利用されている。

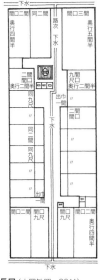

図7 江戸の長屋（大岡敏昭、2011）
長屋は最低限の家族の生活空間から構成されていた。水は共同の井戸から得ており、所謂井戸端会議の場でもあった。

図8 雑司が谷の鬼子母神（表：薬袋研究室（三浦茜））
木造密集市街地の中にある鬼子母神境内は、緑豊かな広場である。工芸品の作家などの作品の展示販売会、芝居小屋、朝顔市など、さまざまな催しの場ともなる。お会式では、地域の住民が講社と呼ばれるグループに参加し、練り歩きを行うが、その準備などの段階で多世代での交流がある。新住民も入ることのできる場でもある。

経緯理由	講社名	講員数 中心メンバー＋会員＋固定メンバー	行列 参加者
戦前	A	把握無	200人～
	B	30人	250人
	C	把握無	70人
居場所	D	200人	200人
	E	200人	200人
	F	把握無	100人
地域で楽しむ	G	25人	25人
	H	170～180人	200人
	I	把握無	200人
	J	100人以上	100人～
	K	80人	170人
	L	50～60人	50人
	M	把握無	120人
	N	70～80人	130人
同好会	O	30人	50人
	P	40～50人	50人
	Q	120人	100人～

中心メンバー	講社の運営を担う役職につくメンバー
会員	会費を払う・会員の条件を満たしている行列以外の講社の活動にも参加している
固定的参加者	毎年決まった講社に参加し、講社側も把握している
行列参加者	固定的ではない参加者 行列に飛び込み参加する者もいる

利用して、商いの利便性と命を確保しつつ、財産を守った。

●コミュニケーションを生む共用空間

人が集い快適に暮らすためには、近隣とどのように交流をし、共に生活空間をつくり上げるのかが重要である。農村であれば、農業を効率的に営むための共同体が形成されてきていたが、人の出入りが多い都市部では、住んだ場所で自然に交流できる場の確保が重要である（**図6**）。よく知られるのは長屋での生活だ。井戸端会議という言葉もあるように、毎日の生活に欠かせない水を確保する井戸は、長屋等では共同で利用されていたため、毎日住民同士が顔を合わせる場でもあった（**図7**）。地縁型のコミュニティの最小単位ともいえるような長屋は、プライバシー性は低いものの、生活の多くの面を共有することでの助け合い、子どもの育ちあい等、共生が実現していた。

また、寺社は、江戸時代の寺子屋のような子どもたちの集まる空間も兼ね、地域の集いの場として重要な位置づけにあった。現代都市計画にある公園はなくとも、共同で管理し、集いの空間として機能する場は用意され、都市生活の中でのゆとり空間として機能していた（**図8**）。

近年、都市部の寺社境内は、ビルが建つこともあるが、"寺カフェ"とも呼ばれる、一息をつく空間として利用されているものもある。また、密集市街地内で寺社境内が残る地区もあり、防災上も重要な拠点となる。仏教や神道は、これまでの日本の歴史の中で、時には政治的な意向にもとづいて利用されたこともあり、第2次世界大戦以降は政教分離が徹底している。しかし生活を豊かにするための都市づくりにおいて、半公共的な空間である寺社地を、上手く活用することで、行政だけでは創出することのできる良い空間が実現する。また宗教行事とも言われる祭礼などについても、すべての人に強制的な参加は求められないが、都市部においても新規居住者も仲間に入り、新たなコミュニティ形成のきっかけとなることも多い。柔軟にこういった活動・場の維持を支援する方法を見出していくことが求められている。 （薬袋）

0 プロローグ
❶ 生活空間の計画論
❷ 生活を支える基盤
❸ 生活空間の計画のための視点
❹ 生活空間の再編
❺ 生活空間のマネジメント

Column ● 男鹿半島加茂青砂地区と津波

なまはげで知られる秋田県西部の男鹿半島には、いくつもの小さな集落が並ぶ。江戸時代の地図では一番道の奥に位置していた加茂青砂集落には、海とともに暮らしてきた先人の知恵が数多く隠されている。

小さな砂浜に面したこの集落は、背後の山との間のとても狭い場所に各住宅が海に面して建っていたことが江戸時代の図からわかる。図は、この地区の現在の断面図である。海に面する低い場所に住居があることが確かめられる。住居よりも海側にある納屋には漁具等が収納され、2階は海に面した窓から海の様子を見ながら網の繕い等ができるようになっている納屋もある。これは近年になって建てられたものだという。原則として自分の母屋の前に納屋を建てるルールがあり、主たる住居は古くから建つ母屋のほうであるという認識がある。

この地域は海辺であることもあり、これまでにも度々災害にあっている。その際海水がどこまで来たのかをヒアリングで詳細に確かめたところ、納屋部分しか浸水していないことがわかった。日本海中部地震ではこの地区の浜辺で昼食をとっていた遠足中の小学生が津波の被害に遭ったが、江戸時代の絵に描かれていた住居部分は浸水せず、納屋部分程度で済んだ。また最近では、時々発生するようになった爆弾低気圧の被害を受けたが、この際も納屋部分は浸水したが、母屋部分は浸水しなかった。このように、頻繁にある災害からは安全である絶妙な場所に家が建つ。

住居の背後の斜面は田や畑として使われてきたが、その中には土蔵がいくつか建つ。土蔵は、かつては家の大切なものをしまう重要な場所であった。滅多に起きない大きな津波等が万が一襲ったとしても、大切な家財が守られ、しばらく居住することのできる場が確保されている。

層高い場所には神社もある。なまはげが村に降りてくるための大切な拠点として住民から守られてきた神社であり、階段の手入れがされ毎日のようにお参りのされる神社である。災害時にはいち早く避難することができ、遠くの海を確かめる場所としても使える空間だ。

加茂青砂集落では、伝統的な生活空間を大切に守ることで、日常の快適な海に近い居住空間を確保し、同時に災害時にも命を守りやすい使い方となっている。居住者は日常的にそういったことを意識しないし、法定計画で決められているわけではないが、さまざまな配慮が見え隠れする土地利用ルールがあることが読み取れる。　　　　　（薬袋）

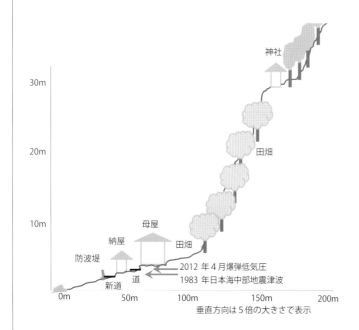

垂直方向は5倍の大きさで表示

2階から海を見渡せる海辺の納屋。奥に母屋があり、さらにその奥には神社続く階段がある。(薬袋研究室)

生活空間の計画論

Chapter **1**

1.1.1　近代都市論の発展

近代および近代化以前のヨーロッパの都市における、人口集中による環境悪化は想像を絶するものがあり、この非人間的な生活環境を改善することが、近代都市論の発展の原点となった。その代表的な試みが、オーウェンの「理想工業村」であり、ハワードの「田園都市」であった。

◉人口集中とヨーロッパの都市環境

産業革命による近代化にともない生産機能が都市に集中すると、農村から都市へと人口が大量に流入し、都市の環境はさらに悪化した。新都市住民は職や住む場所を確保する必要があったが、19世紀に入ると、狭く劣悪な安宿や救貧所を転々として暮らす貧困層が増加し、労働者住宅の環境も超過密で安全な就寝が保障される状態になかった（図2、3）。

活動空間が路上にある貧困層も多く、路上でさまざまな商売や飲食、娯楽、サービス業が発展し、一方で、都市住民の生活を支える公共施設や道路、排水路、街灯の整備も進んだ。下水処理設備が発達していなかったために衛生環境は極端に悪く、さらに、工場や家庭用石炭を原因とする大気汚染が深刻で多くの死亡者を出していた（図4）。とくに乳幼児の死亡率が高く、19世紀末のロンドンの平均寿命は20歳に達しなかった。このように、都市に住む労働者の生活環境は悲惨を極めていた（表1）。

◉理想工業村の発展

古代から人間は理想都市（ユートピア）を追い求め、その時代や地域に応じた理想都市があった。しかし、実現できるのは自ずと権力者や資産家であり、めざす理想都市を実現するために都市計画などの技術や理論が発展してきたといえる。

近代化に伴い工業が急速に発展し資本家に富をもたらす一方で、人口集中による都市環境の悪化と労働者の生活環境の問題が深刻化した。このような社会背景のなかで、資本家自らが理想都市をつくり労働者の生活環境の改善を目指したのが「理想工業村」である。

19世紀前半に、「空想的社会主義」と呼ばれる初期の社会主義思想が発展した。これは、資本主義の矛盾を批判して理想モデルにもとづく社会の実現をめざす考え方

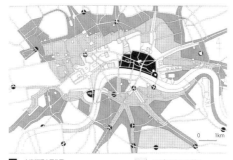

図1　ロンドンの都市域の拡大
（Steen Eiler Rasmnsen, 1949より作成）

■ 中世初期の居住区
■ 中世初期の新開地（修道院、聖堂、ウェストミンスターとロンドンの建物群）
□ 1660年ごろのロンドン
□ 1790年ごろのロンドン
□ 1830年ごろのロンドン

人口の増加により都市域が拡大、1500年ごろは6万人程度、1700年ごろは50万人程度、1801年は96万人とされる。それに伴い人口過密化により居住環境が悪化した。

図3　ロンドンの救貧所（1859）（角山榮・川北稔、1982）

図5　ニューラナークの景観（W Davidson, 1828）

写1　ニューラナークの現在　展示室・センター

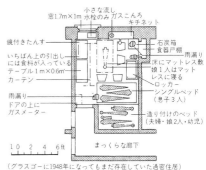

図2　19世紀半ばのイギリスの労働者の過密住居の典型例（Leonardo Benevolo, 1980）

窓1.7m×1m　小さな流し 水栓のみ ガスこんろ キチネット
鏡付きたんす
いちばん上の引出しには食料が入っている
テーブル 1m×0.6m²
カーテン
雨漏り
ドアの上にガスメーター
石炭箱 食器戸棚
雨漏り
床にマットレス敷 娘1人はマットレスに寝る
ロッカー
シングルベッド（息子3人）
造り付けのベッド（夫婦・娘2人・幼児）
まっくらな廊下
1 0 2 4 6ft
（グラスゴーに1948年になってもまだ存在していた過密住居）

図4　テムズ川から直接水を汲む（角山榮・川北稔、1982）
排泄物が処理されていないために、病原菌が飲料水に混ざり伝染病が流行した。排水路の整備も少しずつ進んでいたものの、そのまま流すという方法であったため河川は多様なゴミに溢れていた。

表1　地域別・階層別に見た死亡者の平均年齢（単位：歳）

	ジェントルマンの家族	職人・商売人の家族	職工・労働者・召使いの家族	備考（調査年）
ラトランド州	52	41 ※	38	1837
ウィルト州	50	48 ※	33	1840
マンチェスター	38	20	17	1837
リヴァプール	35	22	15	1840
ボルトン	34	23	18	1839
リーズ	44	27	19	1839
ベスナル・グリーン	45	26	16	1839

※農民・酪農家とその家族を含む

（角山榮・川北稔、1982）

写2　ニューラナークの現在

オーウェンは工場を経営する資本家であり、工場群、作業場、農地に加えて、村の中心部に生活の場として、労働者住宅、教育施設や幼児学校、共同調理所、病院等を建設した。労働環境の向上により作業効率を改善し、収益の確保との両立を成功させた。資本家たちに、労働環境の改善が収益削減にはならないと訴えた。このような考え方は、その後の企業の福利厚生の概念や協同組合活動への発展の礎となった。

　考えてみよう！　理想工業村、田園都市論の代表的な都市論をいくつか選んで、社会背景、空間や環境の特徴、考え方をまとめ、優れた点と問題点を考えてみよう。

図6　ボーンヴィル配置図 (Codbury Brothers)

写3　レッチワースの現在1 (住宅エリア)

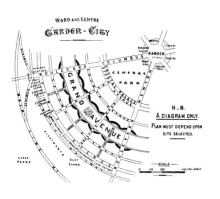

図7　田園都市のダイアグラム1 (ハワード、1898)
田園都市のモデル規模は、人口32,000人、面積6,000エーカー (2,025ha)、うち市街地は1,000エーカー (405ha)。中心部に円形広場、劇場、美術館図書館、病院、市役所などの公共施設、その周りを中央公園が取り囲み、商業施設などのある水晶宮があり、さらに住宅、緑地帯・学校・運動場・教会、住宅地、その外側は工場倉庫があり、環状鉄道、市民農園や酪農場、さらに大農場が周りを取り囲む環状型の形態である。

写4　レッチワースの現在2 (商業エリア)

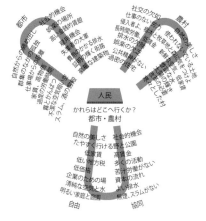

図8　田園都市のダイアグラム2 (3つの磁石)
(ハワード、1898)

図9　アンウィン・バーカーによるレッチワースの計画図
(Parker & Uwin, 1904)

0 プロローグ

❶ 生活空間の計画論

❷ 生活を支える基盤

❸ 生活空間の計画のための視点

❹ 生活空間の再編

❺ 生活空間のマネジメント

である。そのなかでロバート・オーウェン (1771 ～ 1858) は「理想工業村」を提唱し、農業と工業を結合させた労働者の共同社会の建設をめざし、実際にニューラナークに実験村を建設した (図5、写1、2)。

理想工業村に多くの資本家が共鳴するには至らなかったが、その後、資本家による労働者の労働環境と生活環境を考えた工業村がイギリスやアメリカで建設された。工場や作業場に加えて、住宅、学校、病院、体育館、教会、店舗、劇場、公園、菜園などの共同施設が建設されるようになった。19世紀後半に建設されたボーンヴィル (バーミンガム郊外) は、自工場労働者に加えて他の工場の労働者も対象とした工業村であった (図6)。したがって、一工場を中心とした閉鎖的な共同社会という側面を持っていた工業村は、より多様な住民を対象とした一般型の住宅地へとその性格を変えたことになる。

さらに、非営利のボーンヴィル・ビレッジ・トラストに330エーカー (約134ha) の土地と313戸の住宅を信託し、土地の公的所有と管理による開発利益[注1]の地域へ

の還元を実現した。この考え方は、その後、田園都市論に継承され発展することになる。

●田園都市論＝都市と農村の結婚

都市の労働環境や生活環境問題を解決しつつ農村における職不足の問題を解消し、都市の魅力と農村の豊かな自然を合わせ持つ都市として、エベネザー・ハワード (1850 ～ 1928) によって1898年に提唱されたのが「田園都市」である (図7、8)。

環境改善のみに止まらず、①産業・生活機能の充足と自給自足をめざす自己完結型都市、②流入人口制限による過密化防止とネットワーク型の都市構造、③農地や緑地などの田園地帯の永久保全、④土地の共有化にもとづく開発利益の活用による地域の自立的経営などの特徴を持つ都市理論を打ち出した。これは、住民の自由平等にもとづく地域の共同経営という特徴を有しており、社会改革の側面も有していると捉えられる。したがって、田園都市は市民による市民のための理想都市の追求モデルと捉えられ、理想工業村を資本家と労働者の共存モデルとすると、田園都市では、さらに市

民ベースの都市モデルとして、その考え方への発展が読み取れる。

ハワードは、これらの理論を実現するために、レッチワースに3,818エーカー (1,547ha) の土地を購入し、レイモンド・アンウィンとともに田園都市の建設を始めた。計画戸数は約7,000戸である。中心部に駅、商業施設、娯楽施設などを配置し、工場も設置した (図9、写3、4)。また、緑と広いオープンスペース、農地、周囲の緑地帯などを配置した。さらに第二の田園都市として、ド・ソワッソンとともにウェルウィンの建設も行った。

田園都市の成功はイギリス国内ばかりでなく諸国の住宅地開発に影響を与えたが、社会的側面や地域経営的側面の実現はむずかしく、主として緑豊かで都市機能の充実した環境の良い美しい郊外住宅地のモデルとして普及していった。　　　　(室田)

注1) 開発利益：公共施設の整備や開発によって生じた地価上昇によって、土地所有者にもたらす利益のこと。開発利益の還元とは、開発利益は、地権者の投資によって得られる利益ではなく不労所得にあたるので開発者に還元すべきであるという考え方。

1.1.2　現代に至る都市論の展開

近代化の進展にともない、人口を過剰に抱えこむ巨大都市が誕生する。その矛盾を大規模高密度な都市像によって解決することを提案したのがコルビュジエであった。しかし、20世紀半ば過ぎあたりから、こうした機能主義にもとづく都市づくりの限界が露呈するなかで、都市の多様性を説くジェイコブス、有機的な都市デザインを展開するアレグザンダーらが注目されるようになる。

●機能的都市

　近代化とともに都市の人口流入は続き、20世紀に入ると都市はさらに巨大化を遂げた。1920年の人口は、大ロンドン市約739万人、ニューヨーク市で約562万人、東京都区部約336万人となっていた。1910年代から30年代のニューヨークでは超高層ビルが林立し始め、同じころ、東京丸の内には近代建築によるオフィスビルが次々に建設されていった。

　ル・コルビュジエ（1887～1965）は、当時の過密で環境悪化の著しい近代都市に対して、田園都市のような小規模低密度の分散配置とは逆の、大規模高密度の立体配置の考え方で解決しようとした。1922年に超高層・高層ビルの系統的な配置と立体型の交通ネットワークに特徴づけられる「300万人のための現代都市」を発表した（**図1**）。

　コルビュジエは、都市は「太陽、緑、空間」を持つべきとして、高層化することにより足元に広いオープンスペースを確保した。都市の機能を、住む、働く、憩う、交通の4つに区分し、「住宅は住むための機械である」という言葉に代表されるように、これらの機能を構成する施設を機械と捉えて、秩序化して配置した。1933年には「輝く都市」を提唱しているが、コルビュジエの考え方は「アテネ憲章」に反映されている。この考え方は、世界の新都市や大都市の計画と具現化に大きな影響を与え、機能性の追求と大量生産技術が結びつき団地開発などにも多大な影響を与えた。

　機械文明の考え方を都市づくりにそのまま反映させると、無機質で非人間的な都市空間となると、コルビュジエの考え方はその後、多くの批判を浴びた。コルビュジエの極論的な機能都市論の批判から人間らしさの追求や都市の複雑さに着目する都市論

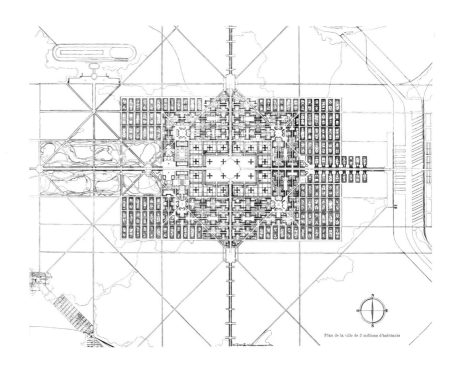

図1　300万人のための現代都市（コルビュジエ、1922）
中心部には、空港と鉄道駅、高速道路のジャンクションを立体化した交通センターがあり、周囲を60階建ての超高層オフィス24棟が取り囲み、さらに8階建ての板状集合住宅がグループ化されて配置され、周囲には広大な公園緑地を配置し、歩車分離の道路ネットワークが系統だって配置される。

が発展していく。

●進化する都市

　19世紀後半から20世紀にかけて都市問題が深刻化するなかで、パトリック・ゲデス（1854～1932）は「進化する都市」（1914年ごろ）を著した。都市の急激な進化や、都市の連担（コナーベーション）と工業化によって生まれた新しい秩序に対して、過去の都市の起源の判読、科学的な地域調査の実施（**表1**）、都市と周辺の田舎との関係性の重視（**図2**）、さまざまな分野の専門家の参画、自然保護と自然との接触性の強化、市政学にもとづいた都市計画教育の必要性など、これまでの都市論にはない新たな視点を提起した。これらは100年経過した現在においても依然として都市計画の重要なテーマといえる。

●都市の多様性

　ハワードとコルビュジエの描く都市論は、上述のように正反対の部分が多く含まれるが、どちらも土地利用の用途を純化させ住宅機能を他用途と分離するという点では共通している。これに対して、ジェイン・ジェイコブズ（1916～2006）は、都市が安全で魅力的で活力を持つためには、都市の多様性が重要であると主張した。

　『アメリカ大都市の死と生』（1961）では、すぐれた多様性は小さな要素の高度な調和を意味するとし、一つひとつの要素と、その関係性に注目した都市論を展開した。多様性を持つための4条件として、①地区における少なくとも2つ以上の主要用途の混用、多様な行動や目的への対応、②短い街路、単調さや孤立の防止、③建物の多様性と古い建物の適切な割合での存在、多様な

考えてみよう！　機能的都市、有機的都市などの代表的な都市論について、社会背景、空間や環境の特徴、考え方の優れた点と問題点をまとめてみよう。

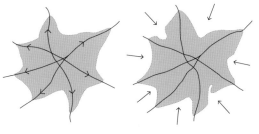

図2　まち→いなか：いなか→まち（パトリック・ゲデス『進化する都市』）
ゲデスは、まちといなか、都市と自然の関係性に着目した。都市がインクのシミや油の汚れのように広がっていくことを阻止することが必要で、そのためには、都市が自然を浸食するだけではなくその逆を実現させること、自然を取り込んでいくことの重要性を主張した。

表1　ゲデスの都市計画のための地域調査項目（1911）

立地・地勢・自然的特徴	①地質・気候・水資源、②土壌・植生・動物の生息、③河川・海での漁、④自然へのアクセス
コミュニケーション、土地と水	①自然的・歴史的なもの②現在の状態③予想される開発
産業	①農業、②工業、③商業④予想される開発
人口	①動態、②職業、③密度④福利の配分、⑤健康⑥教育文化⑦予想される要求
都市の状態	①歴史的、②近年、③現在④自治体エリア
都市計画への示唆	①他地域や海外の事例②示唆（範囲、都市拡張の可能性、都市改善・開発の可能性、以上の対応の詳細）

（パトリック・ゲデスをもとに作成）

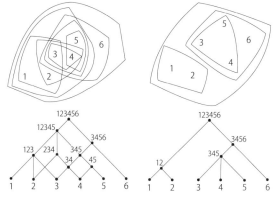

セミラティス構造（左）は、各要素が複雑に重なり合いながら集合体を形成する構造である。一方のツリー構造（右）は、重なりがなく明確で単純な階層構造となっている。

図3　セミラティス構造とツリー構造（C.アレグザンダー）

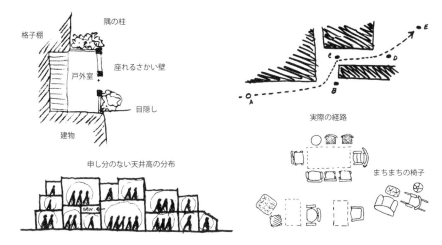

図4　パタン・ランゲージの例（C.アレグザンダー）
それぞれに多くの魅力的な要素が示されており、例えば、街路の上のプライベートテラス、日のあたる場所、屋外室、6フィートバルコニー、歩行路と目標、天井高の多様性、隅の柱、玄関先のベンチ、さわれる花、まちまちの椅子などのパタンが示され、これらをもとに玄関先のポーチをつくることができるとする。

収益性の業態の混在による経済活力と多様性の醸成、④高密度の集積、適切な密度と多様性、活気や安全性の向上をあげている。
ジェイコブスは多様性の重視から、機能純化を提案する「田園都市」や「輝く都市」を批判した。しかし田園都市は、形態そのものよりも社会的側面や地域経営的側面にこそ、その先進性が読み取れると思われる

が、その点については言及していない。
また、歩道の持つ機能に着目した。多様な人々の往来により安全や賑わいが生まれ、通行人の目や商店主の目によって安全でいきいきとした空間が形成されること、さまざまな人の触れあいや交流が生まれること、多くの大人の目によって見守られた子どもの遊び場としての機能も持つことを指摘し、これらの機能が健全な都市に必要と考えた。街路を中心とした近隣住区も重視し自治機能に期待する。

◉有機的都市

クリストファー・アレグザンダー（1936～）も、秩序化した機能純化の都市論ではなく、有機的で複雑な結びつきのある都市論を提唱した。『都市はツリーではない』（1965）では、セミラティス構造を提唱し、実際の都市は各要素が重なり合う複雑な関係性があり、近代都市計画で構想される単純なツリー構造ではないとした（**図3**）。

『パタン・ランゲージ』（1977）では、253のパタンを示し、隣人や社会の全員で共有してこれらをつなげて環境を形成し、それらの一つひとつのまとまりが結びつき合って全体が生まれるという考え方を示した。パタンとして、町やコミュニティに関する包括的なパタン94、個々の建物の設計に関するパタン110、建物の細部の設計や施工のパタン49を示している（**図4**）。

さらにアレグザンダーは、『まちづくりの新しい理論』（1987）において「成長する全体」という概念を示し、その内的秩序が成長の連続性をつくるため、成長する全体性を生み出す法則を見つけて、都市の建設行為などに適用する必要があるとした。「全体」の特徴として、①全体は少しずつ成長、②成長は相互作用に規定されるので全体の成長は予測できない、③部分もまた全体を持ち複雑につながりあう、④全体は情感に満ちているとする。

この考え方は、その後1980年代後半から発展した「複雑系」の考え方に通じる。複雑系理論に見られる各要素の自律性と、要素間や要素と全体との相互作用、自己組織化などを都市論として指摘し、その実現方法を示しており、各要素の重要性と相互関係を重視した都市論として大きな影響を及ぼした。

（室田）

❶ 生活空間の計画論
❷ 生活を支える基盤
❸ 生活空間の計画のための視点
❹ 生活空間の再編
❺ 生活空間のマネジメント
❶ プロローグ

1.1.3 日本の近代化と居住

日本における急激な近代化は、東京、大阪などの大都市部の人口の急増をもたらした。その結果、スラム化した住宅地が広がったが、関東大震災により壊滅的な被害を受けた。明治政府が近代化のためのインフラとして重視したのは鉄道整備であり、その後、住宅地の発展も鉄道整備からの大きな影響を受けた。

◉都市化と住環境

　明治時代の日本の人口は、1872年から毎年0.5～1％の増加、さらに1900年以降はほぼ毎年1～1.5％程度増加している。同時期の東京府（東京都）の人口増加は毎年1～5％であるが、10％を超える年もあり、近代化による農村から都市への人口流入は明治時代においても見られた。

　この結果、東京や大阪などの大都市にはスラム街が広がり、日雇い労働者を対象とした木賃宿と、細民長屋と呼ばれる狭小住宅などが並ぶ地域が拡大した。江戸時代に多かった棟割長屋は、間口9尺（2.7m）、奥行き2間（3.6m）6畳程度の大きさで、3方が壁で1方に窓と入口があり、共同の井戸とトイレがあり、ここに家族6、7人で暮らすというものである（**図1**）。しかし、内務省細民調査統計表（1911）によれば、地区による差があるものの1軒2～4.5畳程度の住宅の割合が高くなっており、居住人数は3～5人が多く、明治時代を通じて長屋のさらなる細分化が進んだ（**図2**）。スラム街は、衛生面、安全面、社会面で問題のある過密居住地区であったといえる。

　一方で、中流階級とされる人々の住まいは、2軒長屋、独立型などのタイプがあり、とくに独立型では、3～6室程度の居室、玄関や台所、トイレなどのある住宅で、空間的なゆとりがある。伝統的な住宅は、客室や玄関などの接客空間と主人の居間が広く、他の家族の生活空間が狭い間取りであり、家制度[注1]を反映したものであった。1900年前後になるとこれに対する批判が起こり、個人や家族の生活を重視した実用的な住宅が提案され、台所の改善や食事室や子ども室など、使いやすさやプライバシーの配慮などもなされるようになった。

　大正時代に入ると理想的な中流住宅をめざす動きはさらに高まり、家庭博覧会や住宅改造博覧会、住宅改良会や生活改善同盟

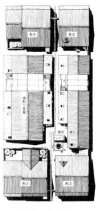

図1　近世の棟割長屋（稲葉・中山、1983）

図2　下町の棟割長屋（紀田順一郎、1990）

図3　中流階級の家（稲葉・中山、1983）

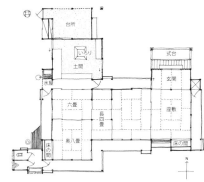

図4　伝統的な家屋（稲葉・中山、1983）

図5　平和記念東京博覧会文化村への出品作品
（左）生活改善同盟会出品作品、（右）あめりか屋出品作品
（高梨・高橋）

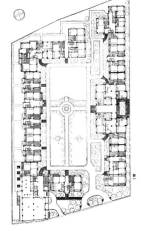

図6　同潤会江戸川アパートメント
（財団法人同潤会）

図7　東京市新市域不良住宅地区分布図（東京法務局）
（東京市社会局、1934.7）

図8　1920年東京市区改正条例で示された高速鉄道計画と1923年当時の路面電車等のネットワーク（森地茂監修、2000）

1880～90年代にかけて整備された官営の現東海道本線、日本鉄道（現東北本線）、甲武鉄道（現中央本線）等に加えて、1910年までには、各ターミナル駅から路線は延伸された。それに伴い鉄道沿線に住宅地が造成されていった。

考えてみよう！　近代日本の郊外住宅地を一つ取り上げ、調べて（歩いて）みよう。どのような特徴をもつ住宅地かを考えてみよう。

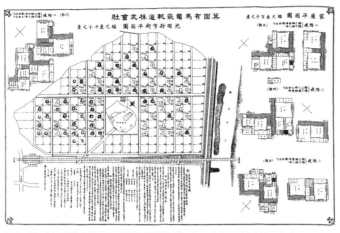

図9　池田新市街住宅販売用　配置・平面図（箕面有馬電気鉄道株式会社、1910）
1910年3月の箕面電鉄の開通に合わせて竣工。池田駅の北方に、呉服神社境内を取り囲むかたちで、2万7,000坪207区画が開発された。

図10　多摩川台住宅地計画（田園都市株式会社、1924）
1923年8月より田園都市株式会社より「田園都市多摩川台（現田園調布）」の名称で分譲が開始された。広さは約63万坪で、同年3月には「調布駅（現田園調布駅）」が開業していた。

会などの活動を経て、住宅と家事労働、生活様式などの欧米化が取り入れられた（**図5**）。

狭小住宅の改良や一般向け住宅の促進に関連する法制度も、1918年小住宅改良要綱、1919年住宅改良助成通牒、1921年住宅組合法や借地借家法など次々に制定された。

●関東大震災と同潤会

1923年の関東大震災では、東京・横浜の市街地は大きな被害を受けたが、とくに木造住宅の密集する地域の被害が甚大だった。これを機に、震災翌年に内務省は、震災復興のための仮設住宅や集合住宅・普通住宅の建設とスラム街の改善を行うことを目的に同潤会を設立した。

同潤会アパートは、震災の教訓から不燃の鉄筋コンクリート造とされ、さらに電気・都市ガス、水道や水洗トイレ、ダスト

シュートなど、当時の先進的な空間構成と設備を備えていた。例えば江戸川アパートメントでは食堂、社交室、娯楽室、共同浴場、中庭等があり、代官山アパートメントでは娯楽室や食堂、自家水道施設や児童公園、共同浴場等があるなど、さまざまな共同施設を備えた都市型の集合住宅であった（**図6**）。全部で16棟2,508戸が提供され、戸数は多くないものの、先駆的な集合住宅として大きな影響を与えた。

また、1925年に政府は全国で不良住宅地区の調査を行い、217か所、総面積200万9,081坪、30万9,000人の地区を把握し、翌年、同潤会が東京深川の猿江裏町で不良住宅地区改良事業を開始した。さらに、1927年に不良住宅地区改良法を制定し、東京3地区、大阪1地区、名古屋1地区、横浜1地区、神戸1地区を指定し、合計8地区で不良住宅の密集するスラム街を対象に、本

格的に改良事業を開始した（**図7**）。

●鉄道の延伸と郊外住宅

日本の都市住宅地の立地を決定づけた大きな要素は鉄道であり、都市の構造を決定づけるうえでも、鉄道が重要な役割を果たしている。鉄道の延伸に伴い郊外住宅地が拡大化した。アメリカでは、バージェスの同心円理論[注2]でも示されたように、自動車利用を前提とした郊外化が進展し、自動車が所有できる富裕層が緑豊かな生活を享受するために郊外化を牽引した。一方、日本では、鉄道会社が利用客を確保する目的もあり、新中間層に鉄道通勤を前提とした新しい生活を提案しつつ郊外開発が行われた（**図8**）。

最初は小林一三（1873〜1957）による箕面有馬電気鉄道（現・阪急電鉄）の沿線の池田宝町の開発であり、1910年に「模範的郊外生活」として分譲住宅を開発した（**図9**）。平均130坪の整然とした区画で、商業施設、社交倶楽部、公園や果樹園を配置する住宅地であり、この成功により沿線郊外住宅地の開発が進んだ。小林は、①鉄道の敷設、②沿線における郊外住宅地や集客施設の開発、③ターミナル駅の拠点化と商業サービスの提供によって、民間企業による鉄道事業と地域開発を一体化させたビジネスモデルをつくり出した。

一方、東京では「田園都市」を前面に出し、渋沢栄一らによる田園都市株式会社が設立（1918）され、荏原電気鉄道（目黒蒲田電鉄→現東京急行電鉄）の整備と合わせて沿線開発が進められ、1923年には田園調布などで住宅の分譲が行われた（**図10**）。

関東大震災が起きたのはこの直後であるが、郊外住宅地への需要が急速に高まり、1924年以降、大泉学園、小平学園、大岡山、目白台、国立学園、成城学園などの多くの郊外住宅地の開発が進んでいった。

（室田）

注1）家制度は1898年制定の日本の民法に規定された家族制度で、戸主に家の財産相続と統率権が与えられた。

注2）バージェスの同心円理論
バージェスの同心円理論とは、シカゴをもとにした都市構造と発展のモデルであり、中心部から、①中心ビジネス地帯、②推移地帯、③労働者住宅地、④中産階級住宅地帯、⑤郊外住宅地と同心円状に都市における土地利用が広がっていることを示した。都市の成長が進むにつれ、中心ビジネス地帯が拡大して推移地帯を取り込み、中産階級住宅地帯がランクダウンして労働者住宅地帯となり、同様にその土地利用が外に向かって拡大するというものである。自動車を所有できる富裕層は郊外に住むという前提がある。

0　プロローグ
❶　生活空間の計画論
❷　生活を支える基盤
❸　生活空間の計画のための視点
❹　生活空間の再編
❺　生活空間のマネジメント

1.2 生活空間計画の展開

1.2.1 集合住宅からニュータウンへ

第2次大戦後の著しい住宅不足に対し、1950年代に持ち家政策と公的な住宅供給を進める骨格ができあがる。1950年代中盤から集合住宅や団地による住宅の大量供給が始まり、60年前後には、都市郊外に大規模なニュータウンの開発が開始される。

●戦後の住宅困窮と住宅政策

　戦後、日本では深刻な住宅不足に見舞われ、住宅確保は政府の最緊急課題であった。応急簡易住宅の建設や住宅緊急措置令による事務所や寺社・学校などの住宅への転用がなされたが、本格的な供給が進まないままに人口が急増し、とくに都市部ではバラックや狭小過密住宅が急増した。

　1950年代に入ると、1950年に住宅金融公庫法（現在、住宅金融支援機構法に変更）、1951年に公営住宅法が制定された。住宅金融公庫（現在の住宅金融支援機構）は、国民の持ち家の促進と住宅の品質改善のために設置され、長期低利の住宅資金を提供し、公庫融資の対象として、各住戸の規模や構造・材料等の技術基準などを設定して住宅水準の確保をめざしたものであり、一般的な住宅の設計に大きな影響を与えた。

　一方、公営住宅法は、住宅に困窮する低所得者向けの住宅を供給する政策である。それまでの応急的対策ではなく、恒久的・計画的な供給へと政策転換されたものであるが、第1期計画は、安く早く建てられるという理由で木造住宅の割合が高かった。しかし、住宅の大量供給と火災を防ぐための不燃化を実現するために、鉄筋コンクリート造の集合住宅が推進され、その後、RCが中心となっていった。

表1　主なニュータウン（施行面積500ha以上、昭和30年以降に着手された事業、事業開始時DID外の地域）（国土交通省、2013）

地区名 （愛称等又は連たん ニュータウン名称）	所在地	施行面積 (ha)	事業主体	事業手法	事業年度	計画戸数 (戸)	計画人口 (人)
泉パークタウン	宮城県仙台市	629	民間	開発許可	S47～H11	10,155	39,212
いわきニュータウン	福島県いわき市	530	都市機構	公的一般	S50～H23	6,400	25,000
竜ヶ崎ニュータウン	茨城県龍ケ崎市	671	都市機構	区画整理	S52～H12	17,710	70,000
常総ニュータウン	茨城県常総市、取手市、守谷市、つくばみらい市	781	都市機構	区画整理	S46～H26	20,610	87,500
筑波研究学園都市	茨城県つくば市	2,696	都市機構	新住、区画整理、一団地	S43～H10	26,278	106,200
つくばエクスプレスタウン	茨城県つくば市、つくばみらい市、埼玉県八潮市、三郷市、千葉県柏市、流山市	2,296	都市機構	区画整理	H5～H41	51,090	162,000
むさし緑園都市	埼玉県川越市、鶴ケ島市、東松山市、坂戸市	818	都市機構	区画整理	S45～H23	24,606	94,000
幕張新都心	千葉県千葉市	522	千葉県	公的一般	S47～H22	9,400	36,000
千葉市原ニュータウン	千葉県千葉市、市原市	974	都市機構	区画整理	S52～H14	34,900	130,000
千葉ニュータウン	千葉県船橋市、印西市、白井市	1,930	都市機構 千葉県	新住	S44～H25	45,600	143,300
浦安Ⅰ期	千葉県浦安市	874	千葉県	公的一般	S36～H8	20,000	71,000
浦安Ⅱ期	千葉県浦安市	367	千葉県	公的一般	S47～H18	13,400	42,000
多摩ニュータウン	東京都多摩市、稲城市、八王子市、町田市	2,861	東京都、市町村、都市機構、公社、組合	新住、区画整理	S41～H17	62,148	340,330
多摩田園都市	東京都町田市、横浜市、川崎市、大和市	3,207	組合	区画整理	S34～H17	18,183	305,329
港北ニュータウン	神奈川県横浜市	1,341	都市機構	区画整理	S49～H16	56,320	220,750
志段味ヒューマンサイエンスタウン	愛知県名古屋市	761	組合	区画整理	S58～H30	-	55,000
高蔵寺（高蔵寺ニュータウン）	愛知県春日井市	702	都市機構	区画整理	S40～S56	20,600	81,000
関西文化学術研究都市（けいはんな学研都市）	京都府京田辺市、木津川市、精華町、大阪府枚方市、四條畷市、奈良県奈良市	1,844	都市機構、公社、民間、個人	区画整理、開発許可	S45～H26	36,744	145,770
泉北ニュータウン	大阪府堺市、和泉市	1,557	大阪府	新住、公的一般	S40～S57	54,000	180,000
千里ニュータウン	大阪府吹田市、豊中市	1,160	大阪府	新住、一団地	S35～S44	37,330	150,000
須磨ニュータウン	兵庫県神戸市	895	神戸市、都市機構、組合	新住、区画整理、一団地	S36～H8	29,800	113,000
西神ニュータウン	兵庫県神戸市	1,324	神戸市	新住	S46～H27	35,900	116,000
"神戸三田"国際公園都市	兵庫県神戸市、三田市	1,853	都市機構、兵庫県	新住、区画整理	S46～H26	37,892	141,700
播磨科学公園都市（光都21）	兵庫県たつの市、上郡町、佐用町	2,010	兵庫県	公的一般	S60～H35	7,500	25,000
林間田園都市	和歌山県橋本市	541	個人	区画整理	S51～H36	8,927	33,200
吉備高原都市	岡山県吉備中央町	610	都市機構	公的一般	S55～H10	-	9,300

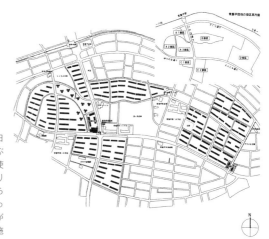

図1　2DKタイプの住戸プラン（UR都市機構）
2DKの住戸には、水洗トイレ、ステンレスの流し台、浴室、バルコニー、シリンダー錠が導入されたが、これらはいずれも当時普及していないもので大量発注により導入可能となった。

図2　常盤平団地の配置図（UR都市機構）
団地の配置計画は、とくに初期においては各住戸の日照条件を重視したために、板状住棟が平行に建ち並ぶ単調な配置が多かった。しかし、共有空間の配置や使いやすさ、道路との関係性、各住戸や住棟のまとまり感、地域全体のバランスや景観などの多様な観点から配置が検討されるにつれ、配置計画も多様化していった。配置される施設も、当初は住宅機能のみの団地が多かったが、暮らしやすさが重視され、コミュニティ施設、公園やオープンスペース等が配置された。

考えてみよう！ おもなニュータウンの地図や航空写真を見て、センターエリア、道路配置、近隣住区の実現の有無や状況をチェックし、生活者の視点で住みやすさと住みにくさについてまとめてみよう。

図3　ペリーの近隣住区論（近隣住区の構成）
（A.B.Gallion & S.Eisnerをもとに文章のみを翻訳）

写1　ラドバーンの住戸

図4　ラドバーン住宅開発の配置図
（Clarence Arthur Perry, 1929）
歩行者と自動車交通の分離。

❶ 生活空間の計画論

❷ 生活を支える基盤

❸ 生活空間の計画のための視点

❹ 生活空間の再編

❺ 生活空間のマネジメント

⓪ プロローグ

● 大都市における集合住宅と団地

戦後の復興が進むにつれ大都市への人口集中が急激に進展し、それにともない大都市圏における住宅難は深刻化した。大都市圏での住宅不足解消として1955年には日本住宅公団（現・UR都市機構）が設立され、一般勤労者向けの住宅の供給を開始し、また、住宅の大量供給のために集合住宅を集積させた団地を発展させた。

日本住宅公団を中心に、①RC工法による中高層住宅の建築技術を発展させ、耐火、耐震、プレキャスト工法などの技術を開発し、安全で量産可能な住宅を発展させたこと、②食寝分離方式と夫婦と子どもの別寝室方式が導入され、ダイニングキッチンと2寝室で構成される2DKを基本とする間取りが普及したことがこの時代の特徴である（図1）。

狭いスペースを有効に利用でき、各戸の独立性を確保し、新しい住宅様式として支持を受けた。「団地族」という言葉が誕生し、核家族化、家族団らん、住宅内での生活の完結性、個人のプライバシーの重視、家族の独立性など、都市住民のライフスタイルやコミュニティに多大な影響を与えた。

1960年ごろから団地の大規模化が進み、5,000戸を越える超大型団地が開発され、道路や歩行者専用路、集会所やコミュニティセンター、幼稚園や小中学校、スポーツ施設や運動場、商業サービス施設、遊び場や公園などの日常的な生活施設や身近な公共施設が充実していった。

1960年前後の日本住宅公団の大規模団地には、例えば、常盤平、多摩平、東久留米、赤羽台、ひばりヶ丘、木曽山崎、草加松原、武里、香里などがある（図2）。これらの団地は、現在老朽化が進んでいるか、すでに建替えが終了しているか、または建替え進行中のものもある。

● ニュータウンの開発と計画

大都市への急激な人口集中が進むにつれ都市部の地価は高騰し、狭小で低品質の賃貸アパートや建売り住宅が大量に供給され、また、都市基盤が整備されないままに郊外地域で民間の宅地開発がスプロール的に進んだ。住宅需要に応じた大量供給、住宅の品質と住環境の改善、合理的な土地利用と適切な都市基盤を実現するために、住宅開発と都市基盤整備を一体的に実施することが急務であった。

日本のニュータウンは、当初は住宅不足を解消することが緊急の目標であったため、ハワードの田園都市とは異なり、働く場所については十分な対応をしていなかった。ニュータウンには明確な定義はなく、また開発時期に応じて機能や構造も変化している。日本では、一般的には住宅機能を主とする郊外型の大規模開発であり、生活に必要な機能の設置と、ある程度の自立性が実現された都市開発である（表1）。

ニュータウンを計画するうえで、良好な居住環境を提供するために導入した考え方は、①生活圏域の設定、②近隣住区論の導入、③歩車分離と歩行者専用道路、④オープンスペースの確保とネットワーク化、⑤鉄道などの公共交通機関の確保などである。

ペリーの近隣住区論は、人々が地域コミュニティのなかで生活する環境を重視し、小学校区を1つのコミュニティとして生活に必要な施設配置を行うことを提案したものである（図3）。

近隣住区論は1924年に発表され、①小学校とコミュニティセンターと教会を住区の中央に配置しコミュニティの中心とする、②1つの小学校に子どもが通える範囲を設定する、③子どもが安全に通えるように、外周に幹線道路を配置して内部に通過交通が流入しないようにする、④人口規模に応じて店舗を住区の周辺や交通の結節点などに集中させて配置する、⑤オープンスペースとして小公園やレクリエーションスペースを配置する、⑥道路網を段階的に構成し住区内は循環交通を促進し通過交通を排除するように設計する、という考え方を提示した。1住区でおよそ6,000人〜1万人程度の人口、半径400mで64ha程度の規模を想定している。

また歩車分離とは、歩行者専用道路を整備して歩行者が安全に快適に移動できるような空間整備を行ったものである。歩車分離のモデルは、米国ニュージャージー州のラドバーンであり、通過交通を排除するために住区内はクルドサック（袋小路）とし、歩行者と自動車を分離させ、歩行者は歩行者専用道路や緑道を利用して学校や公園、店舗などに行くことができるシステムである（写1、図4）。歩車分離は、その後、防犯性の問題、自転車との安全性の問題、利便性の問題なども指摘され、歩車共存をめざしたコミュニティ道路に発展している。

これらの考え方は、日本に限らず各国のニュータウン開発に大きな影響を与えた。

（室田）

1.2.2　ニュータウン開発とその変化

　ニュータウンを実現するために1963年に創設されたのが新住宅市街地開発事業である。これまでの宅地開発と異なり、都市計画として宅地開発を位置づけ、住宅地の提供だけではなく地域の都市基盤として公共公益施設を計画的に整備するものであり、ひとつのまとまった市街地を形成するための仕組みである。この事業には、土地を全面買収によって確保し、事業者には事業予定地の先買権と収用権が付与され、宅地化を進めるための強力な手法が組み込まれた。この手法以外に、土地区画整理事業も活用され、多くのニュータウンが整備された。

◉千里ニュータウン

　千里ニュータウンは、日本のニュータウンの先駆けであり、インフラを高水準で整備し（道路率23％、公園緑地率24％）、住宅地は機能純化を図り、生活圏の設定、近隣住区論とラドバーンシステムの導入、緑道ネットワークの配置、中央地区センターの整備をはじめ、その後の日本のニュータウンのモデルをつくり上げたといえる。

　千里ニュータウンの近隣住区システムは、まず「分区－住区－地区－都市」という段階的な圏域が設定され、2分区で1住区を構成し1住区1小学校、2住区1中学校と設定された（図1、2）。住区は基本のコミュニティのまとまりであり、近隣センターは、日常的な買い物などをする商業サービス施設や公益施設を集積させたエリアである。

　道路については、集合住宅地では、その配置を囲み型としたうえで歩車分離を導入し、戸建て住宅地では、初期はクルドサックを導入し、その後、使い勝手や安全性を配慮してループ型の道路に変更した。さまざまな先駆的、実験的な試みを行い、それらを改善しつつ街が整備されていったといえる。

　また、集合住宅には公営住宅、公社住宅と公団住宅の賃貸・分譲が建設されたが、1つの団地が単一の社会階層で構成されており、社会階層ミックスは実現されなかった。このことは、地域のコミュニティのまとまりの良さにつながったが、一方で、同年代の居住者の定住により、急激な高齢化に直面することとなった。

◉多摩ニュータウン

　多摩ニュータウンは、稲城市、町田市、多摩市、八王子市の4市にまたがり、計画規模約2,880ha、計画人口28万人という大規模ニュータウンである（図3）。事業期間は1964～2005年と長期にわたっており、新住宅市街地開発事業と土地区画整理事業で開発を行った。

　日常の生活圏として、中学校区を基本とした住区を構成しており、小中学校、保育所・幼稚園、公園、店舗などの施設を配置している。開発当初は、公園などを均等配

置していたが、その後、地形を生かしつつ公園と歩行者専用道路を骨格構造に位置づけることにより、単調な景観から、メリハリのある景観や住区のまとまり感をつくり出した。ただし、階段やスロープの多い地区も多く、高齢者の移動のしやすさなどの問題が生じている地区もある。また、歩行者専用道路がネットワーク化されており、自動車道路と立体交差しつつ、駅や公園、主要施設などを結んでいる（写2、3）。

写1　千里ニュータウン全景
入居開始は1962年、開発面積1,160ha、計画人口15万人である。

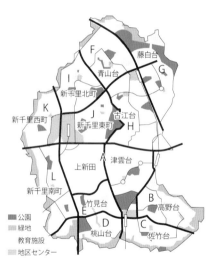

図1　千里ニュータウン計画図（大阪府、1970）
A～Lまでの12住区で構成され、さらに中央地区（I～L）、北地区（F～H）、南地区（A～E）の3地区を構成する。

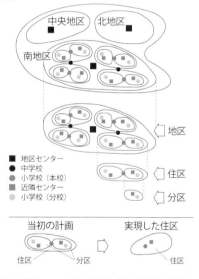

図2　千里ニュータウンの地区・住区・分区の考え方
（千里ニュータウン研究情報センター）
当初は1住区2近隣センターであった。1960年代はスーパーマーケットの登場や冷蔵庫の普及などにより買い物行動が変化したために、1住区1近隣センターへ、さらには2住区1近隣センターへと変更された。

考えてみよう！　千里、多摩、港北の各ニュータウンについて、社会情勢や立地条件、事業の方法、配置計画をまとめ、3つのニュータウンの同じ点と異なる点を考えてみよう。

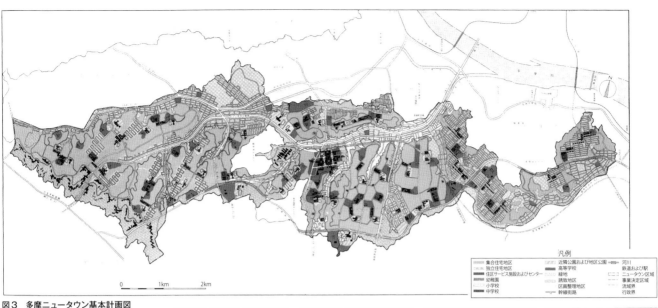

図3 多摩ニュータウン基本計画図
（住宅金融公庫、1969）
新住宅市街地開発事業は、住宅を緊急に提供することを目的としていたが、1986年に改正されて業務機能を導入できるようになった。多摩センターは、鉄道が2路線、モノレールが1路線の交通結節点でもあることから、核都市として業務機能を積極的に集積する政策が進められている。

凡例
集合住宅地区　独立住宅地区　住区サービス施設およびセンター　幼稚園　小学校　中学校　近隣公園および地区公園　高等学校　緑地　誘致地区　区画整理地区　幹線街路　河川　鉄道および駅　ニュータウン区域　事業決定区域　流域界　行政界

写2 多摩ニュータウン・多摩センター地区

写3 多摩ニュータウン・せせらぎ緑道

写4 港北ニュータウン・タウンセンター地区

写5 港北ニュータウン・緑道 ささぶねの道

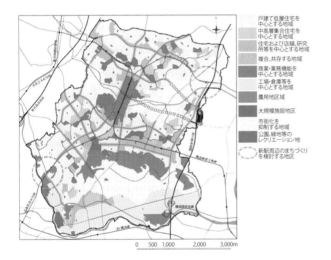

戸建て低層住宅を中心とする地域　中高層集合住宅を中心とする地域　住宅および店舗、研究所等を中心とする地域　複合、共存する地域　商業・業務機能を中心とする地域　工場・倉庫等を中心とする地域　農用地地区　大規模施設地区　市街化を抑制する地域　公園、緑地等のレクリエーション地　新駅周辺のまちづくりを検討する地区

図4 港北ニュータウン土地利用の方針図（横浜市）

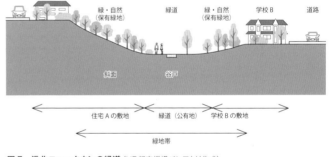

道路　住宅A　緑・自然（保有緑地）　緑道　緑・自然（保有緑地）　学校B　道路　斜面　谷戸
住宅Aの敷地　緑道（公有地）　学校Bの敷地　緑地帯

図5 港北ニュータウンの緑道（UR都市機構パンフより作成）
港北ニュータウンには、グリーンマトリクスと呼ばれる全長約15km近くに及ぶ緑道があり、谷戸などの地形を生かしつつ集合住宅や事務所などの民有地の斜面緑地と一体となって緑地を形成している。これらは公園緑地、学校・幼稚園等を結び、遊歩道と連結して商業エリアや駅を結んでいる。このように、緑や農を生かした都市づくりが行われ、現在、これらの環境を守る住民による保全管理活動や環境を生かした活動が活発に行われている。

段階別の圏域を設定し圏域ごとに必要な施設を配置しており、聖ヶ丘、落合、諏訪などの近隣センターには日用品店舗、日常サービス施設や公益施設を配置し、南大沢、若葉台、堀之内、永山などの地区センターにはスーパーマーケット、家電・ホームセンター、娯楽施設などの大型の商業施設などが集積している。多摩センター地区は都市の中心として整備し、業務、商業、文化・レジャーなどの機能を集積させている。

●港北ニュータウン

港北ニュータウンは、ニュータウンでは後発であり、それまでの事業の問題点を改善しつつ整備された都市である（図4、写4、5）。近隣住区、段階的生活圏域の設定と段階別センターの設置（近隣センター、駅前センター、タウンセンター）、および歩車分離の考え方は引き継がれている。

港北ニュータウンは土地区画整理事業で整備されたニュータウンであるが、とくに申し出換地方式を採用して地権者らの意向を反映し、街づくりにおいても地権者らと協議しつつ計画づくりを行った。土地区画整理事業区域内は、街づくり協議地区に指定されており、低層住宅地、共同住宅地、工場倉庫、近隣センターなどの各センターに分類して、それぞれ建物の規模や建て方、意匠などを決めている。さらに詳細なルールや強固な規定を実現するために、街づくり協定、建築協定、緑地協定、地区計画などを定める地区も多い。

また、農業を継続するための農業専用地区があり、市街化区域内農地なども見られ、ニュータウン内で農業が継続されている。隣接する市街化調整区域にも農地があり、これらの農地の作物は、都筑野菜として販売され朝市なども開催されているなど、農住共生型都市としての側面を有している。

（室田）

0 プロローグ
1 生活空間の計画論
2 生活を支える基盤
3 生活空間の計画のための視点
4 生活空間の再編
5 生活空間のマネジメント

1.3.1　生活圏域における土地利用の実態と課題

土地は限られた資源であり、私たちの生活と活動の基盤である。不動産鑑定評価基準（国土交通省）では、土地の自然特性として、地理的位置の限定性、不動性（非移動性）、永続性（普遍性）、不増性、個別性（非同質性、非代替性）をもち、固定的で硬直的とする。このような特性をもつ土地を、いかに効果的に利用・管理しより良い環境を形成するか、そのための技術や手法、計画、制度は重要である。

◉人の生活と土地利用

人間の生活を支える土地は、都市地域に限らず、農業地域も森林地域も、荒地も重要であり、間接的には熱帯雨林も北極圏のツンドラも砂漠地帯も関係している。私たちは地球上のさまざまな地域の土地の状態を考慮しつつ、土地利用を考えていくことが重要である。もともと地球の表面は自然的土地利用が占めていたが、人間が増えるにつれ人口的土地利用が拡大を続け、とくに近代以降は、自然的土地利用を改変して、人工的土地利用として効果的に活用する方法を見出すことが重要であった。しかし、現在では、人工的土地利用と自然的土地利用の共生や調和が重要な課題である。

土地利用には、用途の多様性や、社会的・経済的・技術的変化による可変性と、その一方で変更の不可逆性、他の土地利用との密接な相互関係性といった特性がある。これらの特性を生かして、土地利用の技術、手法、計画や制度を発展させる必要がある。

土地の利用を考えるうえでの土地利用区分は、国や地域により、あるいは目的等により異なっている。例えば、日本の国土地理院発行の土地利用図（20万分の1）の区分では、陸地について、①都市集落として住宅地、商業地、工業地、公共公益用地、各種混在地区、公園緑地等、空閑地、②農地として田、普通畑、果樹園、茶畑、桑畑、樹木畑、牧草地・採草地、③林地等として針葉樹林、広葉樹林、混交林、野草地、裸地に区分している。

各土地利用別の面積を見ると、2020年現在、日本の最大の土地利用は森林で国土面積の66％であり、ついで、農地面積は12％、住宅地・工業用地・その他の宅地は5％、道路は4％である（**表1**）。都市住民の活動は、おおむね住宅などの宅地と道路な

表1　日本の国土利用の推移（国土交通省）

（万ha、%）

	1975年	1985年	1995年	2005年	2015年	2020年
1.農地	557 (14.8)	538 (14.2)	504 (13.3)	470 (12.4)	450 (11.9)	437 (11.6)
2.森林	2,529 (67.0)	2,530 (67.0)	2,514 (66.5)	2,510 (66.4)	2,505 (66.3)	2,503 (66.2)
3.原野等	62 (1.6)	41 (1.1)	35 (0.9)	36 (1.0)	35 (0.9)	31 (0.8)
4.水面・河川・水路	128 (3.4)	130 (3.4)	132 (3.5)	134 (3.5)	134 (3.5)	135 (3.6)
5.道路	89 (2.4)	107 (2.8)	121 (3.2)	132 (3.5)	139 (3.7)	142 (3.8)
6.宅地	124 (3.3)	150 (4.0)	170 (4.5)	185 (4.9)	193 (5.1)	197 (5.2)
住宅地	79 (2.1)	92 (2.4)	102 (2.7)	112 (3.0)	118 (3.1)	120 (3.2)
工業用地	14 (0.4)	15 (0.4)	17 (0.4)	16 (0.4)	15 (0.4)	16 (0.4)
その他の宅地	31 (0.8)	44 (1.2)	51 (1.3)	57 (1.5)	60 (1.6)	61 (1.6)
7.その他	286 (7.6)	282 (7.5)	302 (8.0)	312 (8.3)	324 (8.6)	334 (8.8)
合計	3,775 (100.0)	3,778 (100.0)	3,778 (100.0)	3,779 (100.0)	3,780 (100.0)	3,780 (100.0)

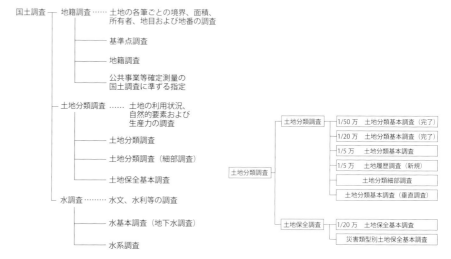

図1　国土調査とは（国土交通省）　　　　**図2　土地分類調査**（国土交通省）

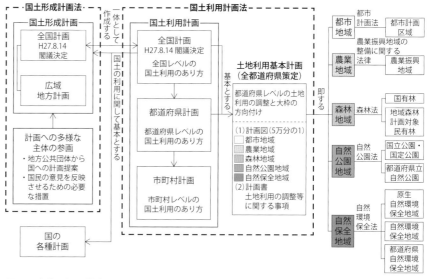

図3　国土利用計画の体系（国土交通省）

　考えてみよう!　インターネットで公開されている自治体の土地利用基本計画を一つ取り上げて読み、その自治体の土地利用の課題を考えてみよう。

表2　土地利用基本計画における地域区分と主な根拠法 (国土交通省)

地域区分	主な根拠法	指定地域	計画・許可制度
都市地域 1,023万ha	都市計画法	都市計画区域 市街化区域・市街化調整区域 用途地域	都市計画マスタープラン 開発許可制度（都市計画法）
農業地域 1,722万ha	農業振興地域の整備に関する法律（農振法）	農用地区域 農業振興地域	農業振興地域整備計画 農業振興地域制度 農地転用許可制度（農地法） 開発許可制度（農振法）
森林地域 2,537万ha	森林法	国有林 地域森林計画対象民有林 保安林	地域森林計画 林地開発行為許可制度
自然公園地域 547万ha	自然公園法	国立公園、国定公園 都道府県立自然公園	
自然保全地域 11万ha	自然環境保全法	原生自然環境保全地域 自然環境保全地域 都道府県自然環境保全地域	行為許可・届け出制度

面積は2014年3月時点の国土交通省資料による

表3　重複指定されている土地利用の調整方針の例 (新潟県土地利用基本計画)

重複指定されている地域では、どちらの規定を優先させるかということで、優先順位や土地利用の誘導の方向、さらに土地利用調整上の基本的事項などの考え方やルールを各自治体の土地利用基本計画で定めている。

五地域区分	細区分	市街化区域および用途地域	市街化調整区域	その他	農用地区域	その他	保安林	その他	特別地域	普通地域	原生自然環境保全地域	特別地区	普通地区
		都市地域			農業地域		森林地域		自然公園地域		自然保全地域		
都市地域	市街化区域および用途地域	■											
	市街化調整区域	×	■										
	その他	×	×	■									
農業地域	農用地区域	×	←	←	■								
	その他	×	①	①	×	■							
森林地域	保安林	×	←	←	×	←	■						
	その他	②	③	③	④	⑤	×	■					
自然公園地域	特別地域	×	←	←	←	←	←	←	■				
	普通地域	⑥	○	○	○	○	○	○	○	■			
自然保全地域	原生自然環境保全地域	×	×	×	×	×	×	×	←	×	■		
	特別地区	×	←	←	←	←	←	←	○	○	×	■	
	普通地区	×	○	○	○	○	○	○	○	○	×	×	■

×：制度上又は実態上、一部の例外を除いて重複のないもの　←：相互に重複している場合は、矢印方向の土地利用を優先する　○：相互に重複している場合は、両地域が両立するよう調整を図る
①土地利用の現況に留意しつつ、農業上の利用との調整を図りながら都市的な利用を認める　②原則として都市的な利用を優先するが、緑地としての森林の保全に努める　③森林としての利用の現況に留意しつつ、森林との利用との調整を図りながら都市的な利用を認める　④原則として農用地としての利用を優先するものとするが、農業上の利用との調整を図りながら森林としての利用を認める　⑤森林としての利用を優先するものとするが、森林としての利用との調整を図りながら農業上の利用を認める　⑥自然公園としての機能をできる限り維持するよう調整を図りながら都市的利用を図る

どで行われているとすれば、国土の1割程度の範囲である。国土の8割を占める森林面積や農地面積は徐々に減少しているが、ここで活動する林業者や農業者の急速な減少を考えると、これらの土地の今後の利用や保全について検討し、総合的に調整を図り、管理についての相互連携を進めることが必要である。

なお、国土の把握については、日本では国土調査法にもとづく国土調査があり、土地の所有者や地積などの地籍調査関係、土地の利用や土壌等の土地分類調査関係、陸上の水に関する水調査関係がある（図1、2）。

●国土の利用に関する計画

国土の利用や整備、保全の推進については、国土利用計画法にもとづく国土利用計画の体系と、国土形成計画法にもとづく国土形成計画で推進する仕組みとしている（図3）。国土利用計画については、全国計画、および都道府県計画、さらに市町村の計画があり、また、基本的に都道府県区域を対象とした土地利用基本計画がある。また、投機的土地取引等を規制する土地取引規制制度や利用を促進する遊休土地に関する措置がある。

土地利用基本計画は、土地利用のマスタープランであり、土地利用の基本的な方向について全域と地域別に示したうえで、各法律にもとづく地域指定や規制内容を示している（表2）。例えば、都市計画法にもとづく都市地域、農業振興地域の整備に関する法律（農振法）にもとづく農業地域、森林法にもとづく森林地域、自然公園法にもとづく自然公園地域、自然環境保全法にもとづく自然保全地域であり、それぞれを示してまとめて全体を調整するという役割を担っている（表3）。

しかし、各個別法がそれぞれの規制や調整機能を担っているために、総合的な調整機能が弱いと指摘されている。都道府県では横の連携や調整機能を向上させるために、独自に条例を設置し関連政策や事業についての調整を行っているところもある。

●土地の公共性

土地の所有に関する考え方は国により異なり、日本では1947年の農地改革以降、土地所有者が大幅に増加し2013年現在で2,665万世帯（普通世帯の51％、住宅・土地統計調査）が土地を所有している。一方、イギリスでは、王室や貴族が広大な土地を所有しているほか、一般的な所有には住宅建物とセットになったフリーホールドと、借地権であるリースホールドが利用されている。ドイツでは住居所有権法があり、建物は土地と同一不動産として扱われており土地所有の概念がある。ドイツ基本法では「所有権は義務を負う。その行使は公共の福祉に寄与するものとする」とされ、所有権には責任があり制約があるべきという考え方をとる。

日本では私有財産を認めており、日本国憲法第29条第1項では財産権を保障しているが、第2項では公共の福祉への適合を定め、第3項では正当な補償の下に公共のために利用できるとしている。すなわち、財産権を保護することと、公共の福祉のために制限することの2つの規定を定めている。公共の福祉の具体的な考え方を巡って、多様な議論が展開されたが、現在では、他人の権利を守るために相互の調整を行い共存を可能とする原理と説明されている。

土地の基本的な考え方を定めた土地基本法では、①限られた貴重な資源、②諸活動にとって不可欠の基盤、③利用が他の土地利用と密接に関係すること、④価値が人口、産業、土地利用、社会資本整備など社会的経済的条件により変動する等の特性をあげて、土地における公共の福祉優先を掲げている。そのうえで土地について、適正で計画に従った利用、投機的取引の抑制、適切な負担を義務づけている。すなわち、利用や制限については、法制度等にもとづいて正当な手続きを経て策定された計画を重視している。

土地基本法は、所有者不明土地問題や管理不全問題を踏まえて2020年に改正された。土地政策を、管理、利用、取引の3本柱で構成し、所有者などの管理・利用責任を明確化したこと、国や自治体の地籍調査を迅速に実施すること、所有者不明土地の抑制策や低未利用地の取引推進などが打ち出された。　　　　　　　　　　（室田）

1.3.2　農地の保全と活用

「世界の統計」（2015年、総務省統計局）によれば、耕地と永年作物地の陸地に占める割合は全世界では約12%であり、12.5%である日本はほぼ平均レベルといえる（表1）。1960年以降の農林水産省の統計を見ると、耕地面積は一貫して減少している（図1）。農業の高齢化や担い手不足が指摘され、海外からの農作物との価格競争に苦戦するなか、近年は付加価値型の6次産業化や若年層の関心の高まりなどの傾向も指摘されているものの、農地の減少には歯止めがかかっていない。

◉農地の実態と課題、農地法改正

　現在問題化しているのは耕作放棄地（以前、耕地であったもので、過去1年以上耕作物を栽培せず、この数年間に再び耕作する考えのない土地）の増加である（図2）。2015年には約42万haであり、この30年間で約3倍に増加した。耕作放棄地の割合が高いのは、農家の分類別では土地持ちの非農家や自給的農家であり、また地域分類では労働条件の厳しい山間農業地域がもっとも高いが、中間農業地域も都市地域も高く、低いのは条件の良い平地農業地域のみである。担い手の高齢化や後継者がいないこと、担い手の新たな確保が難しいこと、農地保有の意向や売却困難な立地や制度的状況などが大きな要因として指摘できる。

　このような背景から、2009年に農地法が改正され、①農地を所有できる農業生産法人の要件の緩和、②農地取得の下限面積（50a）の緩和、③農地の賃借での参入規制の緩和、④転用規制の厳格化と耕作放棄地対策強化を行った。これまでの農地法に見る、農村集落で農家の子孫が農業を継承するという旧態的な従来の前提が、ようやく終了したといえる。

　これにより、農業への新たな参入が容易となり、2015年には改正前の5倍の一般法人が農業に参入した（表2）。食品関連産業や建設業などの一般企業やNPO法人など、農業・畜産業とは無関係な法人の参入が増加し、多様な農業の担い手が、今後増えていくことが期待されている。

◉農地の保全と土地利用規制

　農地は、自然と人間の相互作用によってつくられ各地域で長い歴史を通じて形成さ

れてきたものであり、多様な機能を有している。例えば、①農作物を栽培して食糧供給する機能、②人間の生命・生活の維持を担う機能、③雨水貯留による洪水防止機能、④土砂崩れ防止機能、⑤ヒートアイランド低下機能、⑥生物・生態系保全機能、⑦景観形成保全機能、⑧文化伝承機能、⑨体験学習機能、⑩健康増進機能などの機能があげられる。

表1　耕地と永年作物地の陸地に占める割合
（単位：1,000ha）

国名	陸地面積	耕地＋永年作物地；1,000ha		陸地に占める割合 %	
	2012年	2000年	2012年	2000年	2012年
日本	36,456	4,830	4,549	13.2	12.5
韓国	9,735	1,918	1,730	19.7	17.8
中国	938,821	129,170	121,720	13.8	13.0
インド	297,319	170,130	169,000	57.2	56.8
イギリス	24,193	5,928	6,258	24.5	25.9
ドイツ	34,854	12,020	12,034	34.5	34.5
フランス	54,756	19,495	19,293	35.6	35.2
ロシア	1,637,687	126,238	121,350	7.7	7.4
アメリカ合衆国	914,742	178,068	157,708	19.5	17.2
カナダ	909,351	52,178	50,746	5.7	5.6
ブラジル	835,814	65,200	79,605	7.8	9.5
オーストラリア	768,230	47,600	47,493	6.2	6.2

（総務省統計局）

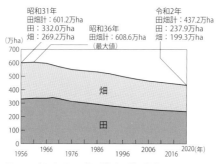

図1　日本における田畑別耕地面積の推移（農林水産省）

図2　耕作放棄地面積の推移（農林水産省）

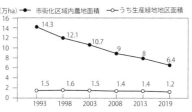

図4　市街化区域内農地面積の推移（農林水産省）

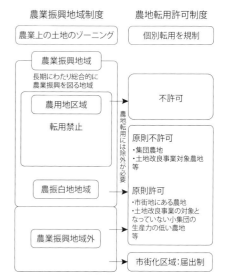

図3　農地保全にかかわる土地利用規制の仕組み
（農林水産省、2007）

農振法では、農業の振興を図る地域として「農業振興地域」を定め、そのなかで一定規模以上のまとまりのある優良な農地を「農用地区域」として指定し、農用地区域は他の用途に転用することを原則許可していない。また農用地区域以外の農地については、農地法では農地を条件に応じて分類し、他の用途への変更の許可・不許可の基準を設定して農地転用許可制度を実施している。

表2　改正農地法施行前後にみる一般法人の参入動向

区分		改正前 1993.4〜2009.12	改正後 2009.12〜2015.12
参入法人数		436	2,039
	株式会社	250	1,274
年間平均参入数		65	340

（農林水産省、2015）

考えてみよう！ 都市農地について、求められる機能と問題点、今後の活用方法について考えてみよう。また、耕作放棄地の活用方法について、農地の土地利用規制タイプ別に考えてみよう。

図5　東京都練馬区大泉学園に見る生産緑地の分布
（アミの部分）（練馬区）

図7　農業の6次産業化（農林水産省）
「地産地消法」にもとづく総合化事業計画の認定状況。

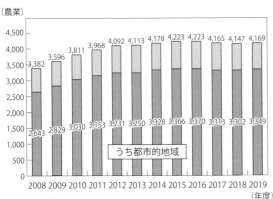

資料：農林水産省都市農村交流課調べ

図6　市民農園の開設数の推移（農林水産省）
注：1）「特定農地貸付けに関する農地法等の特例に関する法律」および「市民農園整備促進法」にもとづき開設されたもの。
　　2）集計に用いた農業地域類型区分は、平成20（2008）年6月改訂のもの。

写1　かわつるグリーンタウン松ヶ丘クラインガルテン

写2　千葉県市原市やもかのなかま体験農園

農地の土地利用規制には、農地の生産性の高さや農地規模に加えて、市街地内にあるかどうか、土地改良事業の実施状況などにより、農地を分類して保全の方向性を定めている。農地保全に関わる土地利用規制は、農業振興地域の整備に関する法律（農振法）で地域を指定し、そのうえで、農地法の転用許可制度で許可、不許可を行う仕組みになっている（**図3**）。

◉**市街化区域内農地と生産緑地**

市街化区域は、本来は農業活動を推進する地域ではなく、したがって、農振法の農用地区域の指定からは除外することが定められており、転用の際も許可は必要なく届け出で可能である。

しかし、市街化区域を指定した際に、地権者等からの要望により広大な地域を指定

した結果、営農志向の強い農家の土地が含まれてしまい、1974年に市街化区域内の一定規模以上の農地を生産緑地として保全することとした。宅地と農地では税負担が大きく異なり、土地の評価額も課税標準も異なっており、宅地並みの課税では農業が継続できないという点から、併せて税負担を軽減している。この後1991年に税負担の公平性という観点から生産緑地法が改正されて、農地は宅地化する農地と保全する農地に区分され、保全する農地のみを生産緑地として指定することとなった（**図4、5**）。生産緑地は、以前は周辺の環境問題が指摘され、農地としても日当たりなどの問題が指摘されていたが、近年は価値観の変化もあり、大都市では生産緑地を歓迎する向きもある。

一方で、農政からも都市行政からも積極

的な位置づけがなく中途半端であり、とくに市街化調整区域の農地が近隣に存在する場合は生産緑地の意義は薄く、線引き自体を見直すべきともいえる。生産緑地は、都市計画の告示から30年が経過した2022年に指定が解除されるため、生産緑地法が改正（2017年）された。緑地機能はより積極的に捉えられ、面積要件を引き下げ、直売所やレストラン等の設置を可能とし、市町村の買い取り制度を設けるなどの変更がなされ、所有者等の意向をもとに、特定生産緑地として指定（生産緑地全体の89%、8,282ha、2022年国交省調べ）された。

◉**都市における農地の活用**

近年、農業活動や食に対する関心が高まっており、農家と農家以外の地域住民との交流の機会が増えつつある。都市住民と農山村における農家との交流も増えているが、都市における農地は、都市住民にとって身近な場であり、この交流も増加している。例えば、農家での体験農業、市民農園での農業従事者による指導、農業研修、住民への農地貸出し、収穫祭などのイベント、産直マーケット、地産地消カフェ・レストラン、地元農産物の料理教室や加工教室などのさまざまな活動が増えている（**図6、写1、2**）。

これらの交流を通じて、農業や食糧生産への住民の関心がさらに高まり、住民らによる労働力の提供、新たな担い手の育成、農家や農業従事者の意欲の向上が期待される。さまざまな技術の継承、地場産品の見直し、さらに6次産業化の進展（**図7**）や、地域の魅力や農業景観への関心の高まりなどの効果も期待される。

農地は、一度放棄すると農地として復元するには多くの労力を要し、宅地を農地に変更する場合は、営農のための環境整備や宅地並み評価の課税問題を改善する必要がある。日本で農地を保全・復元するためには、担い手の育成確保、新規の営農促進、農業技術の開発普及、農業用水・農道の管理、周辺環境保全、生産・流通システムの改革、販売先の開拓やグローバル化、TPP（環太平洋パートナーシップ協定）等の戦略的な国際交渉など多くの課題がある。何よりも農業を魅力的な職業とし、農業に関心のある人々が就農できることが重要である。

（室田）

❶プロローグ

❶生活空間の計画論

❷生活を支える基盤

❸生活空間の計画のための視点

❹生活空間の再編

❺生活空間のマネジメント

1.3.3　自然環境の保全

　「**世**界の統計（2015年：総務省統計局）」によれば、世界の陸地面積1億3,000万km²のうち森林面積は約3割であるが、日本は69%で、世界トップクラスである。日本では自然条件のもとに成立する植生は大半が森林で、緯度や標高の違いに応じて常緑広葉樹林、落葉広葉樹林、常緑針葉樹林が分布する（図1）。生息・生育環境は多様であり、9万種以上（現在、わかっているもの）の生物がおり、陸上に生息する哺乳類の4割が固有種であり、固有種はきわめて多い。

◉自然環境と自然的土地利用、生物多様性

　日本では、自然に再生した二次林24%、人工林25%等で、自然植生は2割以下と少ない。環境省の自然環境保全基礎調査（緑の国勢調査）は、陸域、陸水域、海域を対象とし、陸域では植物、動物、地形地質、優れた自然の調査を行っている。このなかの植生調査は、植生自然度区分基準（表1）を10段階に区分しており、第5回調査では、自然度7以上が43%、自然度6が25%、自然度4〜5が3.6%、自然度2〜3（農地や緑の多い住宅地）が21%、自然度1が（市街地など）6%である。自然的な土地利用を自然度4以上とすると、自然的な土地利用は国土の7割強を構成する。

　国土の7割が自然的土地利用であるにもかかわらず、生物多様性の危機が指摘されているのは、①開発や過剰な採取などの人間活動、②手入れ不足による里地・里山の質の低下、③外来種の持込みなどによる生態系への影響、④地球温暖化等の地球環境変化など、さまざまな要因がある。生物多様性国家戦略（生物多様性条約と生物多様性基本法のもとに策定する計画書）では、4つの危機として上記を定め、生物多様性の社会への浸透や、地域における人と自然の関係の見直し、森・里・川・海のつながり確保などの5つの基本戦略を定めている。

◉自然的土地利用の規制、自然環境保全地域と自然公園

　人の手が加わっていない地域や優れた自然環境を維持している地域について、自然環境保全法や都道府県の条例にもとづいて地域指定をしている。優れた自然環境とは、植物、野生動物、地形地質、歴史的自然環境、海中自然環境などで、希少性、固有性、

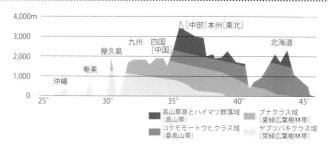

図1　日本の高度・緯度による自然植生図（環境省）
植物分布は、基本的に気温と降水量に応じているため、緯度による水平分布と標高による垂直分布という2つのタイプの植生分布が見られる。

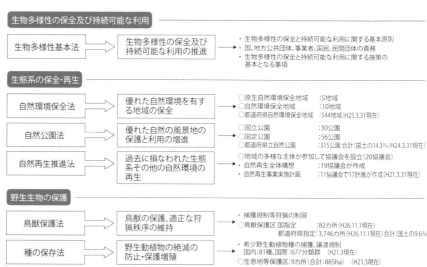

図2　人と自然の共生にかかわる法規（環境省）

表1　植生自然度区分基準（環境省）

植生自然度	区分基準
10	高山ハイデ、風衝草原、自然草原等、自然植生のうち単層の植物社会を形成する地区
9	エゾマツ—トドマツ群集、ブナ群集等、自然植生のうち多層の植物社会を形成する地区
8	ブナ・ミズナラ再生林、シイ・カシ萌芽林等、代償植生であっても、とくに自然植生に近い地区
7	クリ—ミズナラ群落、クヌギ—コナラ群落等、一般には二次林と呼ばれる代償植生地区
6	常緑針葉樹、落葉針葉樹、常緑広葉樹等の植林地
5	ササ群落、ススキ群落等の背丈の高い草原
4	シバ群落等の背丈の低い草原
3	果樹園、桑園、茶畑、苗圃等の樹園地
2	畑地、水田等の耕作地、緑の多い住宅地
1	市街地、造成地等の植生のほとんど存在しない地区

原生自然環境保全地域
① 遠音別岳原生自然環境保全地域
② 十勝川源流部原生自然環境保全地域
③ 南硫黄島原生自然環境保全地域
④ 大井川源流部原生自然環境保全地域
⑤ 屋久島原生自然環境保全地域

自然環境保全地域
⑥ 大平山自然環境保全地域
⑦ 白神山地自然環境保全地域
⑧ 早池峰自然環境保全地域
⑨ 和賀岳自然環境保全地域
⑩ 大佐飛山自然環境保全地域
⑪ 利根川源流部自然環境保全地域
⑫ 笹ヶ峰自然環境保全地域
⑬ 白髪岳自然環境保全地域
⑭ 稲尾岳自然環境保全地域
⑮ 崎山湾自然環境保全地域

図3　自然環境保全地域（環境省）

028　**考えてみよう！**　里地・里山を保全する取組みとして、どのような事例があるか調べてみよう。

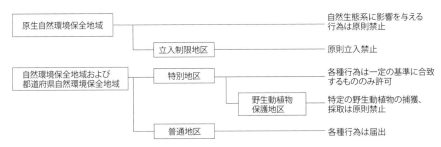

図4　自然環境保全地域等における規制（自然環境保全地域等の行為の規制をもとに作成）
自然環境には、多くの地域で広く見られる身近な自然環境もあれば、世界的にも希少性が高く特定地域のみで見られる自然環境もある。そのなかで希少性の高い自然は、地域を指定して計画を策定し、土地利用規制を行いつつ計画的で総合的な保全を進めている。

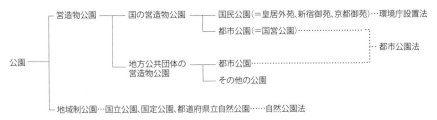

図5　日本の公園の種類

図6　里地・里山は自然と都市を結ぶ

写1　里地・里山

特異性が高いものを示している。2011年環境省調査で、原生自然環境保全地域5地域、自然環境保全地域10地域、または都道府県自然環境保全地域544地域として指定して自然環境の保全を進めている（図3）。自然環境保全地域では、生態系に影響を与える行為を制限し、とくに原生自然環境保全地域では立入り制限地区を設け、また、自然環境保全地域についても特別地区などを設定し、各種行為の許可制度を設けて環境を保全している（図4）。

自然公園は、景勝地の保護とともに自然と人とのふれあいを図ることを目的とするもので、日本の公園には、都市公園などの営造物公園と自然公園などの地制公園があるが、両方とも人の利用を前提としている（図5）。自然公園は、自然公園法にもとづいて自然景観を保護し生物多様性を確保向上させると共に、人が利用できるように歩道やケーブルカーなどの交通施設、ビジターセンターや休憩所などの整備を行う。

2014年3月現在で、国立公園31公園、国定公園56公園、都道府県立自然公園314公園が指定され、この3公園で国土面積の約14％を占めている。国立公園は、なかでもとくに傑出した自然景観であることを指定の要件としており、国が管理責任を負う。自然公園についても特別地域などを指定し、樹木などの伐採や動植物の捕獲採取、工作物の新改築などの各種行為を規制している。

一方で、希少性や特異性、傑出性という特徴は持ってないものの、身近で親しみのある自然環境の保全もまた重要である。生物多様性の観点や人の生活との結びつき、自然とのふれあいという点からもその重要性が見直されている。近年は、これらの身近な自然を維持管理する人々が減少し環境の質の低下が指摘されている。これらの自然環境を保全し、失われた自然環境を再生するために、地域の自主性を尊重したボトムアップ型の自然の再生をめざすものとし

て、自然再生推進法が策定されている。

自然の再生としては、①保全（良好な自然環境を維持）、②再生（損なわれたり劣化した自然環境を取り戻すこと）、③創出（大都市などの自然環境が失われた地域で自然生態系を取り戻すこと）、④維持管理（モニタリングや維持のための長期にわたる管理）の4つに区分して推進している。

●緑地・里地・里山の保全活用

都市における緑地の保全や緑化の推進は、市町村が都市緑地法[注1]にもとづく緑の基本計画を定めて、計画的に推進している。このなかで、里地・里山などの比較的大規模な緑地は地域を指定して、保全を進めている（図6）。里地・里山とは、環境省では自然と都市との中間に位置し、集落とそれを取り巻く二次林、それらと混在する農地、溜池、草原などで構成される地域としている。しかし、都市緑地法で想定する緑地とは都市部の緑地であり、都市計画区域・準都市計画区域内（34頁参照）に限定しており、里地・里山全体を対象としていない。

都市緑地法では、緑地保全地域制度や特別緑地保全地区制度があり、都市におけるまとまった自然環境を指定して、建築・開発行為などの行為を制限することにより緑を継承するという考え方をとっている。税負担の軽減などを図ることにより、土地所有者のメリットを確保すると共に、併せて、管理協定制度[注2]により管理負担を軽減したり、市民緑地制度[注3]を活用して自然とのふれあいの場としての活用などを推進している（44頁、2.1.2参照）。

一方、より広い意味での里地・里山は、環境省で里地・里山保全活用行動計画を作成し、自治体や農林業者はもとより、地域コミュニティ、NPO、企業、大学などと連携して促進することを勧めている。しかし、開発行為の規制と必ずしも連動させているわけではないので、強制力が弱いという問題がある。　　　　　　　　　　　（室田）

注1）都市緑地法：1973年に都市緑地保全法として都市の緑地保全と緑化推進について定められたが、2004年に緑地保全地域の指定や管理協定制度、地区計画の活用等の追加変更に合わせて都市緑地法に改正された。

注2）管理協定制度：自治体と土地所有者が協定を結んで自治体などが緑地の管理を行うものであり、適切な手入れを行うことにより緑地の質を維持向上することをめざしている。

注3）市民緑地制度：緑地等を公開して地域の人々が利用したり市民参加型の管理を行うものである。

0　プロローグ

❶　生活空間の計画論

❷　生活を支える基盤

❸　生活空間の計画のための視点

❹　生活空間の再編

❺　生活空間のマネジメント

1.4.1 日本の都市計画と都市形成

都市計画の目標は、都市空間の物的計画の形成を通して、市民にとって安全で快適な生活や活動を実現することにある。そのためには、都市基盤の整備や土地利用や建設活動の合理的調整、コントロールが必要となる。日本の都市計画の土地利用規制は、都市への人口集中に伴う市街地の拡大に対して、後追い的に設けられ、しかも土地所有権の保障により、欧米諸国と比べてきわめて緩いものとなった。

●日本の近代都市計画と東京の都市形成

近代になり、産業革命による都市化、資本主義社会の発展により、労働者の住環境など深刻な都市問題が発生した。そのため、公衆衛生上の改善が必要となり、19世紀中ごろから、建築や土地利用に関する空間秩序をはかる社会的な制度・仕組みが、各国で成立していく。

日本では、その前史として、明治維新以降、東京における近代国家建設のため、欧米の都市構築技術を導入した銀座煉瓦街建設や日比谷官庁集中計画等の都市改造が示されるが、実現しなかった（**図1、写1、図2**）。

日本最初の都市計画法制度として、1988年に「東京市区改正条例」が制定される。明治初頭の東京市内は、江戸の都市構造のままで、伝染病や大火、乗合馬車や馬車鉄道にふさわしい道路の整備が大きな課題となっていた。市区改正計画（**図3**）は、市区全体の長期目標像としての都市改造を実現するため、当初首都東京にのみ適用される。主に道路・橋梁・河川・公園・上水道・下水道等、土木を中心とした公共事業を目的とし、日比谷公園や丸の内オフィス街（**図4**）はこの時の計画が実現したものである。

その後富国強兵政策の下、近代化・軍事化・資本主義化が進む中で、工業化が進展し都市人口が急増、都市拡張が急速に進む。東京市域でも、明治末期から大正期にかけて、市隣接郡部で人口が膨張し、無秩序な市街地が広がっていった（**図5**）。地方都市も含め、このような都市拡張による市街地の拡大に計画的に対処するため、1919年に都市計画法と市街地建築物法が制定される。ここでは、都市計画の仕組みとして、「都市計画区域」という概念、ならびに市街地秩序化の手法として、土地区画整理、建築線制度、地域地区制度（用途地域、風致地

図1　銀座煉瓦街計画
（藤森照信、1982）

写1
銀座煉瓦街

図4　丸の内オフィス計画（『東京市区改正委員会議事録』）

図2　日比谷官庁集中計画（日本建築学会所蔵）

図5　東京市隣接郡部における人口密度増加
（石田頼房、2004）

図3　東京市区改正計画（1903年告示）
（石田頼房、2004）

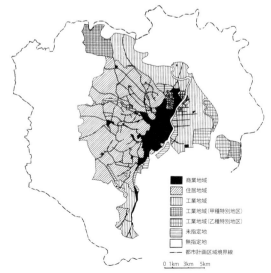

図6　東京都市計画、第1回用途地域指定図（1925）
（石田頼房、2004）

凡例：
- 商業地域
- 住居地域
- 工業地域
- 工業地域（甲種特別地区）
- 工業地域（乙種特別地区）
- 未指定地
- 無指定地
- 都市計画区域境界線

0 1km 3km 5km

表1　市街地建築物法制定当時の地域制
（石田頼房、2004）

用途制限		建ぺい比	絶対高さ	道路斜線
住居地域	・工場（15人以上、2馬力以上、汽かん使用） ・車庫（5台以上） ・劇場、映画館等・待合等 ・倉庫業の倉庫 ・火葬場、屠場、ごみ焼却場は建築できない。	10分の6以下[※1]	65尺以下	H<A×1.25 H<W×1.25+25尺
商業地域	・工場（50人以上、10馬力以上） ・火葬場、屠場、ごみ焼却場は建築できない。	10分の8以下		H<A×1.5 H<W×1.5+25尺
工業地域	・用途制限なし。（工業地域でなければ建築できない建築を規定）[※2]	10分の7以下	100尺以下	H：建物高さ A：その部分から対側建築線までの距離 W：前面道路幅
未指定地域	・規模大、衛生上有害、危険な用途に供する工場倉庫以外は制限なし。	10分の7以下		

※1　住居地以外に建築される住居用建物にも適用する。
※2　工業地域内に特別工業地域を指定できる。

考えてみよう！ 気になる都市の形成史を辿り、都市形成になぜ基盤整備は必要なのか考えてみよう。

図7 関東大震災復興都市計画(幹線・補助幹線道路網)
(石田頼房、2004)

図9 東京戦災復興計画 (区部土地利用図)
(東京都、1989)

図10 東京戦災復興区画整理事業実積図
(東京都、1989)

図8 区画整理早わかりパンフレット(内務省復興局)

図11 新宿駅付近広場および周辺都市計画・街路計画
(越澤明所蔵)

図12 新宿副都心計画と容積地区指定
(東京都、1989)

図14 新宿副都心の高層ビル群

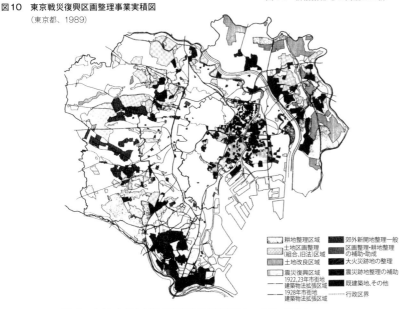

図13 東京における土地区画整理と建築線計画 (石田頼房、2004)

区等)(図6、表1)が設けられた。

◉技術的展開とその成果

　1923年の関東大震災後、復興計画で被災地全域に土地区画整理事業が適用され、幹線道路網、公園、橋梁、耐火建築による小学校や公共施設、共同住宅等、都市基盤の整備と市街地改造が行われる(図6、7、8)。

　昭和戦前期、東京では都市計画街路網計画や駅前広場計画が都市計画決定され、また軍国体制のもとで、東京緑地計画、東京防空空地計画などが立案された。

　戦後1946年の東京戦災復興都市計画(図9)は、これらを引き継ぎ、市域の34%を食糧自給のための緑地地域とし、計画人口350万人、市街地を5〜10万人の隣保単位に緑地帯で分割するという理想的計画であった。しかし、1949年の計画見直し、縮小により、とくに大都市の事業は打ち切られ、基盤整備はわずか10%弱の土地区画整理の実施のみとなる(図10、14)。ただし、地方都市の市街地改造は実現した。

　結局、東京で区画整理等の基盤整備により形成された市街地のエリアは、震災復興事業による都心・下町とその後の郊外部における開発地であった。明治末期から大正期に基盤整備なしに市街化が進行し、高度経済成長期にさらに木賃アパート等が密集した山手線沿線のエリアは、スプロール地域(無秩序に拡大した市街地)として、防災上危険な問題市街地となった(図13)。

　戦後1947年に新憲法、地方自治法が施行され、1950年に市街地建築物法は建築基準法に改められる。しかし、都市計画法は改定が行われず、基本法不在のまま高度経済成長期に突入する。高度経済成長政策のもとでは、大都市圏の整備法、市街地開発事業関連法等の制定や公団等の開発事業主体もつくられ、大規模な市街地開発や都市開発プロジェクト(図12)が実現していく。その一方で、土地利用の混乱や公害問題等の環境破壊ももたらすことになった。

　1968年に新都市計画法が制定、1970年に建築基準法集団規定の全面改正により、ようやく都市計画の基本体系が確立する。都市計画決定権限の地方自治体への移譲や住民参加制度、区域区分・開発許可制度の導入や地域地区制の制限の強化が盛り込まれ、ようやく土地利用のコントロールが実現することになる。　　　　　　　(加藤)

⓪ プロローグ

❶ 生活空間の計画論

❷ 生活を支える基盤

❸ 生活空間の計画のための視点

❹ 生活空間の再編

❺ 生活空間のマネジメント

1.4.2　国土と大都市圏の計画

都市の総合的な計画をつくる際には、広く国土の中で、各種土地利用との調整が必要となる。都市計画関連法の上位計画には、国土利用計画、国土形成計画、首都圏整備計画などがある。

●国土の利用と計画

　国土全体の計画（**図1**）として、戦後1950年に国土総合開発法が設けられ、1974年の国土利用計画法により、都市地域を含む国土利用に関する計画体系が整えられた。国土利用計画法の「健康で文化的な生活環境の確保と国土の均衡ある発展を図る」という基本理念に即して、その利用のあり方が、全国計画、都道府県計画、市町村計画で行政の指針として定められる。さらに、均衡ある土地利用を図るため「土地利用基本計画」が都道府県によって定められ、その計画内容には、都市地域（都市計画法）、農業地域（農業振興地域の整備に関する法律）、森林地域（森林法）、自然公園地域（自然公園法）、自然環境保全地域（自然環境保全法）の土地利用を各個別規制法により担保することと、5地域区分の重複地域における土地利用の調整指導方針が示されている。

　国土総合開発法にもとづく国土総合開発計画では、工業化の進展と高度経済成長に対応するため、国民所得倍増計画（1960）の策定を機に、「全国総合開発計画」(1962)（一全総）が定められ、以来7～10年ごとに見直し、当面する地域課題と新たな時代への対応を視野に入れた基本的な目標を掲げている（**表1**）。全総では、高度成長経済による地域格差是正のため、「拠点開発方式」により、地方に工業地域や都市開発拠点を配置し交通・通信網で結ぶ構想を示した。しかし、大都市への人口・産業の集中はおさまらず、新全総（1969）では、「大規模プロジェクト構想」で、新幹線や高速道路など全国的なネットワークによる国土利用の均衡化をめざした。その後、オイルショックを境に安定成長へ移行する中、三全総（1977）では、大都市への人口集中抑制の一方で、地方を振興し過疎過密問題への対処を図る「定住構想」、四全総（1987）では、これに「交流ネットワーク構想」を加え、交通・通信のネットワークの整備や各地域間での交流による多極分散型国土の形成をめざす。そして、1998年、時代の潮流の

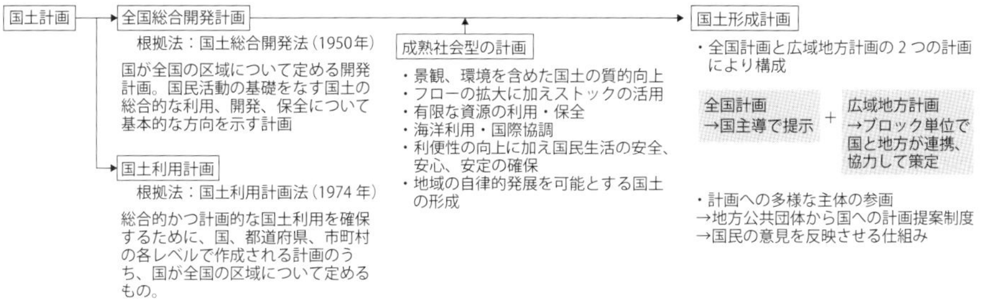

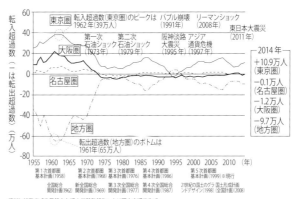

図1　国土計画の体系（国土交通省資料より作成）

図2　大都市圏の人口動向と計画（1954～2009）（国土交通省）

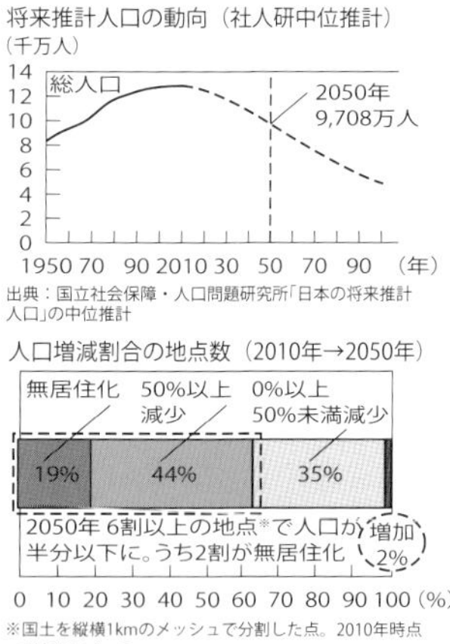

資料：総務省「住民基本台帳人口移動報告」より国土交通省作成

図3　国土を取り巻く変化

将来推計人口の動向（社人研中位推計）

出典：国立社会保障・人口問題研究所「日本の将来推計人口」の中位推計

人口増減割合の地点数（2010年→2050年）

無居住化	50%以上減少	0%以上50%未満減少
19%	44%	35%

2050年6割以上の地点で人口が増加半分以下に。うち2割が無居住化　増加 2%

0　10　20　30　40　50　60　70　80　90　100（%）

※国土を縦横1kmのメッシュで分割した点。2010年時点では18万メッシュ

出典：総務省「国勢調査報告」、国土交通省国土政策局推計値により作成

表1　国土計画・都市圏構想の変遷

	全国総合開発計画（全総）	新全国総合開発計画（新全総）	第三次全国総合開発計画（三全総）	第四次全国総合開発計画（四全総）	21世紀の国土のグランドデザイン（全国計画）	国土形成計画（全国計画）	新たな国土形成計画（全国計画）※1
閣議決定	1962年10月5日	1969年5月30日	1977年11月4日	1987年6月30日	1998年3月31日	2008年7月4日	2015年8月14日
背景	1. 高度成長経済への移行 2. 過大都市問題、所得格差の拡大 3. 所得倍増計画（太平洋ベルト地帯構想）	1. 高度成長経済 2. 人口、産業の大都市集中 3. 情報化、国際化、技術革新の進展	1. 安定成長経済 2. 人口、産業の地方分散の兆し 3. 国土資源、エネルギー等の有限性の顕在化	1. 人口、諸機能の東京一極集中 2. 産業構造の急速な変化等による、地方圏での雇用問題の深刻化 3. 本格的国際化の進展	1. 地球時代（地球環境問題、大競争、アジア諸国との交流） 2. 人口減少・高齢化時代 3. 高度情報化時代	1. 経済社会情勢の大転換（人口減少・高齢化、グローバル化、情報通信技術の発達） 2. 国民の価値観の変化・多様化 3. 国土をめぐる状況（一極一軸型国土構造等）	1. 国土を取り巻く時代の潮流と課題 2. 国民の価値観の変化 3. 国土空間の変化
目標年次	昭和45年	昭和60年	昭和52年からおおむね10年間	おおむね平成12年（2000年）	平成22年から27年（2010～2015年）	平成20年からおおむね10年間	平成27年からおおむね10年間
基本目標	地域間の均衡ある発展	豊かな環境の創造	人間居住の総合的環境の整備	多極分散型国土の構築	多軸型国土構造形成の基礎づくり	多様な広域ブロックが自立的に発展する国土を構築、美しく、暮らしやすい国土の形成	対流促進型国土の形成
開発方式等	拠点開発構想	大規模プロジェクト構想	定住構想	交流ネットワーク構想	参加と連携　―多様な主体の参加と地域連携による国土づくり―	重層的かつ強靱な（5つの戦略的目標） 1. 東アジアとの交流・連携 2. 持続可能な地域の形成 3. 災害に強いしなやかな国土の形成 4. 美しい国土の管理と継承 5. 「新たな公」を基軸とする地域づくり	コンパクト+ネットワーク
関連する圏域・都市の設定			[1990（平成2）年～　地域生活圏（旧建設省計画局）]	[2005（平成17）年　二層の広域圏（国土交通省※2）]			
			[2008（平成20）年～　定住自立圏構想（総務省）]	[2014（平成26）年～　連携中枢都市圏（総務省）]	[2018（平成30）年～　中核・中核都市（地方創生事務局）]		

※1「国土のグランドデザイン2050」(2014（平成26）.7策定）等を踏まえて策定　※2 総合政策局、国土計画局、都市・地域整備局、道路局、港湾局、航空局、北海道局、政策統括官付政策調整官室

表2　首都圏基本計画の経緯（国土交通省資料より作成）

種別	第1次基本計画	第2次基本計画	第3次基本計画	第4次基本計画	第5次基本計画
策定年	1958年7月	1968年10月	1976年11月	1986年6月	1999年3月
計画期間	目標年1975年	目標年1975年	1976年度から1986年度	1986年度からおおむね15か年間	1999年度から2015年度
策定された背景	経済の復興により、人口・産業の東京への集中の対処。政治・経済・文化の中心としてふさわしい首都圏建設の必要性。	経済の高度成長に伴う社会情勢の変化。グリーンベルト構想の見直しとそれに伴う近郊整備地帯の指定。	前回の目標年次が昭和50年。第1次オイルショック等による経済、社会情勢の変化。	自然増を中心とした緩やかな人口増加の定着や産業の高齢化、情報化、技術革新の進展等の社会変化の大きな流れを踏まえ、21世紀に向けて策定。	成長の時代から成熟の時代への転換期における首都圏をとりまく諸状況の変化と、新しい全総の策定（1998年3月）を踏まえて策定。
対象地域	東京都心からおおむね半径100kmの範囲。	東京、埼玉、千葉、神奈川、茨城、栃木、群馬、山梨の8都県	東京、埼玉、千葉、神奈川、茨城、栃木、群馬、山梨の8都県	東京、埼玉、千葉、神奈川、茨城、栃木、群馬、山梨の8都県	東京、埼玉、千葉、神奈川、茨城、栃木、群馬、山梨の8都県
人口規模	対象地域全体では、すう勢人口（1975年で2,660万人）。既成市街地で抑制し、市街地開発区域で吸収。	昭和50年の首都圏全体の人口予測3,310万人。	抑制型。首都圏全体として抑制し、1985年で3,800万人。首都圏地域は若干の社会減。周辺地域は適度な増加。	高まりつつある人口増加の基調を踏まえつつ、社会増を縮減させ、首都圏全体として平成12年で4,090万人。	東京圏の計画人口において平成23年に4,190万人に達した後減少に転じ、平成27年で4,180万人。
地域整備の方向	東京都区部を中心とする既成市街地の周囲にグリーンベルト（近郊地帯）を設定し、既成市街地の膨張を抑制。市街地開発区域に多数の衛星都市を工業都市として開発し、人口および産業の増大をここで吸収し定着を図る。	既成市街地については、中枢管理機能を分担する地域として都市機能を純化する方向で都市構造を再編成。グリーンベルト（近郊地帯）に代わって、既成市街地から半径50kmの地域を新たに近郊整備地帯として設定し、強い市街化のすう勢に対して、ここで計画的な市街地の展開を図る。周辺の都市開発区域においては、引き続き衛星都市の開発を推進。	東京大都市地域については、東京都心部への一極依存形態を逐次見直し、地震等の災害に対して、安全性の高い地域構造とするため、地域の中心性を有する核都市等からなる多核構造の広域都市圏として形成。周辺地域について、従来の農業および工業生産機能に加え、社会的、文化的機能の充実を図り、東京大都市地域への通勤に依存しない大都市近郊地域として形成。	東京大都市圏については、東京都心部への一極依存構造への一極依存構造を是正し、業務核都市を中心に自立性の高い地域を形成し、各地域が機能分担と連携、交流を行う「分散型ネットワーク構造」の地域構造として再編を構築。周辺地域については、中核都市圏等を中心に諸機能の集積を促進するとともに、農林漁業地域等での整備を行い、地域相互の連携の強化と地域の自立性の向上を目指す。	東京中心部への一極依存構造から、首都圏の各地域が、拠点的な都市を中心に自立性の高い地域を形成し、相互の機能分担と連携、交流を行う「広域連携拠点」として、育成、整備。首都圏内外との広域的な連携の拠点となる業務核都市、関東北部地域等での地域間連携を促進し、地域の自立性の向上を目指す。

　考えてみよう！　身近な都市圏の計画・構想図から将来像を読み取ろう。

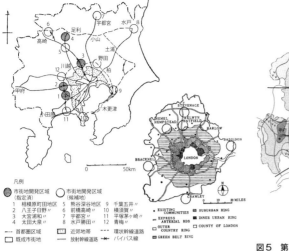

図4　第1次首都圏整備計画と大ロンドン計画（石田頼房、2004）

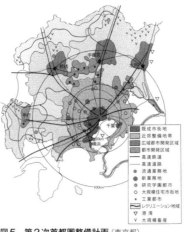

図5　第2次首都圏整備計画（東京都）

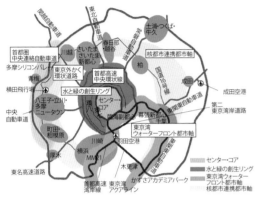

図6　環状メガロポリス構造（東京都）

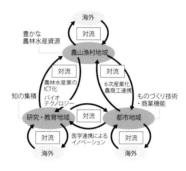

図7　国土形成計画のイメージ図（国土交通省）

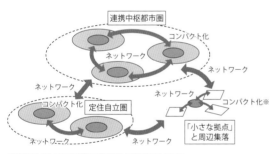

※集落地域においては居住機能の集約までを本来的な目的とはしない

図8　重層的コンパクト＋ネットワーク（国土交通省）

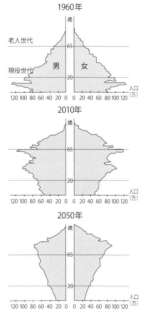

図9　人口構成の変化
（国立社会保障・人口問題研究所）

大きな転換（グローバル化、IT革命、少子・高齢化の進行、地球環境問題）を踏まえ「21世紀の国土のグランドデザイン」を策定し、多軸型国土への転換をめざした（**表1、図2**）。

さらに、これを継承した国土形成計画法による国土形成計画（2008、2015）では、開発基調から成熟社会型の計画へと転換を図るとともに、総合的な国土の形成の指針となる「全国計画」と、複数の都府県にまたがる「広域地方計画」から構成される2層の計画体系とした。そして、中長期（おおむね2050年）を見据えた国土・地域づくりの指針として、「コンパクト＋ネットワーク」により地域の多様な個性に磨きをかけ、地域間の対流を生み出す「対流促進型国土」の形成を掲げた「国土のグランドデザイン

2050」を公表した（**図6、7**）。

●大都市圏計画と首都圏整備計画

高度経済成長期、人口・産業の集積が進み、行政区域を超え一体的な経済圏・都市圏として発展しつつあった東海道メガロポリスと呼ばれた三大都市圏の開発・整備に関する計画として、首都圏整備法（1956）、近畿圏整備法（1963）、中部圏開発整備法（1966）にもとづく、大都市圏計画がつくら

れた。

このうち、首都圏整備計画の第1次基本計画（1958年告示・1975目標年次）は、母都市東京の影響圏として半径100km圏（1都7県の大部分）を対象とし、これを既成市街地（母都市）・近郊地帯（グリーンベルト）・周辺地域と3区分し、その外側に市街地開発区域（衛星都市）を設定するという計画であり、アムステルダム国際都市計画会議（1924）以来の大都市圏計画理論の典型的適用事例であった。

これらを実現する法制度として、人口集積を抑制するため首都圏の既成市街地における工場（業）等制限法（1959）が、また市街地開発区域には、工業団地造成のため首都圏の市街地開発区域整備法（1958）が制定されるが、近郊地帯では、市街化を抑制するための法律は制定されず、価値ある緑地を保全するため、首都圏近郊緑地保全法（1966）が定められたのみであった。イギリスのグレーターロンドンプラン（大ロンドン計画）を参考にしたといわれたが、もっとも重要な母都市の膨張を抑制するためのグリーンベルト法に相当する法制度は成立しなかった（**図4**）。

その結果、既成市街地（東京区部・武蔵野・三鷹両市等）は、工場等の制限では、業務・中枢管理機能の増大による人口・雇用の集積は抑えられず、むしろ工場跡地の高度利用が過密化を促し、母都市の一部を含む臨海部（横浜・川崎市）および市街地開発区域における工業用地造成が、首都圏への工業集積を進め、生活環境は向上せず自然環境も破壊される事態となる。さらに、近郊地帯は、市街化を抑制する適切な土地利用規制がなされなかったため、劣悪な整備水準のスプロール地域が広範に広がった。また、市街地開発区域に、職住近接の衛星都市はつくられず、既成市街地に通勤する労働者のベッドタウンとなり、ほぼ今日に至っている（**表2**）。

一方、首都東京では、鈴木都政以降、第3次首都圏整備計画と整合した多心型都市構造をめざしてきたが、四全総以来、国で首都機能移転が検討される中、これに対抗して東京都心部を多様で魅力的な諸機能を持つエリアに特化させ、集積のメリットを生かした一体的な圏域づくりをめざした「首都圏メガロポリス構想」が策定され、大きな方向転換がはかられた（**図6**）。（加藤）

0 プロローグ

❶ 生活空間の計画論

❷ 生活を支える基盤

❸ 生活空間の計画のための視点

❹ 生活空間の再編

❺ 生活空間のマネジメント

1.4.3 都市計画の仕組みとマスタープラン

都市計画法は、「都市計画区域」に適用される。都市計画区域とは、一体的かつ総合的に整備、開発、保全する区域であり、その内容は、土地利用規制、道路などの都市施設の計画、市街地開発事業である。また、マスタープランは、市町村エリアと広域的な都市計画区域の2層構造で将来の都市像を示す。

◉都市計画法による都市計画の仕組み

都市には、人が集積することによる空間や土地利用の秩序のシステムと、生活基盤を社会資本として整備する方針が必要となる。これを実現するために、公共性にもとづいた強制力を持つ法定の都市計画がある。

都市計画法では、都市計画の目的を「都市計画の内容およびその決定手続、都市計画制限、都市計画事業その他都市計画に関し必要な事項を定めることにより、都市の健全な発展と公共の福祉の増進に寄与すること」とし、基本理念として、①農林業との健全な調和を図ること、②健康で文化的な都市生活および機能的な都市活動を確保すべきこと、③適正な制限のもとに土地の合理的な利用が図られるべきこと、としている。

法に定める「都市計画」は、「都市の健全な発展と秩序ある整備を図るための土地利用、都市施設の整備および市街地開発事業に関する計画」（法第4条第1項）とされ、その内容は、①土地利用に関する計画、②道路や公園など都市施設に関する計画、③面的に市街地を整備する市街地開発事業に関する計画、の3つが基本となっている（**図1**）。

この都市計画法が適用される区域は、「都市計画区域」として定められる。都市計画区域は、市または町村の中心市街地を含み、一体的な都市として総合的に整備し開発し保全する必要がある区域として指定され、市町村の一部である場合も、複数の市町村をまたがったエリアの場合もある。また、都市計画区域外であっても、「準都市計画区域」や1ha以上の大規模開発に対する開発許可および都市施設を定める場合には、いわゆる都市計画が適用される（**図2**）。

都市計画を実現するための手段としては、建築や開発を規制する方法（都市計画規制）と都市施設を整備し拠点的な場所を開発する方法（都市計画事業）がある。

都市計画規制は、土地利用に関わる開発

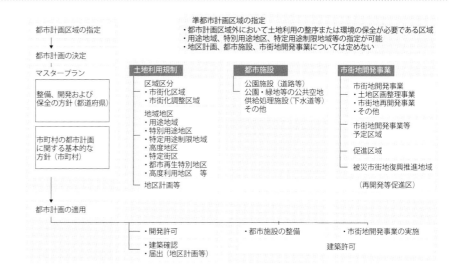

図1　都市計画制度の構成 (国土交通省)

図2　都市計画で指定する区域 (饗庭・加藤ほか、2008)

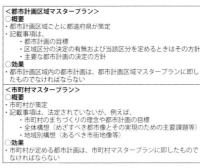

図3　マスタープランの段階構成 (国土交通省)

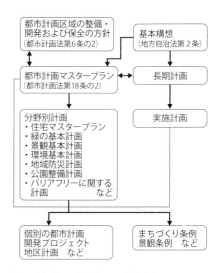

図4　市町村マスタープランの位置づけ
(日本建築学会、2005)

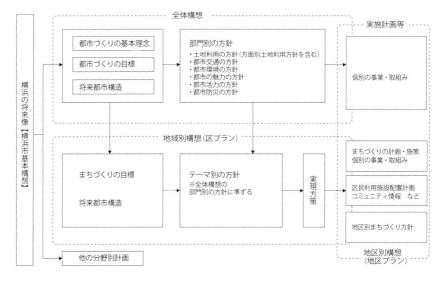

図5　横浜市都市計画マスタープランの内容 (国土交通省)

行為や建築行為の規制、都市計画で決定した都市施設等の事業区域内における建築行為の規制等である。また、都市計画事業は、

公共団体等が主体となって土地を買収する等により、公共性の高い事業として行うもので、原則として、市町村が都道府県知事

　考えてみよう！　住んでいる自治体の都市計画マスタープランを確認してみよう。

図6 茅ヶ崎都市計画区域マスタープラン（国土交通省）

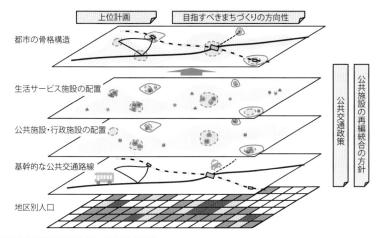

図7 茅ヶ崎市マスタープラン（茅ヶ崎市）

図8 都市の骨格構造の検討イメージ（国土交通省）

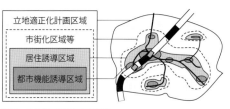

図9 立地適正化計画の内容

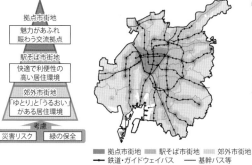

図10 なごや集約連携型まちづくりプラン（立地適正化計画）

の認可を受けて施行する都市施設の整備や市街地開発事業である。土地収用法を適用して、強制的に用地を取得する権限も与えられている。

● **都市計画とマスタープラン**

　都市計画には、土地利用はもとより、交通や公園緑地等の多くの分野別計画、地区別計画との整合性が必要とされる。また、人口や社会経済の動向の見通しに立った長期的な計画目標、都市の将来像の設定と、その実現にむけた基本的方針が明らかになっていなければならない。

　マスタープランは、おおむね20年程度先を目標年次とした土地利用計画の方針や都市施設の整備方針などを定めたものである。1992年都市計画法改正により、「市町村の都市計画に関する基本的な方針」（市町村マスタープラン）、2000年法改正により「都市計画区域の整備、開発および保全の方針」（都市計画区域マスタープラン）が設定された。現在は、都道府県が都市計画区域を対象に定める都市計画区域マスタープランと、市町村が市町村区域について定める市町村マスタープランとの2層構造で、都市の将来像が示されている（**図3**）。

　都市計画区域マスタープランは、広域的根幹的な都市計画として、①都市計画の目標、②区域区分の決定の有無と区域区分の方針、③土地利用、都市施設の整備、市街地開発事業に関する主要な都市計画の決定の方針、が定められ、個別の分野別計画は、これに即したものとされる。

　市町村マスタープランは、地域に密着した都市計画を対象とし、市町村の行政区域内の都市計画区域、あるいは同区域外を含めた行政区域全体を対象として策定され、都市計画決定は要しない。その内容は、「都市計画区域マスタープラン」と市町村の「総合計画」に即して定められ、基本的に市町村の都市計画はこのマスタープランにもとづいて実現していくことになる。

　全体構想（まちづくりの理念・目標、まちの将来像）、分野別構想、地区別構想等で構成されることが多く、その策定にあたっては、公聴会や説明会の開催、ワークショップやアンケート、パブリックコメント等の手段による住民参加が義務づけられている（**図4、5、7**）。

　2014年、都市再生特別措置法の一部改正により人口減少・高齢化を背景としたコンパクトなまちづくりの実現を推進する「立地適正化計画」が制度化された。

　これは、市町村の包括的なマスタープランとして、居住機能や福祉・医療・商業等の都市機能の立地、公共交通や公共施設の充実をはかり、多極ネットワーク型コンパクトシティをめざすものとされている（**図10**）。　　　　　　　　　　（加藤）

1.4.4　都市計画による土地利用コントロール

都市の土地利用は、都市計画法と建築基準法の集団規定によりコントロールされる。良好な土地利用と市街地形成をはかるため、線引き、地域地区、開発許可制度などが設けられているが、課題が多い。地域の実情に応じた土地利用のコントロールが期待される。

●土地利用コントロールの仕組み

　都市の土地利用計画は、例えば山林や農地として保全すべきか、建築用地とすべきか、その中でも住宅用地、商業用地、工業用地のいずれにすべきかなど、将来の土地の用途（宅地・農地・山林）の配分とともに、その密度・ボリュームを含むあるべき将来像を描くものである。これらを法的に定めたものが、都市計画法と建築基準法の集団規定である（**図2**）。

　都市計画法による土地利用の計画（**図1**）では、まず「都市計画区域」の中を「区域区分」（線引き制度）により、「市街化区域」と「市街化調整区域」に区分する。

　「市街化区域」は、すでに市街地を形成している区域およびおおむね10年以内に優先的かつ計画的に市街化を図るべき区域であり、「市街化調整区域」は、市街化を抑制すべき区域となっている。

　市街化区域では、「都市施設」の整備や、土地利用の用途や密度をコントロールするために「地域地区」（用途地域）が定められ、必要に応じて、市街地開発事業も行われる。市街化が期待され、公共投資が投入される。一方、市街化調整区域では、必要に応じて居住者のための都市施設は整備されるが、開発行為は原則として禁止され、用途地域は指定されない（**図1、3、4**）。

　建築基準法の集団規定は、建築物の群としての秩序等を定めたものであるが、都市計画法との連携で、良好な土地利用を実現するために必要な建築物の用途、規模、形態等の規制・誘導をはかる役割を持つ。

　建築基準法による建築確認手続きの前に、一定規模以上の開発や土地の区画・形質の変更を行う場合は、都市計画法にもとづく「開発許可」が必要となる（**図6、表1**）。

　「開発許可制度」は、区域区分の目的を実現する手段として、市街化区域および市街化調整区域における開発行為に対して、開発に関わる条件を課すものである。

　「開発行為」とは、「主として建築物の建築又は特定工作物の建設の用に供する目的で行う土地の区画形質の変更」と定義づけられている。市街化調整区域の通常の開発行為は、「立地基準」により、原則禁止となる。そして、市街化区域では、「技術基準」により、開発による宅地群の質を一定水準以上とすることが求められる。一定規模以上の開発行為には、これらの基準に即した開発水準で、市街地が形成される。

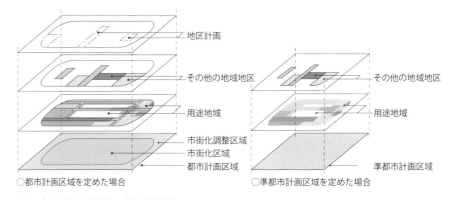

図1　土地利用計画のイメージ（国土交通省）

○都市計画区域を定めた場合　　○準都市計画区域を定めた場合

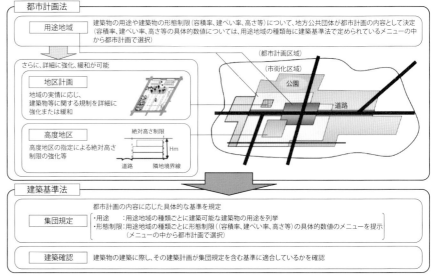

図2　おもな土地利用規制

図3　区域区分（市街化区域・市街化調整区域）の実態
（住環境の計画編集委員会、1991）

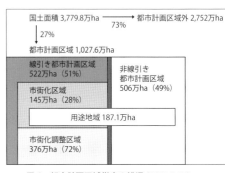

図4　都市計画区域指定の状況（2021.3.31）

図5　全国の人口動向

　なお、「技術基準」の内容には、①予定建築物用途の用途地域等への適合、②道路・公園・排水施設・給水施設等の適切な整備、

考えてみよう！　自宅とその周辺の用途地域と近隣の土地利用を観察してみよう。

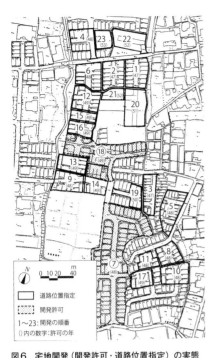

図6 宅地開発（開発許可・道路位置指定）の実態
（住環境の計画編集委員会、1988）

表1 都市計画区域別・区域区分別の開発許可の適用

		適用対象規模	開発許可の適用	備考
都市計画区域	市街化区域	1,000m²以上	技術基準 （第33条）	三大都市部等 では500m²以上
	市街化調整区域	原則として すべて	技術基準（第33条） 立地基準（第34条）	
	非線引き都市 計画区域	3,000m²以上	技術基準 （第33条）	用途地域の指 定有無は問わ ない
準都市計画区域		3,000m²以上	技術基準 （第33条）	用途地域の指 定有無は問わ ない
上記以外の区域		10,000m²以上	技術基準 （第33条）	

（日本都市計画家協会、2003）

③開発区域内道路の地区外道路への接続、④切盛土によって生ずる崖地等の適切な防災措置などが、盛り込まれている。

しかしながら、例えば、建築物等をつくることが主目的でない区画形質の変更となる資材置き場や屋外駐車場等は開発行為とみなされないため、市街化調整区域でも、立地可能となる。

●土地利用コントロールの課題と対応

これらの制度手法で形成された現実の土地利用をみると、市街化区域では、開発規模要件の単位ごとの開発が基準を満たして連担しても、必ずしも良好な秩序立った市街地を形成していない（**図6**）。

また、開発行為の件数や面積は、開発が抑制されているはずの市街化調整区域でも、かなりを占めており、さらに、開発行為の概念からはずれる採石場や大規模駐車場建設、資材置き場等の立地が各地で居住環境上大きな影響を及ぼしている。

とくに、市街化区域と市街化調整区域の

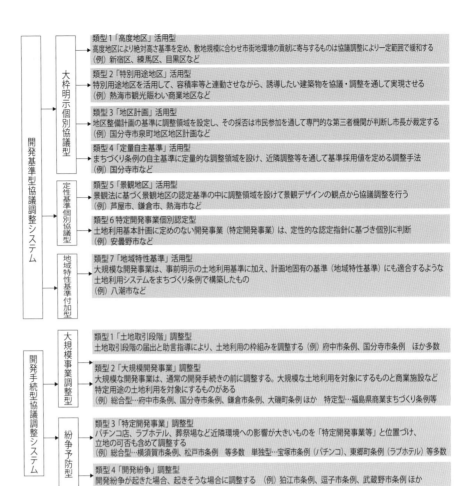

図7 条例による開発基準型・開発手続型協議調整システム（日本建築学会、2013）

フリンジに存在するグレーゾーン（緩衝地帯）には、多くの土地利用の混乱がみられた。現実の区域区分（線引き）では、市街化区域は整備可能な範囲を超えて水ぶくれ的に広く指定され、市街化調整区域では例外的な建築・開発行為を認めたことから滲み出し的開発が進んできた。

また、大都市近郊では、開発許可の規模要件をくぐり抜け、スプロール市街地が形成されてきた。そのような状況下、狭小な宅地供給による宅地の質の低下を防止し、独自に道路や緑地等の基準を上乗せ追加した開発指導要綱が、1967年に兵庫県川西市で定められたのを皮切りに全国に広がった。1980年代には、地区計画を定める手続きとともに住民参加を盛り込んだまちづくり条例が誕生する。その後、旧建設省の通達（1983）や行政手続法制定（1993）との関係で、行政指導の効力しかなかった要綱の条例化が各地で進められる。

さらに、地方分権一括法（1999）による都市計画法改正により、都市計画が機関委任事務から自治事務と位置づけられ、市町村の都市計画に対する法令の解釈権が認め

られることになり、まちづくりに関わる独自の条例等を定める自治体が多くみられるようになる（**図7**）。

社会情勢の変化を背景に、2000年の都市計画法改正では、区域区分（線引き）制度を自治体の選択に委ねることとし、これと連動して、開発許可制度も、自治体の主体性にもとづき、都市計画区域外での導入、技術基準の条例による緩和・強化、調整区域内の立地規制の条例による合理化（緩和）等が、可能となった。

実質的な規制緩和であるが、地方自治体によっては、地域の実情に応じた基準を設定して、柔軟な土地利用コントロールが行われることになった。

近年の土地利用に係るまちづくり条例の動向としては、開発基準や開発手続きについて、自治体の地域特性に応じてルールを設けて、土地利用コントロールを実践している状況がみられる。

現在は、これらの実態をふまえ、人口減少（**図5**）における土地利用規制を検討すべき時代を迎えている。

（加藤）

❶生活空間の計画論

❷生活を支える基盤

❸生活空間の計画のための視点

❹生活空間の再編

❺生活空間のマネジメント

❶プロローグ

1.4.5　建築基準法による建築用途・形態制限

　建築物の安全性と良好な環境や衛生条件を確保するための最低基準が、建築基準法に定められている。建築基準法の単体規定には、全国一律に適用される建築物の敷地、構造、防火、避難、設備に関する規定がある。集団規定は、都市計画区域内の建築物に適用され、用途地域別に建築物等の用途とこれに連動して高さや面積等の形態、建築群の密度やボリュームが制限されている。

◉建築基準法集団規定による建築制限

　都市計画法で定められた用途地域は13種類あり、住居系・商業系・工業系に大別される（**表1**）。用途地域の種類に応じて、建築基準法で建築物の用途制限が決められており、準工業地域における用途規制がもっとも緩く、第1種低層住居専用地域でもっとも厳しくなっている。また、用途地域の性格をふまえて、建築物の高さや建ぺい率・容積率の規制等が定められている（**表2**）。

　建ぺい率は、敷地面積に対する建築面積の割合を示し、逆に空地等の面積の割合を示している。敷地内に一定の空地を確保することにより、通風や採光等の衛生上の配慮、火災時の延焼防止や避難などの防災上の配慮による規制であり、住居系の用途地域では厳しくなっている。

　容積率は、敷地面積に対する建築物の延べ床面積の割合を示す。道路等の公共施設と建築物との均衡を図り、適切な密度を保ち良好な市街地環境を形成するための規制であり、住居系用途地域では小さく、商業系用途地域では集積効果をあげるため大きく指定されている。法的に定められた容積率を指定（法定）容積率という。建築物の前面道路の幅員が12m未満の場合には、その幅員に応じた容積率の制限（前面道路幅員×4/10、6/10等）があり、これを低減容積率という。実際建築物を計画する際に採用される容積率は、このうち小さい値が容積率制限値となり、これを基準容積率と呼ぶ。

　その他、建築物の形態規制として、敷地面積の最低限度、外壁後退距離、絶対高さ制限、北側斜線制限、道路斜線制限、隣地斜線制限、日影規制等がある（**表2**、**図1**）。

　また、市街地で火災が発生した場合に延焼を防止するため、防火地域・準防火地域・屋根不燃化地域等の面的な規制を行う

表1　用途地域による建物用途の概要（五條渉ほか、2023。表記を一部改めた）

		種別	目的・特徴
住居系	低層	① 第1種低層住居専用地域	1、2階建ての低層住宅地としての良好な住環境を保護する地域。住宅のほか、生活に必要な小規模な日用品販売店舗や事務所を住宅に併用する建築物として認めている。
		② 第2種低層住居専用地域	①と同様に、1、2階建ての低層住宅地としての良好な住居の環境を保護する地域。①の地域を貫通する道路沿道などにおいて、生活に必要な店舗や事務所や住宅に併用する建築物を①よりも大きい規模にも認めている。
		③ 田園住居地域	農業の利便の増進をはかりつつ、これと調和した低層住居にかかわる良好な住居の環境を保護するために定める地域。低層住居専用地域に建築可能なものに加え、農業用施設の立地を限定的に可能とし、農地の開発は市町村長の許可制としている。
	中高層	④ 第1種中高層住居専用地域	中高層住宅地として良好な住環境を保護する地域。用途は、①や②に比べ、病院が認められ、店舗・飲食店の規模を大きくし、自動車車庫の規模が大きくなる。
		⑤ 第2種中高層住居専用地域	④と同様に、主として中高層住宅の環境を保護する目的の地域。店舗・飲食店や事務所等は④よりもわずかながら規模の大きいものが認められている。①〜④の用途地域の場合と異なり、⑤以降の地域では、原則として建築できない用途の建築物が定められている。
	その他	⑥ 第1種住居地域	住宅地内の幹線道路沿線などで、小規模な店舗・事務所・ホテル・運動施設など住環境を保護するうえで大きな支障のない施設の立地を認める地域。
		⑦ 第2種住居地域	⑥と同様に、住宅地内の混合や規模の面で、⑥に比べ、パチンコ屋、カラオケボックス、より規模の大きい店舗・飲食店などが建築可能になっている地域。
		⑧ 準住居地域	自動車を利用しやすくすることに対応させた用途地域で、幹線道路等の沿道の地域特性にふさわしく、自動車関連施設・業務施設の利便をはかりながら、住居の環境と調和することを目的として定める地域。
商業系		⑨ 近隣商業地域	近隣の住宅地の住民のために、日常生活用品の供給を行うことを主とする店舗・事務所などを集積させ、その利便性を高める地域。
		⑩ 商業地域	交通利便性が高い都市や地区の中心において、主として商業・業務・娯楽等の施設を集積させ、にぎわいを高める地域。
工業系		⑪ 準工業地域	中小の工場と住宅・商店などが混在している地域にあって、環境の悪化をもたらすおそれのない工業や流通関連施設の利便を増進することを目的として定める地域。
		⑫ 工業地域	主として工業の環境を整備し、その振興をはかるとともに、ほかの用途との混在を防ぎ、環境問題や公害などの拡大を防止するために定める地域。
		⑬ 工業専用地域	積極的な工場の立地の推進を目的として定める地域。工業を主体とする地域の性格を維持するために、⑫に比べ、住宅、店舗など工業系用途とならない用途の建築物の建築を禁止している地域。

表2　建築物の形態規制（戸田ほか、2009に加筆）

用途地域	容積率(%)	建ぺい率(%)	道路 適用距離(m)	道路 勾配	隣地 立上り(m)	隣地 勾配	北側 立上り(m)	北側 勾配	外壁の後退(m)	絶対高さ(m)	日影規制 適用建築物	日影規制 測定面(m)	日影時間 5m〜10m	日影時間 10m超	敷地面積
第1種低層住居専用地域	50	30	20	1.25/1	制限なし	制限なし	5	1.25/1	0	10 軒高7m以上あるいは地上3階以上 12				場合により制限あり ※6
	60								1.0			3.0→2.0		
	80	40							1.5					
第2種低層住居専用地域 田園住居地域	100	50							※1		1.5	4.0→2.5		
	150													
	200											5.0→3.0 ※5		
	※1	60												
第1種中高層住居専用地域	100		20											
	150	※1										3.0→2.0		
	200			1.25/1	20	1.25/1								
第2種中高層住居専用地域	300		25	※3			10					4.0→2.5		
	400		30(25)		20→1.25/1			1.25/1						
	500		35(30)		31→2.5/1						4.0	5.0→3.0		
	※1		※7		※2	※2	※4							
第1種住居地域 第2種住居地域 準住居地域	100	30	20	(1.5/1)						10m超				
	150	40									6.5			
	200	50			20	1.25/1						4.0→2.5		
	300	60	25(20)											
	400		30(25)	※2	20→1.25/1									
	500		35(30)	※3	31→2.5/1									
	※1	※1	※7	※7	※2	※2								
近隣商業地域	200	60	20											
	300			1.5/1	31	2.5/1						5.0→3.0		
	400	80	25											
	※1				※8	※8						※5 ※5 ※5		
商業地域	200	80	20											
	300													
	400													
	500		25											
	600							制限なし	制限なし		制限なし			
	700				※8	※8								
	800													
	900		35											
	1000													
	1100		40											
	1200		45											
	1300		50											
	※1													
準工業地域	100	30	20											
	150	40									4.0			
	200	50								10m超	4.0→2.5			
	300	60	25								6.5			
	400		30											
	500		35									5.0→3.0		
	※1	※1									※5	※5		
工業地域	100	50	20											
	150	60												
	200													
	300		25											
	400	※1	30								制限なし			
工業専用地域	100	30	20											
	150	40												
	200													
	300		25											
	400	※1	30											
無指定区域	50	30	20				1.25/1				1.5	3.0→2.0		制限なし
	60											4.0→2.5		
												5.0→3.0 ※5		
	100	50		1.25/1	31	2.5/1	制限なし	制限なし	制限なし	10m超				
	200	60									4.0	3.0→2.0		
	300	70	25	1.5/1								4.0→2.5		
	400		30		※2	※2						5.0→3.0 ※5		

※1　これらの数値のうちから、都市計画決定する。
※2　これらの数値のうちから、特定行政庁が土地利用の現況等を考慮して、当該区域を区分して、都市計画審議会を経て定める。
※3　前面道路幅員（W）が12m以上の場合は、道路境界線から1/4以上離れた区域については、1.5/1。
※4　第1種中高層住居専用地域および第2種中高層住居専用地域の北側斜線制限は、日影規制の条件が適用される区域内には適用されない。
※5　これらの組合せのうちから、地方公共団体の条例で決定する。ただし、その条例ではいずれの組合せも採用しない（日影規制を適用しない）という選択も可能。（表中の数値は北海道以外）
※6　敷地面積最低限度が200㎡を超えない範囲でも都市計画で定められることがある。
※7　都市計画で1.5/1の勾配を定めた場合は、（　）内の適用距離となる。
※8　特定行政庁が都市計画審議会の議を経て適用除外区域を定めることができる。

考えてみよう！　自宅（宅地）にかかっている建築基準法による建築規制を確認してみよう。

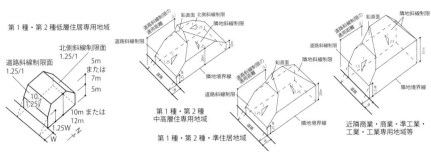

図1 用途地域による建築物の形態制限

第1種・第2種低層住居専用地域
北側斜線制限面 1.25/1
道路斜線制限面 1.25/1
10m または 12m
5m または 7m
5m
W
10/1.25

第1種・第2種中高層住居専用地域
第1種・第2種・準住居地域
道路斜線制限の適用距離
道路斜線制限
鉛直面 北側斜線制限
隣地斜線制限
隣地境界線

近隣商業・商業・準工業・工業・工業専用地域等
道路斜線制限の適用距離
道路斜線制限
鉛直面
隣地斜線制限
隣地境界線

写1 ドミノマンション

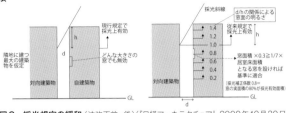

図2 採光規定の緩和（法改正前・後）（『日経アーキテクチュア』、2000年10月30日）

図3 採光規定の緩和による影響（『日経アーキテクチュア』、2000年10月30日）

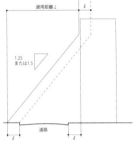

図4 道路斜線の適用距離と後退距離による緩和

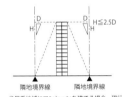

写2 タワーマンション

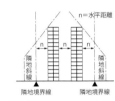

写3 斜面地マンション

図5 斜面地の地盤面の算定（戸田ほか、2009）

表3 用途地域による建物用途規制と問題が生じている建物用途

用途地域＼建築物用途		住居系	公共公益系	商業業務系			工業系その他
				店舗関係	サービス関係	その他	
住専系地域（1低専〜1中高）	できる規定	ワンルームマンション ウイークリーマンション SOHO グループホーム シェアハウス	保育所・幼稚園等 診療所 デイサービスセンター等 宅配専用店舗 訪問介護事業所	コンビニエンスストア 調剤薬局、ドラッグストア （人気の高い）飲食店・パン屋等 ファストフード店	公衆浴場（スーパー銭湯） エステ系店舗 レンタルビデオ店 学習塾 新聞販売所	宗教施設 動物病院・ペットショップ等	植物工場 給食センター（駐車場）
住居系地域（2中高〜準住居）	できない規定	ワンルームマンション ウイークリーマンション		ファストフード店 インターネットカフェ・まんが喫茶	公衆浴場（スーパー銭湯） 運動施設（フィットネスセンター等） ウエディング施設 コインランドリー パチンコ店	セレモニーホール ペット火葬場・葬祭場 配送センター	植物工場 小規模工場（資材置き場）
商業系地域		ワンルームマンション 一般マンション 一般住居（低層階）	病院		パチンコ店 場外馬券等売場 風俗営業施設	セレモニーホール ペット火葬場・葬祭場 遺体安置施設・納骨施設 車庫・倉庫	ガソリンスタンド（駐車場）
工業系地域		一般マンション		大規模商業施設 小売店舗等［工専］	パチンコ店 場外馬券等売場 ラブホテル	遺体安置施設・納骨施設	（資材置き場）

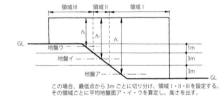

が、建築物の規模等により、防火・耐火性能が定められている。

●建築基準法集団規定の問題・課題

建築基準法（1950年制定）の集団規定は、1970年に大改正され、用途地域の細分化（4から8種類に）と絶対高さ制限を撤廃し

て容積率制の全面的適用となる。しかしながら、容積率制限は、都市計画で指定された数値が住居系用途地域でも比較的高く設定されたため、街並みや居住環境に影響を及ぼすことになった。

また、1980年代後半以降、居住環境に関わる種々の法改正で規制緩和や手続きの変

更が行われてきた。

1987年には、第1種住居専用地域（現第1種低層住居専用地域）の高さ制限10mに12mが追加されて共同住宅の建設が容易となり、道路斜線の適用距離と後退距離による緩和により、広幅員道路に面する大規模敷地での斜線制限は実質的になくなって高層建築が可能となった（図4、写2）。

住宅地下室の容積率制限の緩和（1994）や共同住宅の共用廊下・階段の容積率不算入（1997）という法改正では、従来の容積率制限の概念を崩し、貴重な緑を消失させた斜面地マンション（図5、写3）や高容積のマンション建設を促すことになった。

阪神・淡路大震災で顕在化した建築物の安全性確保の課題に対処するため、建築確認および検査の民間開放とともに、中間検査制度の導入等による建築確認等の手続きの合理化が図られた（1998）。その結果、完了検査率が格段に上がり、建築規制の実効性が担保されたものの、とくに集団規定の関係では、民間の指定確認検査機関の審査・処分が、特定行政庁独自の条例や現場確認による地域情報を把握せずに行われる場面もみられた。

また、同年の居住環境に関わる法改正として、住宅居室の日照規定が削除され、居室の採光規定について有効採光面積の算出方法が変更され、改正前は採光斜線（隣地境界線までの水平距離を建築物の各部分からの高さで除した割合）より下方の窓は採光上無効となっていたのが、開口面積を大きくとれば上方の窓と同一の有効面積を得ることになり、実質的に高層建築で隣棟間隔を狭くとっても建設可能となった（図2、3）。とくに、日影規制が適用されない用途地域（商業・工業地域）では、ドミノのように建ち並ぶマンション群（写1）が建設可能となり、近隣環境にも影響を及ぼすことになった。

また、用途地域制にもとづいて規定される建築用途規制に関して、近年のライフスタイルの変化や少子高齢化等に起因する新たな用途・複合用途の建物の出現により、建築後の運営・管理面も含め、周辺の住環境との齟齬が生じる面もみられる。その一方で、社会ニーズとして、福祉施設の建設や歴史的建造物や空き家の活用等、建築基準法の用途規制が大きな壁となって用途変更が困難となっているケースもみられている（表3）。

（加藤）

0 プロローグ
❶ 生活空間の計画論
❷ 生活を支える基盤
❸ 生活空間の計画のための視点
❹ 生活空間の再編
❺ 生活空間のマネジメント

Column●ドイツの土地利用計画

ドイツの土地利用計画については、各レベル別に表1のように体系化されている。空間計画として、連邦空間計画、州発展計画（図2）、地域計画、基礎自治体の土地利用計画（Fプラン）の4段階に区分されており、基礎自治体レベルでは、建設基本計画として土地利用計画（Fプラン）と地区詳細計画（Bプラン、図3）の2段階に区分されている。

計画の作成は基本的に州政府や自治体等の役割であり、連邦政府は計画全体の枠組みや空間指針と持続可能な開発原則の提示、包括的・横断的な調整、州政府やEUとの情報共有や調整などが中心的な役割である。

州政府は州全域の発展計画と開発プログラムを策定し、連邦計画に従って目標や原則を定め、宅地や農地・森林地、インフラ、屋外空間などをすべて含む土地利用について定める必要があり、互いに競合する点を調整することが重要な役割である。地域計画は、一部の地域で策定されるもので、州全体と基礎自治体の中間の位置づけにあり、計画図のスケールは10万分の1〜30万分の1程度、都市と農村両方の開発が対象であり、州の発展計画を順守する必要がある。

基礎自治体が策定する建設基本計画は、社会・経済・環境の調和、将来世代への責任、社会ニーズへの対応、気候変動への対応、都市デザインの維持向上、自然保護、交通の軽減、防衛、洪水回避などが求められる。Fプランは、自治体行政区域全域を対象に1万分の1〜5万分の1のスケールで策定され、州発展計画や地域計画と整合している必要がある。現況と将来における各土地利用の指定と面積、新たな開発地や利用制限地の指定、施設配置などを示しており、部分的見直しを行うことにより社会変化やニーズにある程度柔軟に対応する。Bプランは特定エリアに限定した拘束力のある計画であり、Fプランにもとづき、開発の目標・目的、効果と必要性を記載する。計画図は500分の1〜2,500分の1、利用する用地、建設方法や敷地と床の規模、付属施設、植栽、関連するすべての法規制と発生する利益を記載する。

日本と異なる点は多く、都市と農村を一体的に取り扱うこと、したがって全体的な土地利用計画のなかで都市的土地利用と自然・農業的土地利用の調整を行うこと、公益・私益など開発による各利益の比較を徹底すること、既成市街地での現状の維持調和を条件とした建築行為以外の新たな建築行為にはBプランの策定が必要であることなどがあげられる。 （室田）

表1　ドイツの土地利用計画の体系（ノルトライン・ヴェストファーレン州を参考に）

策定者	計画名称		内容	根拠法
連邦政府 Bund	連邦空間計画 （Raumordnung）		空間指針と基本原則、州発展計画・地域計画・土地利用計画の枠組み 連邦での開発・重要プロジェクトの枠組みや調整、排他的経済水域の空間計画	国土計画法：ROG
州政府 Land	州発展計画　LEP （Landesentwicklungsplan）		州全体の空間発展計画：空間開発の目標と原則、市街地エリア、交通・エネルギー等インフラ確保、自然・景観の保護発展、気候変動対応、農林業利用、屋外レクリ、地下水・洪水対応等の分野別基本方針、土地利用の全体区分等	州計画法：LPIG
自治体連合 Regierungsbezirke/ Regionalverband	地域計画 （Regionalplan）		目標と原則 州発展計画の具体化、分野別計画 都市・農村の発展計画	州計画法：LPIG
基礎自治体 Gemeinden	建設基本計画	土地利用計画Fプラン （Flächennutzungsplan）	土地利用区分と施設配置計画 用途別開発予定地の指定、 供給施設・気候変動対策施設、広域交通・域内交通路、緑地、水面、盛土切土用地、農業・森林地、自然・景観保全地、利用制限地などの指定	建設法典： BauGB
		地区詳細計画Bプラン （Bebauungsplan）	策定理由（目標、目的、影響・効果） 建築種類・程度、建築形式や位置、敷地規模・間口奥行、付帯施設、植栽 居住建物の許容住戸数、社会住宅、集合住宅、 交通用地、供給処理施設、公園・スポーツ施設、遊び場余暇、水面、盛土・切土、農業用地、森林、動物飼育、自然・景観用地などの指定	

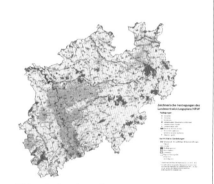

図1　ノルトライン・ヴェストファーレン州　州発展計画

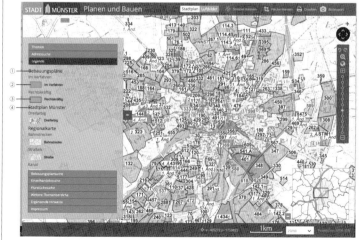

図2　ミュンスター市Bプラン策定・進行中のエリア（ミュンスター市計画と建設ネット／2.5万分の1で表示）
（①地区詳細計画　②手続き中の地区詳細計画　③法的拘束力のある地区詳細計画
④ミュンスター市の地図）

図3　ミュンスター市ダール通り新規住宅地のBプランの例
①敷地面積：1.7ha、元の土地利用：機械工場跡地他、新たな土地利用：集合住宅250戸分、オフィス、デイサービスセンター、遊び場、公共広場他

生活を支える基盤

Chapter

2

2.1 都市の緑と公園

2.1.1 緑の種類と効果

生活空間の質の向上に緑の存在は欠かせない。その効果は表1にも示すように、美しさを愛でるだけではなく、ヒートアイランド化の抑止効果、音や風を和らげる効果など数多くある。緑を都市計画の中に組み込み、整備を進めることが大切である。

◉緑の役割

植物は呼吸をする際に、水蒸気を葉の裏側の気孔から放出しているが、この水蒸気は気化する際に熱を使うために、結果的に周辺の温度を下げる。夏の暑い日でも、葉の裏の温度は2〜3度低い。一方、建物や路面に直射日光が当たると町の気温が上がり、蓄熱すると輻射熱を長時間にわたって放出し、ヒートアイランド化を起こす。それは、新たな空調設備の利用を促し、屋外がいっそう暑くなる。一方、まとまった緑の森は、都市のクールアイランドともなる。木々の多い庭、神社の森や雑木林周辺は、市街地が暑い日でも、涼しい空気が供給される（図1、写1）。

このほかに表1に示すように緑にはさまざまな良い点がある。緑を育てることは、近隣交流を促す効果も期待される。住宅地内では、緑の手入れをする人が屋外にいると、地域を見守る目ともなり、防犯対策も兼ねるため、子どもたちの登下校時に水遣りを呼びかける地域もある。また、花を楽しむ人にとっては、共通の趣味である花を通して、コミュニケーションが生まれ、コミュニティを醸成するきっかけともなる。ただ、適切な手入れをしないことによる落

表1　緑が住環境に与える効果

	ポイント	説明
良い点	緑陰をつくることによる温度低減	直射日光が街路や建物に当たらないようにすることにより、輻射熱の放射を抑えることができる。植物の呼吸で発生する蒸散作用での気化熱が奪われることによる温度低減（一般に、葉の裏は葉の表よりも数度低い）
	リラックス効果	緑が目に入ることによるリラックス効果。花を楽しむ、季節の変化を感じられる
	充実感	緑、花、野菜を育てることによる充足感、達成感が得られる
	近隣交流	屋外で草花の手入れをする際や、花を愛であうことにより近隣交流の機会が生まれる
課題	落葉・落枝	季節ごとに葉が落ちる（落葉樹は一時期に、多くの常緑樹も一年かけて再生する）。適切な剪定をしないことにより、枝が落ち、危険を伴う
	害虫等	毛虫をはじめとした害虫が繁殖することもあり、アレルギー等の原因をつくることもある

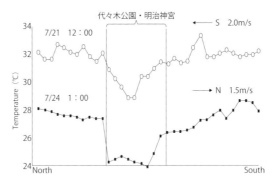

図1　昼夜における代々木公園・明治神宮を通る気温断面図（浜田・三上、1994）

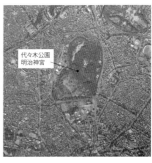

写1　代々木公園・明治神宮近辺の様子（国土地理院）

写2　生垣や植木鉢のある住宅地
手入れをする人が町のにぎわいをつくり、防災面での安全性が高まる。小さな庭でも涼しい風を生み出す。

写3　市街地内の屋上緑化（日本女子大学）
2004年の都市緑地保全法の改正により、市街地内の開発での緑化を自治体が義務づけられるようになった。それに先駆けて東京都では2001年より0.1ha以上の民間開発に3割以上の緑化（屋上または地上）を義務づけるなど、さまざまな取組みがある。

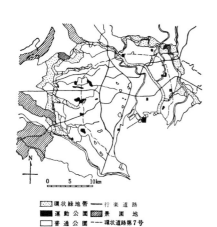

図2　東京緑地計画（東京緑地計画協議会、1939）

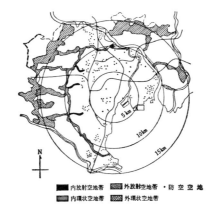

図3　東京防空空地および空地帯計画（都市研究会、1943）

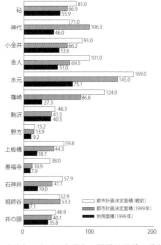

図4　東京都における主要な公園緑地面積の戦前と現在の比較（石川幹子、2001）
東京緑地計画と比べれば現在の首都圏の緑は少なく、公園も小さくなったが、防空緑地がなければ、これらの公園も存在していたかは定かではない。

　考えてみよう！　国土地理院の過去の航空写真等を参考に、大都市近郊住宅地の緑被空間の変化を確かめてみよう。

写4　市民ボランティアによる雑木林の手入れ（生田緑地）

写5　家族で憩う（生田緑地）

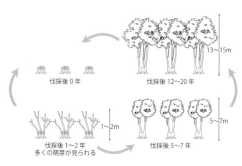

図6　萌芽更新
コナラ、クヌギといった木々は子どもたちがドングリ拾いできる木であり、クマ等の生き物の食糧でもある。日本人はかつて薪を得るためにこれらの木々を家の近くの雑木林に植えてきた。
20年～30年で幹の根に近い部分で伐採をすると、脇芽が生えてきて再び樹木として大きく育つ。伐採をすると、樹木の活力が増すと同時に、周辺に明るい林床をつくり、そういった環境を好む植物が元気に育ち、林全体の活気が増す大切な作業である。

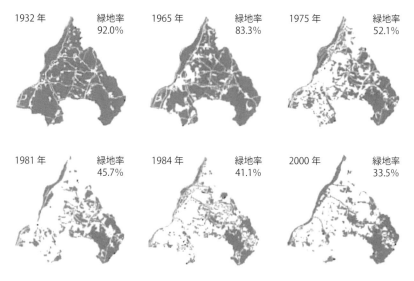

図5　枚方市の緑被率の変遷（国土交通省）

枝や、見通しの悪さ、害虫の発生など、多くの問題も生じうる。そのため、手入れを気持ちよくできる仕掛けが必要だ。

また緑があるということは土があることである。集中的な雨が降っても水を一気に排水路に流し込ませず、地面に保水させることが可能となる。土の状態により保水する量に差はあるものの、緑の面積を少しずつ増やすことで、地域としての保水力は上がる。

さらに広域的な視点で緑の意義を確かめると、海を守ることにもつながる。三陸のカキ養殖業者の山に木を植える活動が全国的に注目された。里山が豊かになることで、森を通って川に流れだす雨水が栄養豊富になり、魚がよく育つという。都市部からも、下水処理水ばかりでなく、雨水が地下水となり豊かな水を送り出すことが求められる。そのためにも、市街地の豊かな緑環境が望まれる。

●緑の計画

緑は利益を直接生み出す場所とはならず、市場経済の流れの中では消滅しやすいため、残す方法を計画しておくことが重要である。産業革命以降の都市の発展と居住環境の維持に疑問を感じて田園都市論をはじめとした多くの都市計画家による居住地のありようが提唱されるなか、1924年に開催されたアムステルダム国際都市計画会議では、大都市郊外に大規模な緑地帯を導入することが提唱された。ロンドンでは、1938年にはグリーンベルト法が策定され、1944年の大ロンドン計画では、4種の環状帯が示された。今でも郊外に豊かな緑が残り、その中に郊外住宅地が存在してよい住環境を形成している。

日本でも、1939年に東京緑地計画（図2）が策定された。1都4県を視野に入れた計画で緑地と公園、行楽道路が計画されたものの実効性は低く、大半の場所は住宅地等として開発された。しかし公園の一部は、戦時期の防空緑地指定を経て（図3）、現在も緑地指定され、公園となっている。

緑の確保されている状況を表す指標に緑被率がある（図5）。算出方法にはいく通りかあり、国土交通省では、農用地、森林、原野、都市公園の占める割合、横浜市では航空写真から判定できる300㎡以上のまとまりのある緑の割合、金沢市のように緑地（壁面緑化の場合はその面積も）の投影面積に樹木の大きさ等に応じた係数をかけて算出するなど多様である。大切なことは、その割合の変化を経年的に追い、必要なコントロールを行う手段を見出すことであろう。

●求められる緑の種類

市街地内で緑を設置できる場所は、公園、街路内、寺社、市街地内農地、雑木林、そして個人の敷地内の庭等さまざまな場所がある。雑木林は二次林であり、日本に古くからあるコナラ、クヌギといった萌芽更新（図6）をするタイプの木々を多く植え、明るい林床をつくり、生物の多様性を実現する場でもある。維持には定期的な伐採も必要で、現代社会での管理には工夫が要る。

一方、公園や街路内には、観賞性が高い、排気ガスに強い、手入れが楽、害虫がつきにくい、シンボル的存在になるものが求められる。庭も観賞性の高いものが植えられることが多い。海外からの植物やその品種改良されたものが多く、ときに日本の在来種と交配・競合をすることもあり注意が必要である。

農地は利用価値・商品価値の高いものが順次植えられるが、土の露出面が多く緑被率は低いものの、近隣住民の食を満たし、市民農園のように都市住民の精神的満足度を高め多種多様な植物が植えられる空間ともなる。

植物は種が飛散したり、害虫が拡散することがあるなど、植えた場所以外への影響も大きいものである。十分な知識を持つ専門家との連携が欠かせない。　（薬袋）

0　プロローグ
1　生活空間の計画論
2　生活を支える基盤
3　生活空間の計画のための視点
4　生活空間の再編
5　生活空間のマネジメント

2.1.2　緑を確保する施策

緑の確保のための制度は、立地場所、利用・存在目的に合わせて管轄省庁が異なる。都市部の緑については、主として国土交通省が管轄しており、すでにある緑を守るための制度と、新たに緑をつくり出すための制度が用意されている（図1、表1）。自治体では、緑関連に特化したマスタープラン（緑の基本計画）を策定し、豊かな生活環境をつくり出そうとしている。

◉施策の概要

　緑地は都市計画施設としての緑地指定が可能で、公的機関による保全は重要であるが、必要な緑地すべての指定は不可能である。市街地に残る里地・里山は、市民緑地制度の活用や、市街地内農地の保全による近郊農業の振興、市民農園等といった方法でも保全できる。

　まとまった緑は失われても、公園などの公共施設への植樹、玄関先を花で飾る等の小さな緑を創出する活動は、多くの自治体で奨励している。緑化基金を設けている自治体も数多くある。財源には、市民からの寄付の他、開発行為で付置義務とされる公園に代わって緑化基金への寄付が認められる自治体もある。また、開発時に緑を付置義務化する例や（**図2**）、横浜市のように目的税を徴収している自治体もある。

　各自治体では「緑の基本計画」を策定することができ、緑地や公園の保全、設置、管理について総合的な緑の施策が描かれる（**図3**）。とくに緑を面的に捉えて、さまざまな公園・緑地のネットワークを意識した計画づくりが実現するので、実質的に豊かな緑の環境をつくり出すことも可能になる。こういった計画策定にあたって使われる指標に、緑被率、植物の種類を示すもの、日本の在来生物の種類に特定した指標などがある。市民参加型の管理のあり方等についての記述も見られ、多様な主体による住環境整備実現の場である。また、質の高い緑・自然の維持・創出に向け、環境省では1995年より生物多様性国家戦略を策定して対応してきた。緑の量を確保するだけでなく、生物多様性の視点から、緑の質や維持の方法についても十分な検討が必要である。

◉既存の緑を維持・保全する方法

　川崎市では斜面緑地のカルテを所有者の公私を問わずに作成している。保全すべきもの等を分類し、今後の見通しを立てている（**表3**）。既存の庭等を社会的資産として周囲に提供する動きもある。長野県小布施町で取組みが始まった、「オープンガーデン」は、了解の得られた個人の庭を一般開放し、観光客が自由に散策できるようにした仕掛けである（**図4、写1、2**）。2000年に38件で始まったが、2014年には130件を超え、多くの人が参加して庭を共に楽しむ

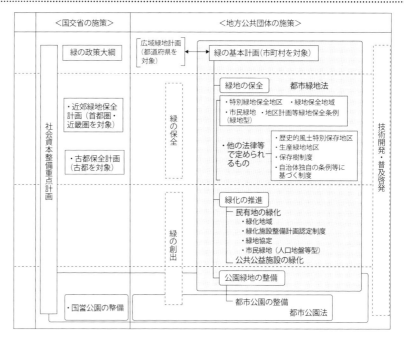

図1　施策の体系（国土交通省）

表1　緑にかかわる制度（薬袋研究室）

	目的・根拠法
緑地保全地域制度 （都市緑地法第5条）	里地・里山など都市近郊の比較的大規模な緑地において、比較的緩やかな行為の規制により、一定の土地利用との調和を図りながら保全する制度。市民緑地制度を併用することにより地域の自然とのふれあいの場として活用を図る。
特別緑地保全地区制度（都市緑地法第12条）（首都圏近郊緑地保全法第5条）（近畿圏の保全区域の整備に関する法律第6条）	都市における良好な自然的環境となる緑地において、建築行為など一定の行為の制限などにより現状凍結的に保全する制度。相続税や固定資産税が減免される。市民緑地制度で、自然とのふれあいの場として活用できる。
地区計画等の活用による緑地の保全（都市緑地法第20条）	屋敷林や社寺林等、身近にある小規模な緑地を保全する。条例に定めることで、木竹の伐採、水面の埋め立て・干拓等をするのに、市町村長の許可が必要になる。市民緑地制度を併用して、自然とのふれあいの場を創出できる。
管理協定制度（都市緑地法第24条）（首都圏近郊緑地保全法第8条）（近畿圏の保全区域の整備に関する法律第9条）	特別緑地保全地区等の土地所有者と地方公共団体などが協定を結ぶことにより、土地所有者に代わって緑地の管理を行う制度。土地所有者の管理の負担を軽減できる。また、必要な施設の整備を国の交付金で行うことが可能な場合もある。
緑化地域制度 （都市緑地法第34条）	緑が不足している市街地などにおいて、一定規模以上の建築物の新築や増築を行う場合に、敷地面積の一定割合以上の緑化を義務づける制度。1,000㎡以上が対象だが、条例で300㎡以上にもできる。 都市計画に定める緑化率の最低限度の上限は、敷地面積の25%あるいは「1－建ぺい率－10%」のうち小さい数値となる。
緑化協定制度 （都市緑地法第45条、第54条）	土地所有者等の合意によって緑地の保全や緑化に関する協定を締結する制度。
市民緑地制度 （都市緑地法第55条）	土地所有者や人工地盤・建築物などの所有者と地方公共団体又は緑地管理機構が契約を締結し、緑地や緑化施設を公開する制度。都市計画区域内の300m²以上の土地または人工地盤、建築物その他の工作物が対象で、5年以上の契約期間が必要。相続税や固定資産税の減免が受けられる場合もある。必要な施設の整備を国の交付金で行うことが可能な場合もある。
緑化施設整備計画認定制度（都市緑地法第60条）	民間の建築物の屋上、空地など敷地内を緑化する計画（緑化施設整備計画）について、市町村長の認定を受けることができる制度。「緑化施設」とは、樹木や地被植物などの植栽と、花壇、敷地内の保全された樹木、自然的な水流や池、これらと一体となった園路、土留、小規模な広場、散水設備、排水溝、ベンチ等。
緑地管理機構制度（都市緑地法第68条）	地方公共団体以外のNPO法人などの団体が緑地管理機構として緑地の保全や緑化の推進を行う制度。民間団体や市民による自発的な緑地保全や緑化の推進を可能にする。
生産緑地制度（生産緑地法）	良好な都市環境を確保するため、農林漁業との調整を図りつつ、都市部に残存する農地の計画的な保全を図る制度。500㎡以上の面積で、農林業の継続が可能な条件を備えているもの。
風致地区制度（都市計画法）	都市における風致を維持するために定められる都市計画法第8条第1項第7号に規定する地域地区。「都市の風致」とは、都市において水や緑などの自然的な要素に富んだ土地における良好な自然的景観であり、風致地区は、良好な自然的景観を形成している区域のうち、土地利用計画上、都市環境の保全を図るため風致の維持が必要な区域について定めるもの。

　考えてみよう！　緑を確保するために自治体が取り組んでいる具体的な施策を確かめ、その実績と住民生活に対する効果を確かめてみよう。

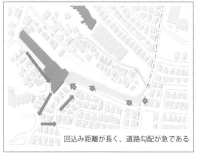

蟹ヶ谷のぞみの丘公園

回込み距離が長く、道路勾配が急である

図2　提供公園の立地環境例（薬袋研究室（宮脇里紗））

表3　川崎市の緑のカルテ作成における評価項目一覧およびランクづけと施策展開の基本的考え方（川崎市、2002）

大項目	中項目	小項目	配点
自然的条件	植生	植生の状況	樹林5・草地2
		生育の状況	良2・不良0
	規模	緑地のまとまり	0.3ha以上3・未満1
	地形	多様性（崖線、谷戸、湧水等があるか	ある2・ない0
		傾斜度	30度以上1・未満0
	土地利用	河川、農地との一体性・ネットワーク性があるか	ある2・ない0
	動植物情報	希少種などの存在があるか	「水と緑の生態系現況調査」が終了次第、評価に反映
社会的条件	歴史・文化	歴史的文化財との一体性があるか	ある1・ない0
		旧街道が通っているか	ある1・ない0
	眺望・景観	鉄道駅等からの眺望	見える1・見えない0
		主要道路からの眺望	見える1・見えない0
	レクリエーション	遊歩道・散策道が通っているか	ある1・ない0
		都市公園等と連続性があるか	ある1・ない0
計画条件	上位計画	計画の位置付けの有無	ある1・ない0
	市民要請	緑の保全地域申出等	ある1・ない0
	市民活動	活動団体の有無	ある1・ない0

評価	ランク	施策展開の基本的な考え方
25点から17点	Aランク	優先的に保全を図るべき斜面緑地
16点から10点	Bランク	保全を図るべき斜面緑地
9点から3点	Cランク	保全対象の斜面緑地

写1　「Welcome to my garden」（私の庭へようこそ）との張り紙

写2　開放された庭をめぐる人々

写3　フットパス（町田市）
イギリスでは、フットパスと呼ばれる、森や農村、あるいは古い町並みなどを楽しみながら歩く道がある。日本でも町田市などがこのNPOによる運動を取り入れ、フットパスマップを制作・販売している。フットパスでは公共の道・緑地だけでなく、農地や保存された私有の緑地などもルートになるので、所有者の協力がかかせない。写真はフットパスに指定された農地に立つ看板。

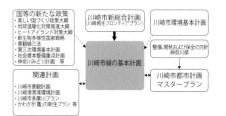

図3　川崎市緑の基本計画の位置づけ
（川崎市、2008年3月）

表2　緑の取組み（2019-2023）(案)の事業一覧
（横浜市資料より作成）

取組みの柱	事業
市民とともに次世代につなぐ森を育む	①緑地保全制度による指定の拡大・市による買取り
	②良好な森の育成
	③森を育む人材の育成
	④市民が森に関わるきっかけづくり
市民が身近に農を感じる場をつくる	①良好な農景観の保全
	②農とふれあう場づくり
	③身近に農を感じる地産地消の推進
	④市民や企業と連携した地産地消の展開
市民が実感できる緑や花をつくる	①まちなかでの緑の創出・育成
	②市民や企業と連携した緑のまちづくり
	③子どもを育む空間での緑の創出・育成
	④緑や花による魅力・賑わいの創出・育成
効果的な広報の展開	①市民の理解を広げる広報の展開

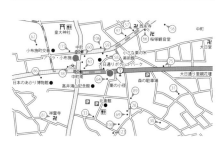

図4　小布施町のオープンガーデンマップ
（小布施町資料をもとに作成）

仕掛けとなった。行政が提供するだけの公園よりもより豊かな生活環境となる。

　さらに雑木林の公共化という課題がある。市街地においては、住宅地と民間の所有する雑木林が、貴重なオアシス的空間となっていることがある。かつては、自由に通行できたような雑木林であっても、近年は利用者のマナー、管理責任の問題等から所有者との明確な合意のもと、開放をしてもらう仕組みを整えるようになってきた。市民緑地制度は自治体が地主と契約を交わし、固定資産税を免除する等の措置をする代わりに、市民が自由に散策を楽しめる緑地として提供をしてもらう仕組みを公的に担保するものである。市民による管理組織を結成し、管理を楽しみたい市民が集まり、ていねいな使い方を実現している。柏市では、

公的機関の仲介により、庭を貸す「カシニワ」制度で、緑の維持を進めている。その他町田市のフットパスマップ作製等、地域の実情に合わせたさまざまな取組みがある。（写3）。

●緑を創出する取組み

　大都市の中心部における緑の新たな創出は極めて困難であるが、社会資本として緑の価値を考え、緑の創出や維持などのため公開空地を設ける制度は、市街地の中心部にオープンスペースを確保し、かつそれが管理された状態を維持するために重要である。多くの場合は、指定容積率の緩和等、床面積を増やせることを優遇措置として認める代わりに、周辺環境を良くするための空地として地域に開放できる空間を創出することを求める。

　緑は連担して存在することで、その効果を発揮する。地域ぐるみで緑を創出・維持することで、より豊かな環境をつくることができる。都市緑地法に定められる緑地協定制度は、連続的な緑の創出を促す。樹木の場所や種類、垣・柵の緑について指定をすることができる。建築協定と同様に、地権者の同意が必要であるため、既存の住宅地に新たに指定される場合だけでなく、分譲前に開発者が"一人協定"を締結し、協定付きの住宅、つまり周囲の緑のあり方が緑地協定という形で共有された住宅地として付加価値が創出されることが期待される。

　都市緑地法では、緑化地域を定めることができ、市街地内などでの大規模開発の際の緑化を指定することができる。緑化地域については、樹木や花壇といった地面に直接植える方法だけでなく、屋上緑化や壁面緑化等も含まれる。大都市中心部のヒートアイランド化抑制に向けた、屋上緑化や壁面緑化による室内温度の調整効果を期待した取組みでもある。

　東京都内では、界わい緑化推進プログラムも用意されている。複数の隣り合う人同士が連携をして緑の創出をしようという場合には、苗の調達や専門家によるアドバイスなどの支援を行う仕組みである。一人ひとりが緑を創出することも大事であるが、多くの人が関わることにより、社会資本としての緑を守ることの意識が高まると同時に、近隣交流を兼ねた声掛けが生まれる。
（薬袋）

0 プロローグ
1 生活空間の計画論
2 生活を支える基盤
3 生活空間の計画のための視点
4 生活空間の再編
5 生活空間のマネジメント

2.1.3 公園の種類と管理

日本では、さまざまな目的で公園がつくられている。単なる子どもの遊び場ではなく、地域固有の自然や史跡の確保、災害時の避難場所、成人の健康・体力向上など、期待される役割は幅広い。このような目的が達成されるためには、公園の管理運営が重要で、利活用が充実するための仕組みづくりが注目されている。

◎日本の公園の種類

目的に合わせて、異なる公園を計画的に配置することが大切である（**表1**）。

街区公園のような住宅地内にある公園の役割は、従来は子どもの遊び場として考える人が多かった。しかし、近年期待される役割は大きく変化しており、高齢者のいこいの場であったり、災害時の備蓄品をストックする場であったりと多様化している（**写1**）。その他、運動公園や広域公園は、大規模で体を動かしやすいばかりでなく、災害時の拠点として、さらに集会を開く場等にも使われる。

日本の都市は世界の他都市に比べて1人当たりの公園面積は小さい（**図1**）。生活空間の向上のためにも公園を増やしたい。

◎新しい公園のかたち

子どもの屋外遊びの場として定番なのが、公園である。街区公園は、かつては児童公園とされていた。近隣住区論等にもとづき、子どもが気軽に遊びに行ける距離圏ごとに公園を設置することが望ましいとの考え方の下に、つくられている。

公園は、道路の交通量が増え、自由に遊ぶことのできる空き地や里山といった空間が消滅するなかで、安全に子どもたちが遊ぶことができる貴重な場である。一方で、子どもたちが守られ過ぎた安全な場でしか遊べないことにもの足りなさを感じたり、運動機能を十分に伸ばすことができないという指摘がある。住宅地内の公園では、公園利用者同士、近隣とのトラブル回避のために、ボール遊びや、大きな声を出すことが禁止されたり、また怪我をしやすい遊具は撤去される。火災予防のために焚火や花火も禁止されている所が多い。

コペンハーゲンに1943年に廃材を使った遊び場ができたことを発端に、冒険遊び場（プレイパーク）として、子どもの自由

表1 都市公園の種類と整備目標（加藤・竹内、2006）

種類		種別	整備目標		
			標準対象人口（人）	標準規模（ha）	誘致距離（m）
基幹公園	住区基幹公園	街区公園 近隣公園 地区公園	2,500 10,000 40,000	0.25 2.0 4.0	250 500 1,000
	都市基幹公園	総合公園 運動公園	100,000 100,000	10.0 15.0	到達時間1時間 〃
特殊公園		風致公園 動植物（公）園 その他特殊公園	10ha（標準） 10ha（標準） 適宜	適地に選定 都市人口10万人以上の都市に1カ所以上 公園で約1,500ha	
公害災害対策緑地		緩衝緑地など	適宜	全国で約5,000ha	
大規模公園		広域公園 レクリエーション都市	適宜 適宜	50ha以上が望ましい	

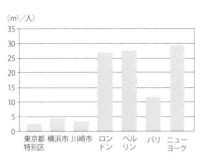

図1 1人あたりの公園面積（国土交通省の資料より作成）

写1 かまどベンチ
防災公園にはかまどベンチ、手押しポンプの井戸、仮設トイレ設置用のマンホール等が置かれる。

写2 プレイパークで木切れを切って工作

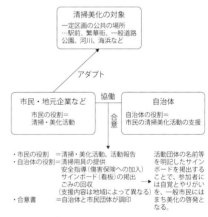

図3 アダプト制度の仕組み（食品容器環境美化協会）

収益施設
収益を活用して整備
公共部分
民間が収益施設と公共部分を一体的に整備　規制緩和的措置

| カフェ等の収益施設
（公募対象公園施設） | 広場、園路等の公共部分
（特定公園施設） | 設置管理許可期間の特例
10年→20年 |

従前　民間資金　公的資金
新制度　民間資金　収益を充当　公的資金

建ぺい率の特例
＋10%（公募対象公園施設）
占有物件の特例
看板、広告塔等

図2 新しい公園のかたち・Park-PFI（国土交通省）

表2 「トトロのふるさと基金」の事業内容（トトロのふるさと基金を参考に作成）

活動	概要
里山管理活動	狭山丘陵の雑木林や湿地などを、緑豊かな里山として維持していくための管理活動。
調査研究活動	植物や動物の調査、歴史文化財の調査など、狭山丘陵の環境を確実に把握し、管理するための調査と研究。
普及啓発活動	狭山丘陵の豊かな自然や文化財を広く知っていただくための、普及啓発活動。 会費・寄付などのご支援をくださる方々に会報「トトロの森から」を発行、ホームページの管理のほか、ゴミ拾いによる森の清掃活動、散歩会などのイベントを実施。
ナショナル・トラスト活動	ナショナル・トラストによる環境保全を実行。常に情報を収集し、ナショナル・トラストで取得した緑地は「トトロの森」と名前をつけて、雑木林として維持管理。
保護活動	保全された雑木林環境保護活動豊かな自然を守るための、行政への提言や開発業者への申し入れ、積極的な情報収集。
環境教育活動	狭山丘陵を活用した環境学習への支援。学校の授業で使える参考書の発行や講演など。

考えてみよう！ 住民からの評価が良い、あるいは管理が良いとされている公園をひとつ選び、その管理・運営方法の工夫を調べてみよう。

表3　到津の森公園の会員システム（薬袋研究室）

	動物サポーター	到津の森公園友の会	到津の森公園基金	
趣旨	特定の動物へのえさ代を支援してもらうことで、里親として動物たちに愛着を持ってもらおうとするもの	到津の森公園の事業に賛同し、園全体の運営を広く支援するもの	到津の森公園に寄せられた寄付金等を活用して、特色ある運営に役立てるもの	
募集対象	個人、団体・企業	個人	個人、団体・企業	
受入れ先および事務局	北九州市	友の会事務局（都市整備公社）	北九州市	
受入れ金の性格	寄付	会費	寄付	
使途	動物のえさ代	園の運営経費	動物の購入および文化的な活動	
会員区分	個人1口→1,000円　団体1口→10,000円	個人1口→1,000円　—	とくになし	
特典（1年間有効）	**個人** 3口未満の申込者の入園料は600円（団体料金を適用） / 3口（3,000円）の加入者に年間入園フリーパス1枚を発行 / 10口（10,000円）以上の加入者に、年間入園フリーパス4枚または家族年間入園フリーパス1枚を発行 / 100口（100,000円）以上でサポーター名を展示施設の前に掲示	—	**個人** 10,000円以上の寄付者名を刻銘板に掲示 / 10,000円以上の寄付者に、年間入園フリーパス1枚を発行	
	団体・企業 50,000円ごとに、法人フリーパス1枚を発行 / 100,000円以上で、サポーター名を展示施設の前に掲示		**団体・企業** 50,000円以上の寄付者名を刻銘板に掲示	

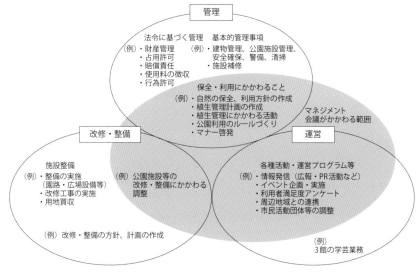

※管理、運営および改修・整備の最終的な判断および責任は市が担う。

図4　生田緑地マネジメント会議のかかわる範囲（川崎市）

な遊びを許容する広場が数多くつくられている。日本でも常設は少ないものの公園を一時的に利用した数百か所での取組みがある（写2）。プレイリーダーが見守る中、子ども同士が声を掛け合いながら、あるいは協力しながら、安全を確保しつつも木に登ったり、火を使ったりと大胆な遊びが展開されている。

2017年の都市緑地法改正以降、Park-PFIと呼ばれる、民間事業者が行う公園内での収益事業を、公園利活用に還元する仕組みが積極的に導入できるようになった。このことにより、公園内の喫茶店・保育所等の設置や、公園内の手入れで発生する薪を販売するなど、柔軟な利活用が可能になった（図2）。

◉**公園の管理と運営**

公園の管理運営については、単に問題が起きないように管理するだけではなく、より充実した公共空間となるような、価値を高める取組みを、従来の公園管理と区別して「パークマネジメント」と呼ぶ。パークマネジメントは、イギリス、アメリカで積極的で、近年日本でも各自治体が、パークマネジメント計画を策定し、市民や企業等と連携しながら、運用していくための取組みが行われている。

また、公園・緑地を維持するためには、資金と労働力が欠かせない。経済指標による評価の難しい緑地・公園を運営するには工夫が必要である。基金を設けること

で、必要な緑地を必要なタイミングで購入し、開発等から守ることもできる。公園管理を民間企業やNPOに無償で託すアダプト制度も注目されている（図3）。「養子として守り育む気持ち」で管理を任される。

民間では、埼玉県の狭山丘陵の雑木林などを購入するために設立されたトトロのふるさと基金のように、特定の地域を守ることに対して、さまざまな人が自由に貢献することのできるものもある（表2）。こういった動きはナショナルトラストと呼ばれる。

基金以外の運営資金への貢献をするものもある。到津の森公園では、動物のえさ代を広く市民から募っている（表3）。一定金額以上の寄付を行った組織は、民間企業であっても公園内に名前を掲示されることもあり、動物園で欠かせないえさ代を確保することができている。個人で飼育することのできない動物であっても、自分がえさ代を支援することにより、愛着を持つことができる。

◉**市民のかかわり方**

大規模緑地においても、少しずつ市民との対話型の取組みが行われるようになってきた。川崎市にある生田緑地では、「生田緑地マネジメント会議」を立ち上げ、緑地内にあるさまざまな施設の担当部署、緑地内で活動する市民団体、近隣町会や商工会議所等の地域の組織と連携をしながら、マネジメントが行われ、保全と利用のバランスを図っている（図4）。緑地内で活動するボランティア団体同士の自然へのかかわり方の連絡・調整機能、市による整備事業への市民意見の反映、あるいは利用者に対するルールを緑地にかかわる複数の博物館施設とも連携をして決めるなど、各組織の枠を超えた取組みが実現している。

市民ボランティアは、各地で公園・緑の管理に欠かせない存在となっている。そのかかわり方は、簡単な清掃活動から、チェーンソーを使って樹木の伐採などを行うといったプロ顔負けの取組みまで多様である。仕事として請け負うこととの大きな違いは、参加者の充実感、満足感が重視されることである。かかわる市民は、公共空間に対し、時には整備の方針にも意見を出し、具体的な整備計画づくりに携わるなどが重要となる。プランニングにおける市民のかかわりを大切にすることが、その後の維持・管理にも大きな影響を与える。　　　（薬袋）

0　プロローグ

❶生活空間の計画論

❷生活を支える基盤

❸生活空間の計画のための視点

❹生活空間の再編

❺生活空間のマネジメント

2.2.1 水と廃棄物

人の活動・生活には水は必要不可欠であり、またゴミが排出されるのも必然。空気、水の安全を確保し、ゴミを上手に片づけ、持続可能な都市をつくるためには、大量消費と大量廃棄を見直すことは不可避である。循環をキーワードに、知恵を絞ることが求められている。

◉河川と都市のつながり

日本は、水資源に恵まれた国であるが、水を溜めて利用する歴史も長い。大阪市にある狭山池（7世紀）や四国の満濃池が知られるように、古くから稲作のために灌漑用のダムがつくられて、安定した田畑の耕作を実現した。また江戸期には都市が発展したこともあり都市部の飲用水としての役割も期待されるようになった。

近代化以降は、灌漑・飲用ばかりでなく、工業用や発電用などにもダムはつくられてきた（図1）。山間地域では急峻な地形を生かして、数多くのダムがつくられたが、同時にそこに住んでいた住民たちに移転を強い、また、発電施設等の導水で水無川化した河川もあり、生態系への影響も見られた。飲用水や工業用水ダムの建設費・維持費は水道の使用量などによって回収されるが、利用人口が見込んだ数に至らない、節水型の機器が発達し水の使用量が伸びない、水を使用する産業が発展しないなど、とくに地方都市では人口1人当たりの維持費の負担は大きい。

雨の多い日本では水は供給だけでなく排水にも工夫が必要となる。都市は河川近くに発達することが多く、洪水対策が常に都市の課題であった。堤防を築き、流路を深く真直にすることで、災害を防いできた（図2）。しかし、市民の生活から水や水にかかわる文化を遠ざけてきたことで、市民が河川に対して適切な理解をできなくなることや、生活の質の低下といった課題もある。

水辺には、古くから培われた地域の歴史や文化、人々の生活とのつながりなど、その地域特有の資源が存在する。また、その使い方によって新たな価値を生み出す可能性を秘めている。近年では積極的な河川の親水護岸化や、水路を町の生活環境として活用し、整備を行う事例も見られる（写1、2）。とくに商業地域では、カフェを設置するなど、伝統的な川床とはまた趣の異なる整備がされ、まちのにぎわい創出に一役買っている。

図1 利根川水系（水資源機構）
日本で一番流域面積の広い利根川は、関東平野を潤す。流域には数多くの支流があるばかりでなく、山の中にはダムも多い。これらのダムの利水・治水によって都市居住が可能である。なお山地にはこれら以外にも土砂災害対策の砂防堰堤・ダムもあり、たくさんの土木施設がつくられている。

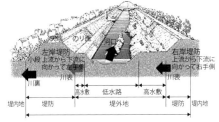

図2 川と堤防の断面（国土交通省）

写1 自然護岸の大聖寺川

写2 カールスルーエのアルプ川
（中心市街地に近いエリア）
黒い森の北端に源を発し、市内の中心部を流れ、ライン川の流れ込むアルプ川。かつては、コンクリート護岸による河川の直線化（排水路化）が行われ、排水の流入などによる水質汚染等で大変汚かった河川であった。1976年「自然保護及び景域保全に関する法律」が制定され、1980年代中盤から近自然工法による「再自然化」が行われた。

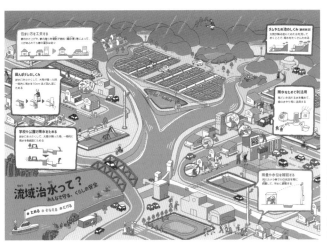

図3 「流域治水」の理解促進を促す小中学生向けパンフレット（作成：福井県・福井工業大学）
気候変動の影響により水災害が激甚化・頻発化している。ハード対策だけでなく、ソフト対策を含めて住民が自ら対策できることを考える内容となっている。

考えてみよう！ 自治体の廃棄物処理の場所を確かめ、その場所が適切であるか、今後に向けての課題はないかを検討してみよう。

図4　都市と農村をつないで効果的に利用された排泄物

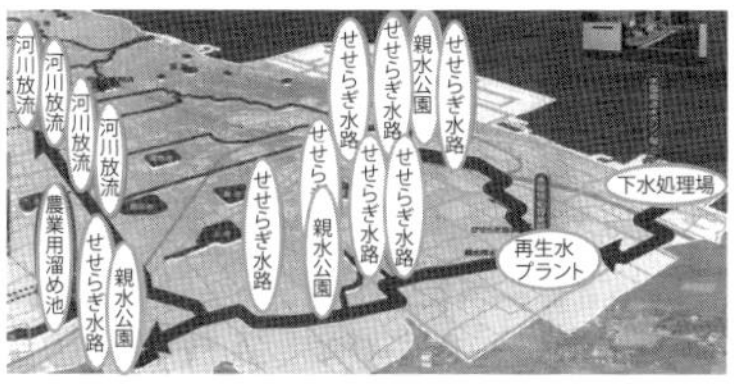

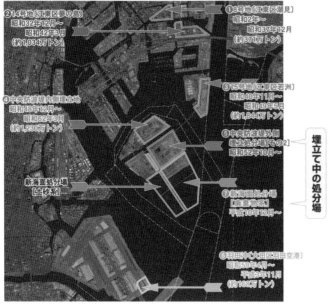

図5　多度津町（香川県）の水循環ネットワーク
（国土交通省）
下水処理水を、再生水プラントから農業用、まちの中のせせらぎ水路、親水公園等で利用して河川に放流。

●埋立時期と埋立量

図6　東京港の埋立ての変遷と東京の廃棄物処分場（東京都）
東京湾では江戸時代から各所で埋立てが行われてきた。ゴミの埋立てであったり、港を浚渫した際に出る土砂の埋立てであったりと、その背景はさまざまであるが、図に示すとおり廃棄物量は高度経済成長期以降非常に多くなり、今後最終処分するゴミの減量化が課題である。

図7　閉鎖されたゴミを収集・圧縮する中継施設（産経新聞）
不燃ゴミを江東区の埋立て施設に運ぶ前に、収集・圧縮などをするための中継施設が杉並区に1996年に設置された。稼動以降近隣住民がのどの痛み、呼吸困難等の体調の異変を訴え、中継施設から出される化学物質の周辺への飛散が問題となった。住民が国の公害等調整委員会に調停を依頼し調査が行われたり、一部住民が都を相手に裁判を起こしたりした。施設の改善により原因物質が除去されたと主張する都と、十分に改善されていないとする住民側と意見が対立したまま、2009年に当施設は閉鎖された。

一方、気候変動の影響により、水害・土砂災害が頻発・激甚化し、防災・減災が主流となる社会をめざすことも急務となっている。行政が主体となって行う治水対策に加え、氾濫域も含めて一つの流域として捉え、その河川流域全体のあらゆる関係者が協働し、流域全体で水害を軽減させる治水対策「流域治水」への転換が求められている。ハード対策だけでなく、ソフト対策も含め地域住民自らが考え災害に備える必要がある（図3）。

◉屎尿処理施設

災害が起きた際にもっとも困るのはトイレ問題とも言われる。排泄物はかつては貴重な資源として利用されたが（図4）、近代化とともに排除するものとして扱われてきた。ヨーロッパでつくられるようになった下水道のシステムは、人が高密度でも衛生的に暮らすために欠かせない。日本では下水道普及率は都市の近代化の目安としても使われることもある数値で、上水道の普及とともに公衆衛生を考えるための重要な指標である。

一方で下水道は下水管の維持と処分場の維持

コストが嵩むため、人口の少ない地域での設置は慎重にする必要がある。一般的に人口密度の低い場所では、農業集落排水施設のような簡易な方法で水を浄化し、河川へ排出している。小規模な自治体では、下水道の運用にあたって自治体間の連携をとることもある。流域下水道として複数の自治体が流域内で連携しあうことで効率的な運営が可能になる。

また、水の不足する地域では中水（雨水、生活排水。屎尿等の汚水を含まない水）や下水処理水の再利用も行われている（図5）。

◉廃棄物への対応

3R（reuse, recycle, reduce）という言葉は定着してきているが、それでも再利用されない廃棄物は、そのままあるいは焼却灰として、埋立て処分される。最終処分をすべきゴミの量の削減が求められるのは、その処分場の確保に困っているからである。日本最大の都市である東京は、東京湾の埋立てを行い、さらにそこを新市街地として利活用してきた（図6）。しかし現在計画されている埋立て場の広さには限界があり、埋立て地の災害への備えの問題等もあり、現状の方法には限界がある。また、海への埋立て以外に、山への廃棄も行っている。しかし人里はなれた谷に適切な処理がされずに埋め立てられたものから時間をかけて有害物質が地下水に混入するリスクもある。不法投棄も後を絶たない。リサイクルの促進と廃棄コストの公平な負担のために粗大ゴミが有料化されると、不法投棄等の手段をとる業者・個人も現れる。時には組織的な大量投棄も見られる。廃棄物への対応を意識した、消費生活のあり方を考え直すことは、喫緊の課題である。

ゴミの収集やリサイクルのための運搬車両の出入りは身近な住宅地の住環境の悪化にもつながり、とくに廃棄物処理施設周辺の大型車両の頻繁な出入りが問題となることもある（図7）。リサイクルする廃棄物の種類を増やすことで、連日異なる種類の収集車が住宅地内を走り回るようになった地域もあり、ゴミ問題と住環境は密接にかかわり合う。

また、住宅地においては、必要だが自分の場所に設置することには反対される「NIMBY」施設であるゴミ収集場所の計画が住環境の質にかかわる。生ゴミを中心にカラスによるゴミの散乱問題が起きる等、住宅地計画にゴミ収集場所の検討も欠かせない。（薬袋・三寺）

2.2.2　電気・送配電システム

都市を支えるライフラインには、電気・ガスなどのエネルギー、水、交通、電話やインターネットといった通信などの供給施設があり、これらは日常生活を送るうえで必要不可欠である。電気の発電、送配電、小売りについては、現在、日本でも電力自由化に向けた制度やシステムの改革と変更が進行している。

●発電の種類

　発電の種類には、石炭、石油、LNG（液化天然ガス）、その混燃などの化石燃料をエネルギーとする火力発電、放射性物質の核分裂のエネルギーを利用する原子力発電、河川などの降水の位置エネルギーを利用する水力発電があり、水力には、構造物による違いから水路式、ダム式、ダム水路式などがある。ダムでは大規模な水源を必要としない小水力発電も注目されている。

　日本の電源別の発電量は、2010年と2014年では大きく異なり、2010年では原子力25%、LNG29%、石炭28%、石油9%であった。2014年ではLNG43%、石炭33%、石油11%となっており、原子力は0%に激減している。これは、福島第一原子力発電所の事故により順次運転を停止したためであり、原子力規制委員会が設定した新規制基準（2013年7月）への適合性審査を受けた後に稼働の判断をするとしているためである。事故から約10年が経過した2021年は、地熱および新エネルギーの割合が13%と増え、原子力は7%、LNG34%、石炭31%、石油7%となっている（**図1**）。

　近年注目されている再生可能エネルギーは、風力、波力・潮力、地熱などの自然界のエネルギーで、石油や石炭、天然ガスといった化石エネルギーとは違い、定常的に補充されるエネルギーを活用したものである。例えば、太陽光をソーラーパネル（太陽電池）により電力に変換する太陽光発電、風力を風車により回転エネルギーに変換する風力発電、地中の熱エネルギー利用する地熱発電、植物などの生物体（バイオマス）を燃料とするバイオマス発電、バイオガス発電、中小水力発電などがある。

　国別で見ると、石炭の割合が高いのはインド、中国、韓国、日本、ドイツなどであり、天然ガスの割合が高いのはイタリア、ロシア、アメリカ、日本、イギリスであり、

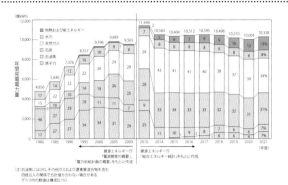

図1　日本の電源別発電量（資源エネルギー庁）

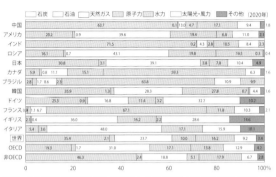

図2　主要国の発電電力量と発電電力量に占める各電源の割合（資源エネルギー庁）

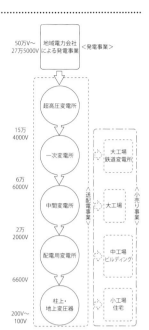

図3　地域電力会社による一括型の発電・送配電・小売りシステム（電気事業連合会の資料をもとに作成）

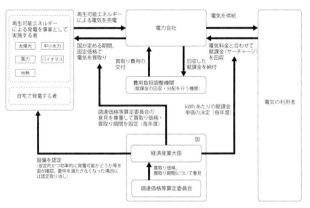

図4　固定価格買取り制度（資源エネルギー庁の資料をもとに作成）

フランスは原子力の割合が67%と高い（**図2**）。2022年、ロシアによるウクライナ侵攻がもたらしたエネルギー危機により、天然ガスをはじめエネルギーをロシアに依存していた欧州には「代替エネルギーの確保」という喫緊の課題が発生、省エネルギーや石炭火力・原子力の活用等を進めつつ、LNG輸入を急速に拡大して対応している。世界的なエネルギーの価格高騰、エネルギー危機が危惧される緊迫した事態に直面する結果となった（エネルギー白書2023）。

　日本では、火力発電、原子力発電、水力発電を組み合わせ、水路式水力発電と原子力発電を定常的な電力供給源とし、消費電力に合わせて火力発電の稼働を調整し、さらにダム式水力や揚水式水力を電力需要ピーク時に対応する電源として活用するというミックス方法を採用してきた。このように電源の特性に応じたミックスを行うのは、蓄電コストが高いという電力の特性によるものである。

　現在では、エネルギーミックスとともに、エネルギー政策の基本となっている考え方が「S＋3E」である。「S＋3E」とは、安全性（Safety）を大前提として、エネルギーの安定供給（Energy Security）、経済効率性（Economic Efficiency）、環境への適合（Environment）を同時達成することをさす。

考えてみよう！　エネルギーを地産地消している事例を集め、成果を調べたうえで、考えられる課題を検討してみよう。

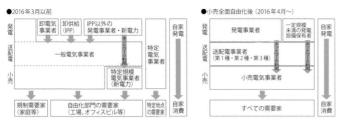

図5　電力自由化の仕組み（総合資源エネルギー調査会基本政策分科会）

図6　スマートコミュニティのイメージ（経済産業省）

●送電・配電システムとスマートグリッド

発電所で発電した電力を消費者に送配電するために、送電設備と配電設備が使われてきた（図3）。送電は、発電所で発電した高電圧・大電流の電気を変電所に流し、275kV〜500kV、154kV、66kVなどと段階的に電圧を下げて電気を届けることであり、高い電圧により電流を減らし電力損失を防ぐ目的がある。配電は、送電された最終段階の配電用変電所からオフィスや工場に、あるいは柱上変圧器などを経て一般家庭などに届けることである。

これまでは電気事業者が、地域独占によって需要者に一方通行で送配電するシステムであったが、現在は電力自由化が各国で進んでいる。日本でも電力システム改革が検討され、「①広域系統運用の拡大」、「②小売及び発電の全面自由化」、「③法的分離の方式による送配電部門の中立性の一層の確保」という3段階での改革の方針が2013年に示された。1995年、2000年、2005年の電気事業法の改正、2015年の改正電気事業法により2016年4月1日より電気の小売業への参入が全面自由化され（図5）、さらに改革の第3弾となる発送電分離が2020年4月に開始された。

再生可能エネルギーなどの小規模分散型の発電を進めるためには、分散型の発電を既存電力会社からの電力に系統連系により接続する必要がある。電力の余剰が出た場合には、逆潮流により、発電した電力を電力会社側に送電し他の需要者に供給する。この際の有効電力の割合や電圧・周波数などの安定化、設備の安全性など、分散型の電源を連携する仕組みや技術についての基準が見直されているところである。

スマートグリッドは、電力供給システムのめざす姿を表す概念的用語である。「従来からの集中型電源と送電系統との一体運用に加え、情報通信技術の活用により、太陽光発電等の分散型電源や需要家の情報を統合・活用して、高効率、高品質、高信頼度の電力供給システムの実現をめざすもの」と定義されているスマートメーターやIT、蓄電システムなどを活用して、再生可能エネルギーなどの不安定な電源をコントロールして安定化し、またピーク時の電力需要をピークシフト・カットやコントロールにより低減化し、各電源の連携化と蓄電により電気の無駄を削減する。現在、実験段階であり、ピーク時対応のためのデマンドコントロール（最大需要時の電力管理）、再生可能エネルギーの活用と安定的な電力供給方法、エコカー・蓄電池などの蓄電方法や各電源の連携とコージェネの促進などさまざまな検討が進んでいる。電力の需給調整をIT活用で実現するスマートグリッドは、2050年のカーボンニュートラル実現の重要な鍵となっている。

●HEMS、スマートコミュニティ

エネルギーマネジメントシステム（Energy Management System）は、センサーやITを活用して電力使用量を可視化し、節電のための制御装置、再生可能エネルギーや蓄電池などを組み合わせて、効率的にエネルギーを活用する。HEMS（Home EMS）は、家庭のEMSであり、家庭内のエネルギーを有効に利用して消費電力を抑制し、ピークカットなどに役立てる。BEMS（Building EMS）はオフィス・商用ビル対象、FEMS（Factory EMS）は工場対象である。

建物単位だけではなく、地域レベルでEMSを実現するのはCEMS（CommunityEMS）と言われており、これに、HEMSやBEMSを組み込んだシステムをスマートコミュニティと呼んでいる（図6）。スマートコミュニティとは資源エネルギー庁の定義によれば、節電やピークカット、再生可能エネルギーの安定化などに対応するために、エネルギー管理システムや蓄電池などを活用して、電気に加えて、熱、交通も含めたエネルギーの効率的な活用を行うシステムとしている。さらに、高齢者などの見守りや生活支援、防災、ホームセキュリティなど多様な生活サービスを組み込んだ、より総合的なスマートコミュニティも検討されている。

近年では、GX（グリーントランスフォーメーション）の議論も進んでいる。GXとは、化石エネルギー中心からグリーンエネルギー中心の産業構造・社会構想への転換、産業・エネルギー政策の大転換をさす。欧米諸国では、排出削減と経済成長を実現するGXに向けた投資競争が激化し、脱炭素分野への投資を国が支援している。日本においても、エネルギー安定共有の確保・産業競争力の強化・脱炭素の同時実現をめざすGX実現に向けた基本方針が2023年に発表された。エネルギーの多様化と地産地消化は今後の重要な課題であり、同様に、コミュニティ・エネルギーの推進に関わる計画作成や担い手の育成は重要な課題である。

（室田・三寺）

❶ プロローグ

❷ 生活空間の計画論

❷ 生活を支える基盤

❸ 生活空間の計画のための視点

❹ 生活空間の再編

❺ 生活空間のマネジメント

2.3 交通計画

2.3.1 公共交通のネットワークと計画

公共交通は、広く海路、空路、陸路に分かれ、いずれも人の長距離移動を容易にし、私たちの生活に欠かせない。日本では、かつて全国津々浦々に鉄道網が張り巡らされていたが、公共交通を維持するためには、相当数の利用者の確保が必要である。交通弱者であっても、最低限の文化的な生活を維持できるためには、交通計画と連動する都市全体の計画づくりと推進が重要である。

●移動（交通）の本源的意味

私たち人間は「住む」「働く」「買い物をする」「通院する」「憩う」など地域の中でいろいろな活動を行っている。そうした活動は「本源需要」といい（図1）、本来、需要として存在するものである。諸活動を行うために移動することが必然的に生じ、活動する場所の分布状況等によって移動のありようが決まる。また、諸活動から派生する需要＝移動が生じる。この移動を支えているのが交通体系であり、さまざまな形態が存在する。これらの交通体系は活動すべてを網羅しているわけではないため活動に制限が生じることもある。移動はさまざまな活動場所の配置に影響を受けるため、交通とまちの構造（交通と土地利用）は密接な関係にあり、相互に関連していることに注目し計画を立案する必要がある。

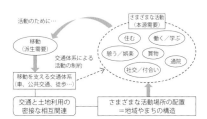

図1　活動と移動の関係（竹内・磯部ほか、2011）

●公共交通の種類と特徴

公共交通の主な種類とその輸送力をまとめたものが図2である。また、わが国で現在使われている陸上の移動手段を図3に示す。公共交通とは「不特定多数の人々が利用する交通機関」と定義されている。市民の移動を支える公共性を持った事業としてサービスが提供されているものの、とくにわが国においては、民間事業者が公共交通を運営・運行している場合が多い。

都市交通機関の輸送能力と評定速度の関係性を示した図2によると、大量輸送が可能なのは鉄道である。しかし、専用空間と鉄道線路、そして十分な列車のメンテナン

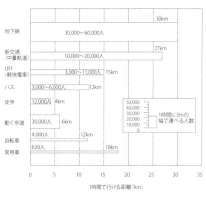

図2　都市交通機関の輸送能力と評定速度（加藤・竹内、2006）

写1　フランス・ストラスブールのLRT

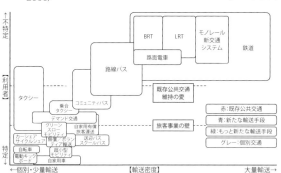

図3　多様な移動手段・旅客輸送サービス
（出典：国土交通省「地域公共交通網形成計画及び地域公共交通再編実施計画作成のための手引き入門編」より）
「公共交通」の定義である「不特定多数」をもとに、縦軸に「利用者が不特定か特定されているか」、横軸に「輸送密度が大量（多数）か、個別（少量）か」、という観点で、移動のギャップ（トランスポーテションギャップ）の存在も意識しながら移動手段・旅客輸送サービスを図化。

スが必要となり、用地の確保、整備のための予算と技術の確保は容易ではない。先進国の多くが大都市に都市間輸送鉄道と都市内の郊外部と中心部とを結ぶ鉄道を持つ。近年注目されている新交通や路面電車（LRT等）は、鉄道に比べ輸送力は劣るものの、比較的容易に軌道を敷設、設置できることが特徴の一つである（図2）。とくに欧米諸国ではLRTの導入が進み、トータルデザインによって、都市全体の景観整備、交通とまちづくりを連動させるコンパクトなまちづくりの実践を行っている（写1）。日本でも地方都市である富山市や宇都宮市がLRTを導入し、公共交通を中心としたまちづくり（交通まちづくり）が進められている。

また、交通不便地域が高齢化し、従来の路線バスとは異なる地域の交通機関を確保するために、行政が主体となりコミュニティバスを運行している事例も全国各地に数多く見られる。小型バスが多く、住宅地の中にまで入り込む柔軟な路線設定ができるが、地域ぐるみで利用するという強い意志がなければ、採算がとれずに廃止せざるをえない。上手く運行が実現した自治体では、学生や高齢者を中心に定期的に利用され、住民同士のコミュニケーションの場になっているケースもある。

日本での新しい取組みとして、東日本大

震災の被災地でBRT（Bus Rapid Transit）が話題になった。廃線になった鉄道専用空間にバスを走行させるため、渋滞の影響を受けにくい。鉄道のように敷設・維持にコストがかからず、かつバスの問題点を解消することができた。

さらに、全国の地方都市で導入事例が増えているのが、オンデマンド型交通である。利用者のニーズに合わせて柔軟に運行を行う交通システムで、きめ細かな需要に対応する交通として注目されている（図3）。路線バスやコミュニティバスのような時刻表はなく、利用者がリクエストを出した場合のみ運行するものである。オンデマンド交通は、ドア・ツー・ドアに近い多様なサービスを提供できる柔軟性に優れた交通手段であり、地域住民の期待が高まっている交通システムである。しかし、地域の状況をよく見極めたうえで導入を検討し、既存の公共交通との役割分担と連携にも十分配慮する必要がある。

また、地方都市の過疎地域の公共交通空白地帯では、住民生活に必要な輸送をバス・タクシー事業によって提供することが困難な場合の代替手段として、自家用車両（白ナンバー）で運賃を収受して運行する自家用有償旅客運送事業を実施している地域もあり、道路運送法上の「許可及び登録を要

考えてみよう！　高齢者の視点で、地域の公共交通の実情を確かめてみよう。また、改善方法の提案をしよう。

しない運送」に該当する無償・ボランティア輸送もある。

以上のように、地域の実情に合わせ、**図3**に示す多様な移動手段が運行、サービスとして提供されている。

● 交通まちづくり

街の活力は、人々がその街に集い、交流することによって生まれる。そうした人々の移動を支えるものが交通であり、交通のあり方が、街の姿や活力に影響を与える。とくに、公共交通は人の流れを変え、街の形成の要素となる（**写2**）。そういった交通の役割に着目し、そこに住む人も来訪する人もすべての人が利用する公共交通を改良することで、これからの時代にふさわしい豊かで活力のあるまちづくりを進めようとするものが「交通まちづくり」である。高齢社会に適したまちづくりや市民に多様な選択肢がある豊かなまち、そしてコンパクトなまちづくりを実現可能とする。公共交通と中心とした交通まちづくりについては、多くの自治体の都市計画マスタープランや立地適正化計画に明示している。

● 調査と計画

交通計画では、物や人の移動が円滑になるよう計画を立て、交通基盤をつくり上げている。しかし予想通りにならないことも多く、まちの状況も変化し続けるため、PDCA（Plan → Do → Check → Action）サイクルを整え、改善する方法を常に意識することが大切だ。

計画（plan）や見直し（check）の際に、とくに注目されるのは、費用対便益（B/C：benefit/cost）の計算であろう。この数値が大きいほど、事業に取り組む意義が大きいと考えられるが、費用と便益各々に何をどのように計上するのかがもっとも大事である。現在、国の示す基準はあるが、このあり方も含めて見直し続けることが肝要である。便益の過剰な見積り、長期にわたるメンテナンスコストへの配慮不足のまま整備を進めると、後の社会に大きな負担を残す。

計画・見直しにあたってもう一つ重要なのが、実態調査である。**表1**にその大枠を示す。さまざまな方法での実態と今後の需要の見通しを検討して、地域公共交通計画等が策定される。適切な交通計画が快適な都市づくりを導く重要な条件となる。例えば、

写2　フランスにおけるLRT導入事例
左からリヨン、ナント、グルノーブルの車両。電停やストリートファニチャ、周辺施設についてもトータルなデザインが施され、トラムがまちの顔になる。

表1　交通量の実態を調べるための手法

手法名	調査の概要
パーソントリップ調査	都市における人の移動に着目した調査である。世帯や個人属性に関する情報と、1日の行動についてアンケートを行い、交通の全体像（「どのような人が、どのような目的で、どこから　どこへ、どのような時間帯に、どのような交通手段で」移動しているか）を把握する。
OD調査	起点と終点を調べるもので、乗り物をどこからどこまで使ったのかを調べる。
道路交通センサス	日本全国の道路と道路交通の実態を把握し、道路の計画や、建設、管理などについての基礎資料を得ることを目的としている。国土交通省が主体となり、5年に1度実施している道路交通に関する全国規模の調査である。

図4　フィンガープラン（都市計画教育委員会、2001）
コペンハーゲンは、フィンガープランと呼ばれている公共交通網を中心とした都市計画プランを進めている。

図4のようにコペンハーゲンでは中心地から5方向に延びる鉄道を中心にして都市計画を考えるフィンガープランを採用している。都市の発展に合わせて5路線をつなぐ路線を郊外部に加えながら、快適な移動手段を確保しつつ無秩序な開発を抑制している。

● 新しいモビリティサービス「MaaS」

交通まちづくりにおいて、100年に一度のモビリティ改革（革命）といわれているのが、MaaS（Mobility as a Service）である。シームレスにつなぐ新しい移動の概念を示すが、開発段階の新しいサービスとなっているため、先行している海外においても、まだ明確な定義がないのが現状である。具体的には、個人やグループ、世帯などの多様な移動パターンに対応した最適な移動手段をサービスとして提供している。1つの媒体（例えば、スマートフォン）で、移動経路の提供、移動手段の予約、発券、決済までを一括で行うサービスや、月額、定期、乗り放題等のサービスを提供する。これまでのように、移動手段を車や自転車の所有という「モノ」で提供するのではなく、「サービス」として提供する概念である。

MaaSの中でも世界でもっとも進んだ取組みをしているのがフィンランドである。2013年に策定された革新的な交通ビジョ

写3　永平寺町で運行している自動運転レベル4の車両

ンと呼ばれている「ヘルシンキ2050将来交通ビジョン」には、自動車を不要なものと位置づけ、化石燃料に依存しない次世代の交通社会が提案されている。2016年にはじまったMaaSの実証実験をきっかけにその概念が世界に広まった。

わかりやすいUI（アプリケーションのデザイン）により、サービスが提供されているフィンランドの「Whim」は、タクシーだけでなく公共交通機関（電車、バス）、バイクシェア、カーシェア、シェアサイクルやレンタカーなども含まれている。MaaS導入後、公共交通の分担率が増大し、自家用車の分担率が減少することが効果として示されている。先進諸国に10年ほど遅れるかたちで日本の多くの都市で本格的な導入の検討を進めている。

公共交通については、とくにバスのドライバー不足は喫緊の課題となっており、過疎地域における公共交通の確保も社会問題となっている。軸とすべき公共交通の路線廃止や減便をせざるを得ない地域も少なくない。これら中山間地域や過疎地域の暮らしに寄り添う新しい移動手段として自動運転技術の開発も急速に進んでいる。MaaSと自動運転は密接に関係しており、自動運転が実現されることにより、MaaSの利便性が増すといった相乗効果が予測されている。自動運転はレベル0からレベル5（制限なくすべての運転操作が自動化）まで6段階に区分されており、日本では2023年5月より福井県永平寺町にて、全国で初めてとなる自動運転レベル4（車内にも遠隔地にも運転者がいない状態での自動運転）での移動サービスの営業運行が開始されている（**写3**）。　　　　（三寺・薬袋）

0 プロローグ
❶ 生活空間の計画論
❷ 生活を支える基盤
❸ 生活空間の計画のための視点
❹ 生活空間の再編
❺ 生活空間のマネジメント

2.3.2　道路の種類とネットワーク

道路の機能には、大きく分類すると交通機能、土地利用誘導機能、そして空間機能の3種類がある（表1）。交通機能はさらにトラフィック機能とアクセス機能とに分けて考えることができる。トラフィック機能は、車両や歩行者の移動を支えるための空間としての機能を指す。アクセス機能とは建物などへのアクセスを可能にする役割を意味し、これは土地利用誘導機能ととらえることもできる。車のための交通機能の役割が過剰に膨れ上がったが、歩車分離のさまざまな試みを含め、空間機能としての道路の役割が重視されつつある。

◉道路の役割と種類

　日本では、建物を建てる敷地は4m以上の道路に2m以上接道していることが求められ、道路はアクセス機能として重要であり、同時にインフラの収納場である。上下水道を埋め、電線を設置し、生活に不可欠なインフラに誰もがアクセスできるようになる。また、地下鉄等も道路を利用して設置される。

　道路は、延焼遮断帯としても機能する。幅広い建物がない場合は避難・消防活動・緊急搬送のための空間ともなる。防災上も重要な役割を担う。

　生活の中でもっとも身近な公共空間にもなり、街路樹・花壇などの緑を確保する空間、立ち話をする空間等としても活用されうる。しかし交通機能と空間機能はしばしば相反し、どのように機能分担をすべきなのかの議論の余地は大きい。日本で道路を設置する際に基準にされるのは道路構造令であり（**図1**）、その中ではトラフィック機能にもとづく分類のみが示され空間機能への視点は弱い。

　このような道路機能に対する考え方は、古くから変わらぬ面がある一方で、自家用車が普及し、多くの自動車が住宅地内を走るようになったため、居住地の生活環境は悪化している。都市の交通問題の指摘を行い現在の道路計画の基本となったブキャナンレポート（**図2**）では、通過交通や住宅地内への交通等、目的に合わせた道路整備が重要であるとの指摘がある。日本でも、**図3**のように幹線道路から住宅地内の道路まで、多様な道が用意されているものの、空間機能を受けとめられる道路分類は明確で

はない。

　自動車交通が激しくなった時代に取り組まれたのが、歩車分離である。近隣住区論に見られるように、歩車を平面上で分離し立体的に交差させるなどの分離策がとられてきた。日本でも、道路に歩道、横断歩道や歩道橋を設置するなど、車両の通行の便を確保しつつ歩行者の安全を守るための方策が全国的にとられてきた。しかし、住宅地内の道路まで歩車分離を徹底し、また、歩道を確保することは、言い換えれば歩道の中しか歩行者が堂々と歩けない住環境をつくるということになる。親子が並んで歩き、高齢者がゆっくりと車いす等で散歩をす

ることが難しく、立ち話等の近隣交流の場が失われていった。

　一方、既成市街地では道路断面の再配分の取組みも見られる。モータリゼーションに合わせた車道を広くとる使い方から、とくに中心市街地を中心に車道の車線を減らして歩道を増やす取組みもある（**図4**）。また、歩道と車道の区別を取り払ったシェアード・スペース（shared space）の導入や、バス、路面電車への乗換えを円滑にするなど、公共交通の乗換えの利便性を高める動きもある。また、ほかにも、トランジットモールに取り組むなど、市街地の整備の中での交通静穏化は中心市街地再生等として大

表1　道路の持つ機能 (薬袋研究室)

機能	交通機能		土地利用誘導機能	空間機能
	トラフィック機能	アクセス機能		
使用例	車両(自転車も含む)の通行 歩行(車椅子なども含む)	土地・建物へのアクセス 緊急搬送・消防活動 避難		インフラ設置(上下水道、地下鉄等) 生活・交流 延焼防止 景観形成 緑化 採光・通風

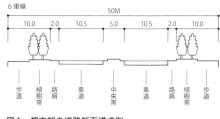

図1　都市部の道路断面構成例

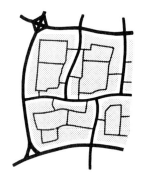

図2　道路の段階構成と居住環境地域 (イギリス運輸省)
1963年にイギリスで発表された "TRAFFIC IN TOWNS" の中に示された。

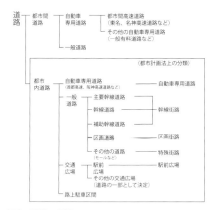

図3　道路の種類 (加藤・竹内、2006)

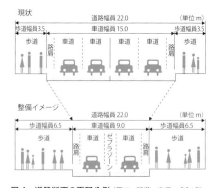

図4　道路断面の再配分例 (原田・羽藤・高見、2015)
中心市街地などでは、通貨交通を減らすための道路ネットワークの再構築をしたうえで、車道の斜線減少をして歩行者空間を広げる取組みもある。

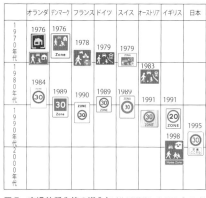

図5　交通静穏化策の導入年 (生活道路におけるゾーン対策推進調査研究検討委員会、2011)

　考えてみよう！　住宅地内の生活道路のあり方の将来像を、将来の技術革新の想定をしながら、検討してみよう。

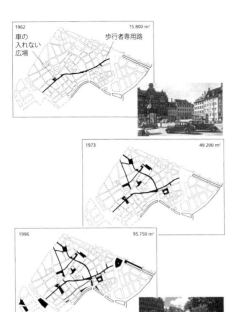

図6 デンマーク・コペンハーゲン市内の街路利用の変化
(Jan Gehl and Lars Gemzoe, 1996)
市街地内の広場は、1970年代には車で埋め尽くされていたが、今は人で埋まる。多少寒くても屋外での飲食を楽しむ人がいる社会に変わった。

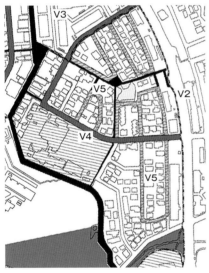

V1	幹線道路。
V2	通過交通道路広域センターに来るための道路。
V3	通過交通を抑制したバス路線道路。
V4	住宅地区に出入りするためだけの道路 v3道路から入りまた v3 に戻ってくる通過の交通のない道路。
V5	子どもも遊べる道路。v4を出て各宅地を出入りする。子どもの遊び場となるような道路。歩行者専用路。v5道路と緑道、小中学校、バス停をつなぐための道路。

図8 港北ニュータウンのグリーンマトリックスと歩行者専用路（薬袋研究室（村松和香））

切な取組みとなっている。近年日本でも歩道を使って「歩行者利便増進道路」（ほこみち）の指定等をとおして、歩行者が休憩、飲食できる空間づくりを促し、通行だけではなく滞留空間として意識されている。

図7 ヘルシンキの3種類の園路 (Laakso Dal)
市内の中央公園は南北に伸び、多くの人が通勤にも使う町の中核をなす。歩行者、自転車、馬用の3種が別々に存在する。

(薬袋研究室)

(飯田市)

図9 飯田市の裏界線
飯田大火後に街区の中央部に一直線にあった裏界線（街区中央部の直線的な背割り線）沿いに沿道住宅が1mずつ供出して形成された避難用通路の位置。写真は裏界線とそこに面してつくられた庭。住民の中には、気軽な買い物や立ち話には裏界線を使い、きちんとした服装で出かける時には車の通る表の通りから家を出るといった使い分けをしている。避難路としてつくられたが、60年を経て、住民のコミュニティ空間としても利用されている計画的路地である。

 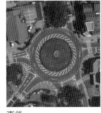

事前　　　　　　事後

図10 長野県・飯田市のラウンドアバウト（飯田市）
飯田市の東和町交差点では、飯田大火復興時につくられた円形の交差点を、現代的なラウンドアバウトにつくり変えた。
【ラウンドアバウト】
ヨーロッパに古くから見られる円形の広場が、複数の道が集まる交差点として利用されることが多くあるが、駅前広場のような空間も含めて広くロータリーと呼ばれる。信号を設置せずに、多くの車両が通過することができる空間ともなるが、通行車両が多くなりすぎると、身動きの取れない状態（デッドロック）となる。イギリスでは1966年に「環状内の交通を優先する」という原則にもとづくラウンドアバウトに対する厳格なルールを定めて運用を始め、今では各国でこのルールにもとづく運用での"現代的なラウンドアバウト"が再度導入されている。

●海外での道路に対する考え方

歩車分離ではなく共存することで、豊かな居住地づくりが可能であると考えた国では、生活・交流を優先した道の指定（ボンエルフ）を導入した（**図5**）。日本では、

1995年にゾーン30（すぐに停車可能な時速30km以下でしか走行できない区域を設ける制度）を導入したにとどまる。

イギリスの道路マニュアルには、道路は通行に供する場であると同時に地域空間の中の「場（place）」として活用されるべき空間として位置づけられている。道路を設置する際には、通行の便に支障をきたさないようにするばかりでなく、住宅地内で人々が立ち話等をできる空間づくりを行っている。また近年では、ホームゾーン（home zone）の取組みも見られる。荒廃した住宅地でも、住民主導で通りを生活空間として利用できるように整備しなおすことにより、コミュニティが再生し、良い住宅地となったケースもある。

デンマークでは、ヤン・ゲールが中心となり、自動車中心であったコペンハーゲンの町を、多くの人が歩くことを楽しみ、自転車等を積極的に利用して移動する町に変えた（**図6**）。

フィンランドの首都ヘルシンキは森を豊かに残した開発が進められている。多くの人が森の中を歩いて通勤する姿も見られる（**図7**）。このように世界には、歩行者の快適性との共存をうまく実現し、より豊かな生活空間の創造に成功した地域もある。

一方、大量輸送手段としての道路が計画される前に都市が発展した東南アジアの国々では、車による慢性的な渋滞が発生し、日常生活は不便で、大気汚染も激しく、健康面、経済面等さまざまな面で問題が起きている。

●道路ネットワークの多様性

従来日本では交通安全確保のために歩道や歩道橋を設置することで、歩行者の安全を守る取組みを行ってきた。ニュータウン開発では、歩行者専用路を別途設け、鉄道駅から家まで、歩行者専用路のみを歩いて着くようなニュータウン開発も見られる（**図8**）。既成市街地に新たな使い方のルールを持ち込むことで、長野県飯田市のりんご並木や裏界線のような付加価値のある住宅地内道路が生まれれば、住環境整備の鍵ともなろう（**図9**）。また、車両を減速させ、十字路以外の道の多様な交差を可能にするラウンドアバウトも見直されている（**図10**）。
（薬袋）

0 プロローグ
1 生活空間の計画論
2 生活を支える基盤
3 生活空間の計画のための視点
4 生活空間の再編
5 生活空間のマネジメント

2.3.3　生活道路の整備と管理

生活道路は、住宅地などの生活空間の中にあり、幹線道路までのアクセス機能を有し、子どもの通学、ウォーキングや犬の散歩、住民の挨拶や立ち話など、交通機能にとどまらず生活機能も有する空間である。身近な道路は市町村道が多いが、「道路統計年鑑2020」によれば、国内の全延長距離の84.1%が市町村道である。同統計によると市町村道は簡易舗装を含む舗装率が79.6%、歩道設置率が8.9%となっている。比較的幅員が狭く、歩道と車道の区分のない道路が多いことから、とくに歩行安全性の確保が重要である。

●生活道路と安全性

2.3.2で紹介した歩車分離の考え方は、主として歩行安全性の確保から考え出されたものであり、歩行者自転車専用道路、歩行者専用道路、緑道などがある。しかし、完全歩車分離方式には、歩行者道の夜間の人通りの少なさや人目のつきにくさ、車道沿いの店舗や施設への歩行アクセスの不便さなど、防犯性や利便性などの問題が指摘されている。

歩行者に安全で自動車も通行可能な空間として導入されたのは、歩車共存という考え方であり、通過交通の抑制や排除、自動車のスピードの減速、歩行空間の充実などで実現している。自動車の通過交通を排除するための手法としては、クルドサックやループ状の道路がある（図1、2、写1）。また、通過交通の抑制やスピードの減速には、ボンエルフ、ハンプ、狭窄などの手法がある（図3）。コミュニティ道路は、これらを組み合わせて歩行空間を充実したもので、歩車共存をベースにしているが、歩行の安全性のみならず、多様な人々の使いやすさの向上、快適性や景観向上なども目標としている場合が多い。バリアフリー化、ベンチの設置、緑化や花壇の設置、電線地中化などを一体的に進めている事例もある。

また、通学路については、とりわけ安全性が重視されるが、安全性チェックとその対策が重要である。現在、通学時間帯の交通規制、速度規制、車止めや防護柵の設置、カラー舗装、交通標識の充実、ストップマークの設置、歩道の設置や拡幅、道路の狭窄などが対策として行われている。

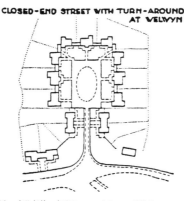

図1　クルドサック (Thomas Adams, 1934)

図2　ループ道路の例 (Thomas Adams, 1934)

写1　クルドサックの例 (美しが丘)

写2　歩行者と自転車道路を緑地帯で分離 (新浦安)

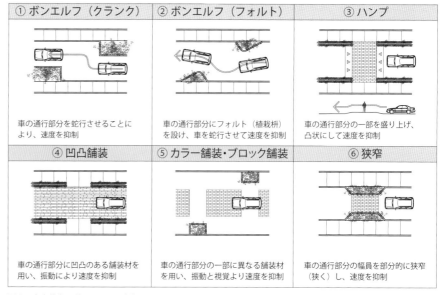

① ボンエルフ（クランク）	② ボンエルフ（フォルト）	③ ハンプ
車の通行部分を蛇行させることにより、速度を抑制	車の通行部分にフォルト（植栽枡）を設け、車を蛇行させて速度を抑制	車の通行部分の一部を盛り上げ、凸状にして速度を抑制
④ 凹凸舗装	⑤ カラー舗装・ブロック舗装	⑥ 狭窄
車の通行部分に凹凸のある舗装材を用い、振動により速度を抑制	車の通行部分の一部に異なる舗装材を用い、振動と視覚より速度を抑制	車の通行部分の幅員を部分的に狭窄（狭く）し、速度を抑制

図3　歩車共存・ボンエルフの手法 (田中直人、1991)

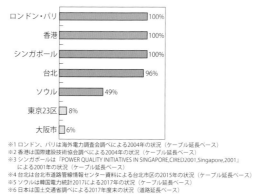

※1 ロンドン、パリは海外電力調査会調べによる2004年の状況（ケーブル延長ベース）
※2 香港は国際建設技術協会調べによる2004年の状況（ケーブル延長ベース）
※3 シンガポールは『POWER QUALITY INITIATIVES IN SINGAPORE,CIRED2001,Singapore,2001』による2001年の状況（ケーブル延長ベース）
※4 台北は台北市道路管線情報センター資料による台北市区の2015年の状況（ケーブル延長ベース）
※5 ソウルは韓国電力統計2017による2017年の状況（ケーブル延長ベース）
※6 日本は国土交通省調べによる2017年度末の状況（道路延長ベース）

図4　各国での無電柱化の整備状況 (国土交通省)

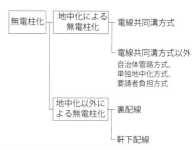

図5　無電柱化の方法 (国土交通省)

　考えてみよう！　身近な道路ではどんなことに配慮すべきか、まとめてみよう。

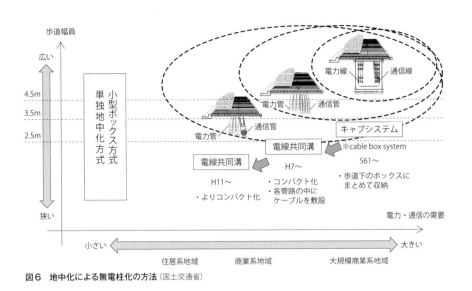

図6 地中化による無電柱化の方法 (国土交通省)

表1 歩行環境改善のための手段 (土木学会、1992をもとに加筆)

目標		方法	具体的な手法
走行速度の抑制	道路区間	交通規制	低速度規制（30、20、15km/h）
		蛇行（シケイン）	クランク、スラローム、フォルト
		路面凹凸化	ハンプ、盛り上げ舗装、凹凸舗装、ランブルストリップス
		狭くする	狭さく
		舗装に変化	イメージハンプ、イメージフォルト
		交通指導	道路サイン、点滅警告信号
	交差点	交通規制	一時停止規制、信号
		蛇行	ミニロータリー、食い違い交差点
		路面凹凸化	交差点の盛り上げ舗装
		交差点の舗装改良	カラー舗装、ブロックを組み合わせた舗装
		注意喚起	警戒標示
交通量抑制	道路区間や道路網	通行規制	大型車通行禁止、歩行者用道路規制
		迂回・遮断	一方通行規制、通行方向指定、交差点の斜め遮断、交差点の直進遮断、通行遮断
		敷居	地区への流入部の侵入抑制（ハンプ、狭さく等）
		通過時間の増加	自動車の速度抑制
路上駐車抑制	道路区間	交通規制	駐車規制、駐停車禁止路側帯
		駐停車スペースをなくす	車道幅の縮小、乗り上げ防止（段差や安全柵）、車止め（ボラード）
		駐停車スペースの限定	切り欠き駐停車スペース、路側交互駐車方式（路側に左右交互に駐停車スペースを設け、同時にクランクを形成）
		駐停車管理	時間制限駐停車規制
歩行空間の改善	歩行区間	バリアフリー化	段差解消、勾配改善、エレベーターの設置など
		ユニバーサルなわかりやすさ	案内標識の改善、ピクトグラムの導入、誘導ブロック
		ネットワーク化	連続的なネットワーク化、公共施設、避難場所への連結
		無電柱化	歩行空間の拡大、充実
	歩行者ゾーン	歩行者専用ゾーン	車の排除と歩行空間の充実
		歩行者優先ゾーン	車両のコントロールと歩行空間の充実
		コミュニティゾーン	車両の抑制と歩行空間の充実、景観整備

●多様な利用者や交通手段への対応

　高齢者や障害者、子どもや幼児、あるいは日本語の理解度に関係なく誰もが利用しやすい移動環境を整えるために、歩行空間でのユニバーサルデザインの導入が進められている。例えば、歩道の段差解消や勾配の改善、立体歩道施設の取壊しやエレベーターの設置、視覚障害者用誘導ブロックの設置、歩行者案内標識の表記方法の改善、街なかでのピクトグラムの導入、子どもの飛出し防止や注意表記、バス停の外国語表記やスペース確保・車いす対応、駐車駐輪スペースの確保と放置自転車対策、ベンチなどの休憩スペースの設置、植樹帯・車止め・柵などの整備による安全で快適な歩行空間の創出などが必要である（**表1**）。

　また、健康志向や環境志向などの影響を受けて自転車利用は増加しており、自転車保有台数が増加し、スポーツタイプや電動アシスト自転車なども増加している。それにともない、自転車と歩行者の交通事故も増加しており、現在、自転車の通行環境の向上をめざして、自転車道や自転車レーンの整備と併せて、自転車の通行規制などが進められている。

　なお、高齢化などから、シニアカー、小型電気自動車、コミュニティバス、入浴車など介護サービス車両などの多様な交通手段が増加しつつある。それぞれスピードが異なるだけでなく、各人の運転の熟練度、停車の頻度、駐車場のニーズも異なるため、多様な交通手段が同じ道路空間を利用することになると、車両間の錯綜や衝突、駐停車スペース不足なども懸念される。生活道路では、狭い空間で多様なタイプの交通手段が安全に利用できることが重要であり、これらは今後さらに検討しなければいけない問題である。

　また歩行空間や道路空間を広く確保する方法の1つとして、道路の無電柱化がある。無電柱化は歩行・道路空間の拡大だけではなく、通りの景観を向上させ、電線切断による事故や、地震や暴風雨などの災害時の電柱の倒壊を防止する等の効果がある。とくに災害時は、電線の切断による通行や救援活動の妨げになるなどの問題がある。

　現在、日本では景観・観光、安全・快適、防災の観点から無電柱化が進められているものの整備率が低く、もっとも高い東京23区でも2017年で8%である（**図4**）。方法としては、地中化による無電柱化として、共同溝方式や単独地中化方式、地中化以外の方式として軒下配線方式などがあり、さらに低コストの方式も検討されている（**図5、6**）。電力会社や通信会社との調整のほか、さらに近隣住民からの合意も必要であり時間がかかっている。無電柱化の促進には、低コスト化を図ることが必要であり、ケーブルや機器類などの仕様の統一や共同調達、コンパクト化、浸水対策などが進められている。　　　　　（室田）

0 プロローグ

❶ 生活空間の計画論

❷ 生活を支える基盤

❸ 生活空間の計画のための視点

❹ 生活空間の再編

❺ 生活空間のマネジメント

2.4 開発と環境・市民

2.4.1 都市の開発

20世紀の日本では、震災や戦災などにより壊滅的となった市街地を復興し都市空間を整備したり、急増する住宅ニーズに対応して農地やスプロール地を住宅地に整備したり、活発なオフィスや商業ニーズに対して低密度な市街地を商業・業務を中心とした高密度な市街地へと改造してきた。市街地開発事業は、このようなニーズに対応しつつ他の土地利用と調和し、適切なインフラを整備し、健全で魅力ある市街地の整備を実現するための手法として都市計画事業に位置づけられている（図1）。

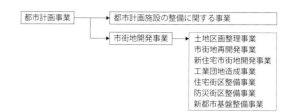

図1　市街地開発事業の位置づけ

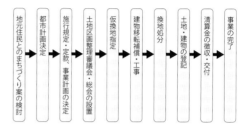

図2　土地区画整理事業の流れ

●土地区画整理事業

土地区画整理事業のもととなったのは耕地整理事業であった。耕地整理とは、農地の交換分合や区画整理、用排水路や道路整備などによって農地の利用増進をめざすものである。耕地整理の歴史は古く、7世紀には条里制と呼ばれる水田の区画整理を行い、明治以降は1899年旧耕地整理法、1909年新耕地整理法が制定された。近代では、整然とした区画を提供し道路などを整備することにより、農地に限らず宅地の整備にも利用された。

宅地の利用増進としての土地区画整理事業は、1919年の旧都市計画法で規定され、1923年の関東大震災での復興事業で大いに活用され、震災復興土地区画整理事業として約3,400haが整備された。さらに、第2次大戦後に戦災都市115市を指定して戦災復興都市計画を策定し、戦災復興土地区画整理事業として約27,900haが整備された。

現在の土地区画整理事業は1954年に制定された土地区画整理法で規定されたもので、農地の整備については、1949年の土地改良法制定で規定された。土地区画整理事業の目的は、道路や上下水道、公園、河川などの公共施設を整備改善し、土地の区画を整えて環境の良い健全な市街地を造成することとされた。

土地区画整理事業は、地権者から権利分に応じて土地を提供してもらい（減歩）、その土地を道路、公園などの公共施設として整備するための用地として活用し（公共減歩）、または売却して事業資金の一部に使う（保留地減歩）という仕組みである。資金は、地権者の土地の一部を売却して得た資金（保留地処分金）と、公共施設を整備

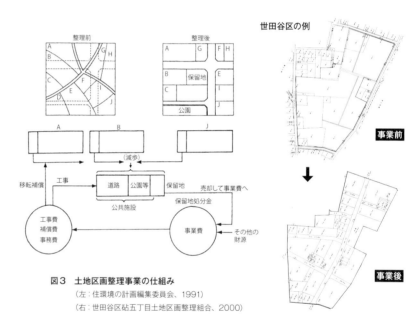

図3　土地区画整理事業の仕組み
（左：住環境の計画編集委員会、1991）
（右：世田谷区砧五丁目土地区画整理組合、2000）

するための整備費であり、これを宅地の整地、公共施設の整備、家屋の移転補償などに使用する。地権者の土地面積は減歩により小さくなるが、以前の土地と比較して宅地としての価値が向上しているということで了解を得る（図3）。

宅地の整地を行うので、施工後の各地権者に土地を割り当てその位置を明示（換地）する必要があるが、地権者の公平性を担保するために、施工前の宅地の位置、地積、土質、水利、利用状況、環境を考慮しておおむね同じ条件になるように換地を行う（照応の原則）。ただし、地権者は通常、換地先の希望を申し出ることができ、さらに申し出換地制度があり、この制度は地権者の希望に従いつつ効果的な土地利用の整序を実現するもので、営農や商業のための

区域が設定される。

2013年3月現在で、11,900地区約37万ha（旧都市計画法を含む）を着工しており、これは日本全国の市街地（人口集中地区）の約3割に該当し、そのうち3分の1が組合施行、3分の1が地方公共団体施行である。地権者や住民自らが多くの時間を費やして、あるいは自治体などが地権者らと協力して整備したこれらの市街地は、日本における重要な資産と考えるべきであろう。

●市街地再開発事業

市街地再開発事業は、老朽化した密集市街地などでとくに利便性の高い都市部で、防災安全性の向上や環境の改善、都心機能の集約、魅力的な空間形成などを目標に、公共事業の整備やオープンスペースの

考えてみよう！　身近な市街地再開発事例を取り上げ、事業により生まれた成果と課題について考察してみよう。

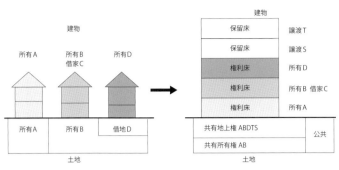

図4　権利変換方式の仕組み

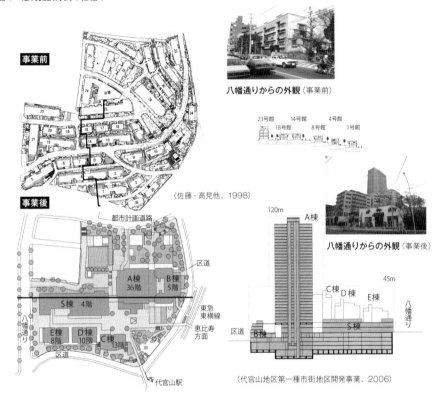

八幡通りからの外観（事業前）

（佐藤・高見他、1998）

八幡通りからの外観（事業後）

（代官山地区第一種市街地区開発事業、2006）

図5　市街地再開発事業の実例（代官山）（事業前：佐藤・高見他、1998）（事業後：代官山地区第一種市街地再開発事業、2006）

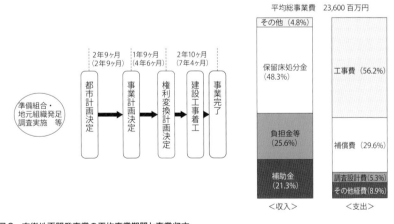

図6　市街地再開発事業の平均事業期間と事業収支
（平成14～18年度に完了した地区および工区の平均、国土交通省）

確保と土地の高度利用を一体的・総合的に実現するものである。地価の高い都市部で狭小な宅地を多くの権利者で所有する場合に、土地の減歩により土地を整理する土地区画整理事業では対応できないために考え出された手法である。すなわち、土地を集約して整備し、公共施設の整備と中高層の

建築物を建設し土地の高度利用と都市機能を更新するものである。

　事業の仕組みとして権利変換方式が広く用いられており、①土地の集約化と共同化による公共用地と建物用地の確保、②事業前の権利者の権利を、新しい再開発ビルの原則として等価の床に置き換えること、③

再開発ビルの床（保留床）を売却して事業費にあてることを基本としている（図4）。

　市街地再開発事業は、地価の高い中心部において、道路や公園に加えて、駅前広場やオープンスペース、文化ホールや図書館、役所の出張所などの公共公益施設を整備することを可能にするという点で大きな役割を果たし、商業施設やホテル、オフィスなども中心部の顔として整備してきた。2022年3月までに197地区、施行区域約1,743haで事業が実施されてきた。

　一方、現在の日本は、人口減少に向かっているうえ、地方都市では衰退している地域が多く、高度利用をしてもニーズがなく、さらに周辺の空洞化に拍車がかかるといった問題が生じている。これまで整備されてきた再開発事業による建物が、すでに老朽化や空きビル化している地域もある。これまでの市街地をより魅力的に再編したり、老朽化した地域を再生したりすることは、今後とも必要であり、とくに街の顔となる中心部を、地権者や住民の力で魅力的に再生する市街地再開発事業のような手法は今後とも重要であろう。しかし、過大な床や超高層化による景観破壊、地域個性の消滅、周辺にマイナス影響を与えるような再開発事業は、その採算性の仕組みや計画方法、事業の進め方などを根本から見直す必要があるだろう。

◉**都市再生による国際競争力の向上と魅力づくり**

　2000年代に入ると、経済低迷からの回復や国際競争力の強化、都市の魅力向上の方策として市街地整備と都市拠点の形成を進めることとなり、内閣府に都市再生本部が置かれ、都市再生特別措置法（2002年）が制定された。官民連携による活力を生み出すことが重要な目的であり、都心部や湾岸地域、都市の中心部などで、都市再生緊急整備地域（51地域、2022年）、特定都市再生緊急整備地域（15地域、2022年）が指定された。

　指定を受けた地域は、既存の用途地域制度などにかかわらず容積率が緩和されること、道路上空に建築物を建てることが可能なことのほか、金融支援や財政支援などの強力な支援がある。指定を受けた各地域では、国際金融拠点、文化芸術拠点、物流拠点など多様な拠点形成や、環境負荷の軽減や防災機能の強化をめざしている。（室田）

❶ プロローグ

❶ 生活空間の計画論

❷ 生活を支える基盤

❸ 生活空間の計画のための視点

❹ 生活空間の再編

❺ 生活空間のマネジメント

2.4.2　事業プロセスと市民参加

土地の区画形質を変更することを「事業」と定義すると、「事業」は極めて幅広く、多くの法制度に規定されており、その事業手法や規模、事業主体、実施場所、内容、法的根拠などにより、その事業プロセスは異なってくる。都市計画事業、一般の公共事業、土地区画整理事業や市街地再開発事業は、それぞれの法制度に従って整備されるため、それぞれの法に従った事業プロセスを有する。本項では、都市計画事業に焦点をあて、その事業プロセスと市民参加を取り上げる。

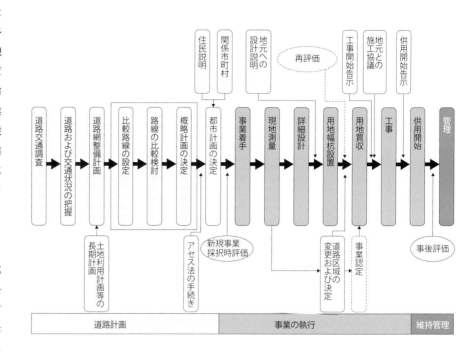

図1　都市計画道路事業の流れ（国土交通省）

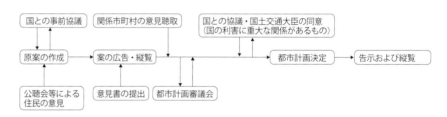

図2　都市計画決定手続き（都道府県）の流れ（東京都、大阪府などの資料をもとに作成）

◉都市計画事業の流れ

都市計画事業とは、都市計画に定めた都市施設（道路、都市高速鉄道、駐車場、公園・緑地、墓園、水道、下水道、電気・ガス供給施設、ゴミ焼却場、河川・運河、学校、図書館、病院・保育所、市場、一団地の住宅施設、流通業務団地など、都市計画法第11条参照）と、市街地開発事業（2.4.1参照）である。

都市施設の整備には、計画決定までの段階とその後の事業の執行段階（測量や事業認可、用地買収や工事実施）と維持管理段階がある（**図1**）。計画する際には、施設の必要性や整備効果の検討、さらに費用便益分析[注]（**図4**）などを行い、周辺土地利用や保全すべき環境、都市施設の配置状況・相互の関係性などから適切な整備場所を検討する。併せて、早い段階から住民参加の機会を確保し情報提供を行って、市民や地域社会との合意形成を図ることが重要である。

都市計画決定手続きとしては、公聴会や説明会の開催、案の公告・縦覧や意見書提出を行ったうえで、都市計画審議会の議を経て決定する（**図2**）。住民意見を反映させるためには、公聴会の開催や意見書のみでは不十分であり、住民アンケートの実施や、定期的な意見交換会やまちづくり協議会の開催、ワークショップを実施し、さらに複数案を作成して意見を募集するというようなさまざまな方法を併用することが増えている。周辺住民はもとより一般市民、地元企業や各種団体など多様な立場の意見を集約し、最適な計画を検討する必要がある。なお、都市計画決定を行うと、都市施設の区域内では建築制限があり建築物を建築する際には許可が必要になる。

都市計画決定以降は、事業化に向けた周辺住民の説明会や測量を実施し、詳細設計を作成して都市計画事業認可を受ける。事業認可では、説明会の開催や図書の縦覧を行い、権利関係者には十分な説明を行って事業を周知する。認可を受けるとその内容を告示し図書を縦覧する。事業認可により、事業区域内の土地の形質変更や建物の建築などの制限があり、土地建物の先買い権の発生、土地所有者から事業者への用地取得の請求、土地収用法の適用などが発生することになる。

◉公共事業と参加

公共事業への市民参加は、「パブリック・インボルブメント」という概念が使われている。「パブリック・インボルブメント」は、公共事業や行政政策に広く市民の参加を募り、市民の意向を反映させること

と捉えられる。典型的には道路事業で発展してきた経緯があり、市民との意見交換や合意形成により事業の円滑化を図ることが大きな目的の1つであった（**図3**）。

公共事業は、プラスの利益を受ける市民とマイナスの影響を受ける市民がいる場合が多く、とくに整備する公共施設の利用者とマイナスの影響を受ける市民が一致しない場合や、市民といっても商業者と居住者などの立場により利害が一致しないケースなど、賛成意見と反対意見が両存する場合が多く調整が重要である。

例えば、整備する道路を利用したい市民や企業は賛成し、その道路の整備により自己の利便性が向上しないにもかかわらず騒音・振動や車の排出ガス、道路の危険性が増加するような周辺市民は反対する。また、事業区域内に居住する立退きの必要な市民と、新たな道路に隣接することになる商業

考えてみよう！ 都市計画事業を1つ取り上げ、事業プロセスを整理し、そこでの市民参加の方法と実態（どんな人が何人くらい参加しているか、など）を調べてみよう。

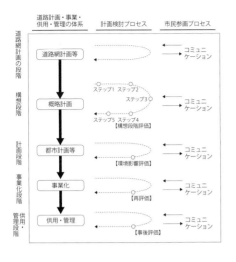

図3 市民参画型道路計画プロセスのガイドライン
（国土交通省の資料より作成）

図4 費用便益分析のフロー（国土交通省）

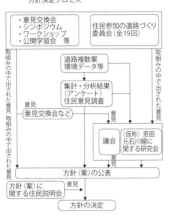

図5 住民参加の道路整備の例（高秀秀信、2000）
横浜市恩田元石川線の計画にあたり、第1期（1992～95）に住民アンケート調査によりたたき台を作成し、第2期（1996～97）に「住民参加の道路づくり委員会」を設置し、A案B案などの複数案の検討を行った。第3期（1998～99）に委員会の結果をふまえた住民検討会やアンケートを行った。それを踏まえた住民説明会を行った後に方針を決定した。

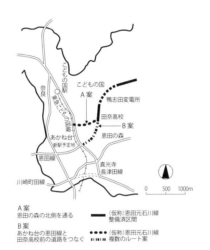

●住民投票による公共事業実施と世界遺産登録抹消

　ドイツのドレスデンのエルベ渓谷は、住民投票を行って架橋を実施した結果、世界遺産の登録を抹消された事例である。エルベ渓谷には架橋計画があったが、エルベ渓谷の環境や景観を重視する意見と交通利便性を重視する意見があり、橋の建設の賛否が分かれていた。その是非を問う住民投票がドレスデン市で実施され、その結果、建設賛成が7割弱となったため橋の建設を行った。しかし、世界遺産としての「顕著で普遍的な価値」は認められなくなったとして登録からは抹消された。世界遺産というレベルでの景観利益が侵害される場合、一つの市の市民がその侵害を決定しうるのか、一部の市民の交通利便性の向上を優先させて良いかという点が議論となった。

　公共事業への参加を考えた場合に、どの範囲の市民が対象となるのか、利害が対立する場合はどのように調整するのかが問題となる。上記の例で言えば、世界遺産登録は政府が行うものであり少なくともその価値は国全体に及ぶものであるとして、ドイツ全体で投票をしたとすれば、道路事業は建設反対となっていたかもしれない。

　ドイツの道路事業では、①需要計画（必要性と環境侵害など広域利害の検討）、②路線の比較評価による路線選定（自然環境や居住環境・土地利用の侵害の検討などによる地域利害と地域利害の比較衡量）、③私的利害を含む利益侵害に対処する計画確定手続き（騒音振動などの住民不利益に対して法的基準を遵守するための対応策を提示）、④住民エゴを認めない用地取得手続きという原則的なプロセスがある。ドイツでも早期の市民参加が重要として各段階での市民参加が重視されており、市民から提示されたさまざまな問題を含めてすべての影響を利害として明確化して比較衡量や利益侵害対策を講じている。まずは広域的観点からの利害の衡量、利益侵害の少ない地域選定、私的利益侵害がある場合は厳格な対策を示す計画確定という手続きがある。守るべき環境は建設コストがあがっても侵害しないこと、私的利益や権利は対策コストがかかっても侵害しないことが本来の原則である。エルベ渓谷の事例は、市の計画であるため広域的な利益の及ぶ範囲は市域内に限定されたこと、併せて利害の比較衡量ではなく、直接投票による市民の判断にゆだねてしまったのである。

者や大規模土地所有者でも、利害が一致しない。後者に発生するのは「開発利益」であり、所有する土地が値上がりし、所有する店舗の立地条件が向上するが、一方の立退きの必要な市民は、住み慣れた土地からの移転が必要になるうえに開発利益を受けることもない。また、その道路の整備により自然環境や歴史的景観への悪影響が予想される場合は、自然や歴史を評価する一般市民が広く反対する。一方、その道路により利便性が大きく向上したり、自然や歴史的景観を重視しない市民は賛成する。ドイツの事例（左下コラム）も、景観と利便性が議論になったものである。このように、住民といっても、その立場や考え方は多様であり、住民参加を行う場合、どのような住民が参加しているのかによって、結論が異なることもある。

　NIMBY（Not In My Back Yard）、または「迷惑施設」と呼ばれる施設は、必要性は認めるが、自らの居住地域に建設してもらいたくないとして反対運動が展開されやすい施設である。例えば、清掃工場や下水処理場、墓地霊園などは代表的であるが、近年は保育園・幼稚園、公園、福祉施設など多岐にわたっている。その地域で建設する合理的な理由がどこまで提示できているか、利益の侵害がどの程度であれば受容すべきか、補償はどうあるべきかなどが議論となるが、現実的にはさまざまな優遇策がとられる場合も多い。

　なおドイツでは、法的基準に従って利益侵害をしないための対応策がとられ補償され、それに対して異議申立ができるが、合理性のある異議は対応されるがそれ以外は却下される。用地取得などで反対し続けると、用地取得価格が下落するなどの対応がとられることもある。民主的なプロセスを経て正式に決定された事項については、原則的に市民は順守が求められる。　（室田）

注）費用便益分析：公共事業などで事業の妥当性を評価するために、事業を実施した場合、しなかった場合の一定期間の便益額、費用額を算出して、費用の増分と便益の増分を比較することにより評価を行う。日本では、行政機関が行う政策評価に関する法律で公共事業の事前評価が義務づけられ、政策評価の事前・事後評価が定められており、道路事業をはじめほとんどの公共事業で新規事業採択時や事後などの各段階で実施されている。
（国土交通省道路局「構想段階における市民参画型道路計画プロセスのガイドライン」）

0 プロローグ

❶ 生活空間の計画論

❷ 生活を支える基盤

❸ 生活空間の計画のための視点

❹ 生活空間の再編

❺ 生活空間のマネジメント

2.4.3 環境アセスメント

環境問題は、人間の活動に起因した環境負荷による環境変化の問題である。人口増加や社会経済活動の拡大に対して適切な対応がなされないために、周辺環境のみならず広域的、さらには地球環境にまで悪影響を及ぼしてきた。環境アセスメントは、とくに大きな影響を及ぼす開発事業による比較的規模の大きい事業を対象に総合的な評価を行うものであり、環境悪化を未然に防ぐ仕組みである。

●環境影響評価制度

環境影響評価制度とは、環境に影響を与える開発事業について環境アセスメントを実施して未然に環境悪化を防ぐ仕組みであり、法律や条令に規定されている。主として、道路、鉄道、発電所、廃棄物最終処分場、土地区画整理事業、宅地造成事業などで規模の大きい事業が対象となる（**表1**）。開発事業を実施することによってどのような環境変化が起こるかを予測して、そのうえで計画変更や回避・低減するための対策や代償措置を行う。

環境アセスメントで調査する内容は、大気環境（大気質、騒音振動、悪臭、風環境など）、水環境（地表水、底質、地下水など）、土壌環境（地形地質、地盤、土壌など）、生物多様性（植物、動物、生態系など）、人と自然のふれあい、環境負荷（廃棄物、発生土、温室効果ガスなど）、地域分析、安全、景観、文化財などである。環境影響評価法では、環境アセスメントを実施するのは事業者自身となっている。

各自治体では、法制度に定められる事業以外の事業種、その規模、対象調査項目、参加などを定めており自治体ごとに違いがある（**表2**）。規模の小さい事業（スモールアセス、**図1**）やより多様な事業種を対象としたり、地域社会のアセスメントなどのより多様な項目での評価についても、積極的に評価する場合もある。一方で、環境アセスメントを拡大化することにより事業者負担が増え事業が減少することを懸念して、軽減化を図る場合もある。

環境アセスメントは、事業者にとっては負担増加につながる場合が多いので、形骸化しないようにするためには、市民の意識・関心の高さ、規制基準の明確化、第三者によるモニタリングや審査、速やかな情報公開、事業者のメリットを生み出す仕組みづくりを行うなどの総合的な取組みが必要である。

表1 環境アセスメントの対象事業一覧 (環境省)　(2022年4月1日改定)

対象事業	第1種事業 （必ず環境アセスメントを行う事業）	第2種事業 （環境アセスメントが必要かどうかを個別に判断する事業）
1 道路		
高速自動車国道	すべて	―
首都高速道路など	4車線以上のもの	―
一般国道	4車線以上・10 km以上	4車線以上・7.5 km～10 km
林道	幅員 6.5 m以上・20 km以上	幅員 6.5 m以上・15 km～20 km
2 河川		
ダム、堰	湛水面積 100 ha以上	湛水面積 75 ha～100 ha
放水路、湖沼開発	土地改変面積 100 ha以上	土地改変面積 75 ha～100 ha
3 鉄道		
新幹線鉄道	すべて	―
鉄道、軌道	長さ 10 km以上	長さ 7.5 km～10 km
4 飛行場	滑走路長 2,500 m以上	滑走路長 1,875 m～2,500 m
5 発電所		
水力発電所	出力 3万 kW以上	出力 2.25万 kW～3万 kW
火力発電	出力 15万 kW以上	出力 11.25万 kW～15万 kW
地熱発電所	出力 1万 kW以上	出力 7,500 kW～1万 kW
原子力発電所	すべて	―
太陽電池発電所	出力 4万 kW以上	出力 3万 kW～4万 kW
風力発電所	出力 5万 kW以上	出力 3.75万 kW～5万 kW
6 廃棄物最終処分場	面積 30 ha以上	面積 25 ha～30 ha
7 埋立て、干拓	面積 50 ha超	面積 40 ha～50 ha
8 土地区画整理事業	面積 100 ha以上	面積 75 ha～100 ha
9 新住宅市街地開発事業	面積 100 ha以上	面積 75 ha～100 ha
10 工業団地造成事業	面積 100 ha以上	面積 75 ha～100 ha
11 新都市基盤整備事業	面積 100 ha以上	面積 75 ha～100 ha
12 流通業務団地造成事業	面積 100 ha以上	面積 75 ha～100 ha
13 宅地の造成の事業（「宅地」には、住宅地、工場用地も含まれる）		
住宅・都市基盤整備機構	面積 100 ha以上	面積 75 ha～100 ha
地域振興整備公団	面積 100 ha以上	面積 75 ha～100 ha
○港湾計画	埋立・掘込み面積の合計 300 ha以上	

港湾計画については、港湾環境アセスメントの対象になる。

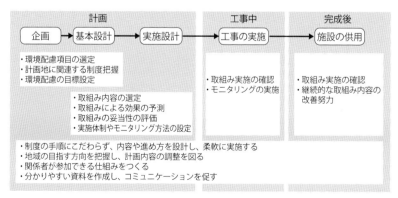

図1 スモールアセスの流れ (環境アセスメント学会、2013)

●環境影響評価制度の手続き

環境影響評価制度は、第1種事業と第2種事業で手続きが異なる（**図2**）。より影響が大きいと考えられる第1種事業では、事

考えてみよう！ インターネットで公開されている環境影響評価に関する事例を一つ取り上げて、環境影響評価書などを読んでみよう。そのうえで自分の意見をまとめてみよう。

表2 相模原市における環境影響評価の評価項目（相模原市の資料をもとに作成）

評価項目		主な内容
大気環境	大気質	環境基準・規制基準が設定されている物質、その他人の健康を損なう恐れがある物質
	騒音・超低周波音	騒音、超低周波音（周波数 20Hz 以下）
	振動	振動
	悪臭	悪臭防止法に規定する臭気指数、臭気排出強度、悪臭防止法に規定する特定悪臭物質
	風環境	風環境
水環境	地表水	環境基準・規制基準が設定されている物質または項目、その他人の健康を損なう恐れがある物質、水質の状況に変化をおよぼす恐れのあるもの、地表水の水量への影響、およびそれに伴う水利用への影響
	底質	環境基準が設定されている物質、底質の処理処分に関する指針に規定する対策対象底質底質調査方法に掲げる項目、その他人の健康を損なう恐れがある物質
	地下水・湧水	環境基準・規制基準が設定されている物質または項目、その他人の健康を損なう恐れがある物質、水質の状況に変化を及ぼす恐れのあるもの、地下水の水位、湧水の流量への影響、それに伴う水利用への影響
土壌環境	地形地質	重要な地形地質への影響、および斜面・崖地等の安定性への影響
	地盤	地盤の変形、または地盤沈下への影響
	土壌	環境基準・規制基準が設定されている物質または項目、その他人の健康を損なう恐れがある物質
植物		植物およびその生育環境、緑の量への影響
動物		動物およびその生育環境への影響
生態系		地域を特徴付ける生態系への影響
廃棄物		廃棄物の排出量および発生抑制の程度
発生土		建設発生土の排出量および発生抑制の程度
温室効果ガス		温室効果ガスの排出量、エネルギーの使用量およびその抑制の程度、地球温暖化対策の推進に関する法律に規定する物質
日影光害	日照阻害	日影の影響
	シャドーフリッカー	ブレード回転による明暗の影響
	光害	照明および建築物の反射光の影響
電波障害		テレビ電波の受信障害
地域分断		地域住民の生活圏域や交通経路の分断などの地域社会への影響
安全	危険物	危険物などの漏洩などの影響
	交通混雑	自動車などの集中による交通状況への影響
	交通安全	通学路などの交通安全への影響
景観		景観
ふれあい活動の場		主要なふれあい活動の場
文化財		文化財保護法に規定する史跡名勝天然記念物、有形記念物、神奈川県文化財保護条例に規定する県指定の史跡名勝天然記念物、有形記念物、相模原市文化財保存活用条例に市指定の有形文化財、文化財保護法に規定する周知の埋蔵文化財包蔵地

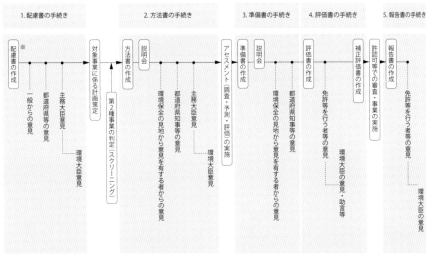

図2 環境影響評価制度の手続き（環境省、2012）

スメント（SEA：Strategic Environmental Assessment）の考え方をもとに導入された。SEAとは早期の段階より広範囲で自由度の高い選択の中から環境配慮ができる仕組みである。

第2種事業では、環境アセスメントを行うかどうかを決定するスクリーニング手続きがある。環境影響評価法では、事業の種類と規模によってアセス対象事業を決めているが、その地域や事業の特徴によって必ずしも一律に決められるわけではないので、個別事業ごとに判断するというものである。

環境影響評価制度に従ってアセスメントを実施するうえで、どのような項目をどのような方法で調査・予測し、評価するか、詳細に丁寧に行う必要のある項目は何かなど、地域の特徴や事業内容による違いを踏まえて、事業者はまず環境影響評価方法書（方法書）を作成する。方法書は、環境アセスメントの計画であり、説明会を開催して市民の意見をまとめ、知事や市町村長などの意見を求め、アセスメントの方法に反映をする。

実施した調査や予測・評価結果、環境保全対策の検討結果については環境影響評価準備書（準備書）としてとりまとめ、縦覧し市民説明会を開催する。事業者は、市民から提出された意見やそれに対する見解をまとめて知事や市町村長などに送付し、それらの意見を受けて結果についての必要な修正などを行う。

準備書に対しての市民の意見、知事や市町村長からの意見を事業者は検討し、必要に応じて準備書や環境保全対策などを見直して、対策の環境影響評価書（評価書）を作成する。評価書は事業の免許などを行う者と環境大臣に送付し、意見があればその意見を検討して必要に応じた見直しをして評価書を確定させる。確定した評価書については公告縦覧を行う。

事業はこの評価書にもとづいて進めるが、工事着手後も工事中や完成後の環境の状態を調査して把握する。これらを事後調査という。事後調査の実施については評価書までの段階で必要性を明記し、それにもとづいて調査を行い、事業者がとりまとめて報告書を作成し公表する。日本の環境影響評価制度は、事業の詳細が確定していない段階に評価書を作成するので、不確定な部分が多く含まれており、事後調査は極めて重要である。　　（室田）

業の早期段階において実施する配慮書手続きがある。配慮書では、事業の位置や規模などについて計画立案段階で複数案を検討し、環境の保全について配慮が必要な内容をまとめる。位置や規模など事業の枠組みが決定済みの場合は、変更できる内容が限定され、環境保全のための柔軟な対応が困難な場合が多いことから、戦略的環境アセ

0 プロローグ
❶ 生活空間の計画論
❷ 生活を支える基盤
❸ 生活空間の計画のための視点
❹ 生活空間の再編
❺ 生活空間のマネジメント

Column◉環境配慮をめざす社会と包括的なアプローチ

エネルギーや資源を大量消費する社会は、資源の枯渇を招き、自然や生態系を破壊し、気候変動を引き起こすなどの問題を引き起こしてきた。地球環境の有限性を踏まえて、将来世代が健全で豊かな生活を送るための配慮や仕組み、技術が、さまざまな観点から求められてきた。例えば、資源の消費抑制と環境負荷軽減に対しては循環型社会、自然や生態系・生物多様性の保全に対しては自然共生型社会、気候変動防止に対しては低炭素化社会などがある。

サステナブル社会（持続可能な社会）という概念では、環境面に限らず、社会面や経済面を含んでいるが、持続性を向上させるためには、人間社会そのもののあり方が問われているためである。目的特化型の縦割り的な、もしくは対症療法的な対応ではなく、社会のあり方を根本的に変更していくことが求められているといえる。そのためには、目標を共有しつつ多面的で多様なシナジー効果を生み出す包括的なアプローチが注目されている。

包括的なアプローチは、環境面・社会面・経済面という異なる3分野の問題解決や魅力づくりを総合的・一体的に行うアプローチである。例えば社会面の問題解決が環境面や経済面での解決にも結び付くような、あるいは同様に環境面での魅力づくりが社会面や経済面の魅力や問題解決にも結び付くようなプランやプロジェクトを行う。

相互にシナジー効果を創出させるような調整や配慮を行い、連携や協働を図りつつ進めていくものである。

循環型社会、低炭素社会、自然共生社会は、いずれも環境、社会、経済の総合的で一体的な包括型の解決が必要であり、併せて一人一人の市民、各企業、各行政組織、各NPOや市民団体が担い手となって進めていく必要がある。

都市と農村や、住宅地と周辺農地などの連携は、自然や資源エネルギー、担い手・人材、地域経済や資金、地域社会などで相互に補完し合うことが考えられ、環境共生をめざす包括的アプローチの実現のステップとして有用と考える。　　　　（室田）

環境を理解するためのキーワード（環境省）

循環型社会	環境省では、循環型社会を、資源採取、生産、流通、消費、廃業などの社会経済活動の各段階で新たに採取する資源をできるだけ少なくし、環境負荷を減らす社会であるとする。自然界から新たに採取する資源を少なくし製品の長期間の利用や再生資源の投入により自然界への廃棄を減らす社会である。リデュース、リユース、リサイクルを行い、大量消費・大量廃棄を変換することが求められる。	
低炭素社会	地球温暖化の原因である温室効果ガスのうち大きな割合を占める二酸化炭素の排出を減らし、気候に悪影響を及ぼさない水準で大気中の温室効果ガスの濃度を安定化させ、生活の豊かさを実感できる社会のことである。	
自然共生社会	生物多様性が適切に保たれ、自然循環に沿う形で農林水産業を含む社会経済活動を自然に調和したものとし、自然とのふれあいの場や機会を確保することにより、自然の恵みを将来にわたって享受できる社会である。	

生活空間の計画のための視点

Chapter

3

3.1 快適な居住環境をつくる

3.1.1 居住密度と暮らし

居住密度は住環境のあり方を大きく左右する。あるレベルの密度を超えてしまうと、快適さは損なわれる。そのため、建物の容積率、高さの上限が建築基準法等で定められている。

●密度を測る指標

生活の場の安全と快適性の確保は、F・エンゲルスの労働者の住環境の問題に対する指摘や、チャドウィックによる労働者の衛生状態についてのレポートで示された実態をもとに、改善に向けた取組みが始まった。イギリスでは1948年に公衆衛生法が制定され、各住宅にトイレの設置が義務づけられたり、1951年には世界初の住居法と言われるシャフツベリー法が制定され、人が住む環境についての公的な規定ができた。日本では、1938年に改正された市街地建築物法で、初めて敷地に対する建物の大きさに関する指定がされた。これ以降、敷地に対して建ててよい建物の最大限の大きさを指定することにより、地区ごとに一定の住環境を維持するための大きさに対する制限が定着した。

なお建ぺい率、容積率については、市街化区域内ではその最大の数値が示されているものの、さまざまな緩和要件によりそれよりも大きいものが建つこともある。緩和は景観や防災等の視点等から行われるが、長期的な視点に立った居住地の環境の維持への適切性の判断が必要である。

●領域意識

建物の大きさに制限を設ける理由は災害時の安全の確保という点が、誰もが理解しやすい。人が多く集まるのに移動できる空間が少なければ危険を伴う。また適切な採光、通風を得られないことにより、居室内の衛生環境は悪化することも理由として挙げられる。

動物では、縄張りがよく知られているが、人間もまた、高すぎる密度での暮らしがストレスを生む（**図1、表1**）。一方で、自らの領域性を認識することにより、人は住環境をよくする行動をとり、隣接する人と協力しあってよい環境を築き上げることもできる（**図2、4**）。

図3は、国ごとの領域感の違いを整理したものである。所有権の状況にかかわらず、住宅と道の間の空間を、地域のために使うものであると考えているアメリカと、所有

者である住民が使うべきだと考える日本との顕著な違いがある。これは、住宅地における敷地内の空地部分をどのように使うべき空間として捉えるのかを考えるよい材料となる。個人の敷地ではあっても、動かない財産（不動産）として周囲に与えるインパクトを考えた利用をすることで、住環境の質が変化していくであろう（**図4**）。

●建物の相互にかかわる住環境の質

都市部では建物相互が近いため、互いの建物の大きさ、使い方等が、各敷地の住環

境に大きな影響を与える。居住環境の質は各敷地の環境、相隣関係、地区全体の環境等、さまざまな角度から考えられる。日本では、各建物や敷地内の建物環境を規定するのは建築基準法、そして建物相互の関係性について規定するのは建築基準法と都市計画法である（**図5、6**）。これらの法律では、最低限の人間らしい住生活を送ることができる住環境を確保するための基準が示されている。そのことで互いの生活に著しい不利益を与え、外部不経済となることを防いでいる。

現在の建築基準法の前身の市街地建築物法

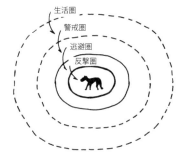

図1 動物の持つ4つの異なる圏域（吉阪隆正、1965）

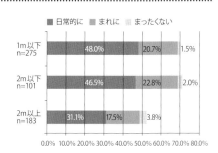

図2 雑司ヶ谷における近隣交流の頻度と住居壁面後退
（薬袋研究室（泉水花奈子））

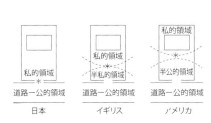

図3 敷地内の公私の境界の差異（延藤安弘ほか、1979）
半私的・公的領域が敷地内にあるイギリスとアメリカに対し、日本の場合には敷地内はすべて私的領域とされている。

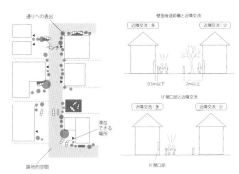

図4 居住性を高める住居のつくり方の例（薬袋研究室（泉水花奈子））

表1 過密居住の影響

乳児死亡	イ．居住密度、就寝密度が高いほど乳児死亡率は高い。 ロ．清潔整頓、日当たり、通風、家屋密度、土地の乾湿度等から総合評価して、非衛生的環境に乳児死亡率が高い。
家庭内災害	イ．家庭内災害（墜落、火災、爆発、やけど、転倒、ガス中毒、落下物、感電など）による死者は交通事故死亡者に匹敵。 ロ．被害は老人と幼児に多い。 ハ．狭い室内に品物が雑然と置かれていることがひとつの要因。
流死産	イ．一戸建てよりアパート、自家より間借、二室以上居住より一室居住に流死産が多い。 ロ．狭い家での緊張感からくるストレスが原因のひとつ。 ハ．心身の緊張は酸素の吸収を悪くし、未熟児や身障児が生まれる。
子どもを産む	イ．「子どもが生まれたら出る」という契約を結んでいる民間木造アパートは大阪では43.4%。 ロ．平均出生児数は1部屋：1.2人、2部屋：1.5人と部屋数に比例。 ハ．人工中絶の理由として「住宅事情が悪いから」をあげる人は大都市になるほど多い。
労働災害	イ．労働力再生産の場がその機能を果たし得ないための労働災害を誘発する。
成人病	イ．40～60歳の男子で狭小住宅（1人あたり1.5畳）居住者と非狭小住宅（1人あたり4畳以上）居住者を比べると、気力、推理力、記憶力や肩こり、腰痛、聴力、胃腸病、神経痛、性交機能などでかなり大きな差がみられる。
プライバシー	イ．音がつつぬけのため夜泣きする子を殺した事件。 ロ．窓をあければ隣家からまる見え。 ハ．性生活が保障されない。 ニ．近隣迷惑なので子どもが家の中で遊べない。
子どもの生活	イ．子どものための部屋がないため、自由に行動できない。 ロ．成績のよい子どもの家は畳数が多い。

早川和男著「住宅貧乏物語」（岩波書店、1979）より作成

考えてみよう！ いくつかの住宅地について、航空写真からネットの建ぺい率（宅地ごとの建ぺい率）と、グロスの建ぺい率（道路や公園等も含めた町全体の建ぺい率）を計算してみよう。

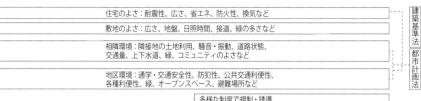

住宅のよさ：耐震性、広さ、省エネ、防火性、換気など	建築基準法
敷地のよさ：広さ、地盤、日照時間、接道、緑の多さなど	
相隣環境：隣接地の土地利用、騒音・振動、道路状態、交通量、上下水道、緑、コミュニティのよさなど	都市計画法
地区環境：通学・交通安全性、防犯性、公共交通利便性、各種利便性、緑、オープンスペース、避難場所など	
多様な制度で規制・誘導	

図5　居住環境のよさ（室田研究室）

品川駅東口地区（約900％）

幕張ベイタウン（約300％）

図6　さまざまな容積率のまちなみ
　　　（（）は指定容積率）
指定容積率の上限まで建てることは少ないが、100％以下の戸建て住宅地では、ゆとりある住環境が生まれる。

向陽台（約80％）

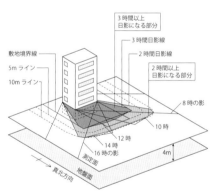

図7　日影規制の考え方

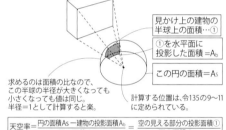

図8　天空率
建てる建物の周辺の敷地における天空の割合を示し、設計をしている建物が隣地に与える影響を確かめる方法である。複雑な計算を要するが、パソコン利用が設計現場で充実したことで可能になった。

$$天空率 = \frac{円の面積As - 建物の投影面積A_b}{円の面積As} = \frac{空の見える部分の投影面積①}{円の面積As}$$

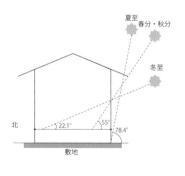

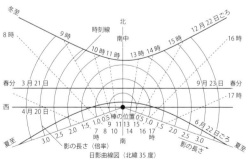

図9　太陽高度と居住性
季節により太陽高度と太陽の通り道は変わる。冬は真東真西よりも南側から太陽が出て低い位置までしか上がらない。
一方夏は、早朝や夕方は北側の窓からも日射が入るほど北よりに太陽は移動する。
そのため、東西向きの居室では、夏長時間の日射があり、輻射熱で室内温度が、夜遅くまで高い。
日本の伝統的住宅に庇があるのは、太陽高度との関係が深い。少しの庇を出すことで、夏の日射が室内に入ることを遮り、冬の低い太陽を部屋の奥まで入れることができる。ほかに、庇には建物を雨から守る役割もある。

により、向かい側の建物への採光を配慮して、前面道路の幅、前面道路の反対側境界線から1.25倍の高さに向けた（居住地以外は1.5倍）勾配ラインを超えてはならないという規定が設けられた。これは平屋の建物を建てられる高さを基準にしてつくられたという。

日光に当たることは、さまざまなメリットがある。暖かさ、明るさを確保できるだけではなく、紫外線には殺菌作用が期待され、日光に当たることで体内に生成されるビタミンDは免疫力を高める。日光に十分に当たらないことにより神経伝達物質セロトニンの生成が減少し、うつ病が誘発されることも知られており、屋内の滞在時間が長い現代人にとって、居室での採光条件は、健康面に大きな影響を与える。

しかし戦後の高度経済成長期には、大街路に面して大きな建物が建てられるようになり、斜線制限だけでは十分な日照を得られない住居が出てきた。これに対して居住地での採光の権利を訴えた日照権闘争を経てつくられたのが日影規制（1976）である（図7）。隣地に落ちる日影の時間を冬至の日を基準に規制するものであるが、5m以上離れている部分から適用となるため、現在の都市部の事情においては、あまり効果を発揮しない。

2003年には新たに天空率という考え方も登場した（図8）。これは、隣接する建物から見える空の範囲という視点から、建てられる建物の形態を規制する考え方である。それまで敷地内の建物形態の規制である斜線制限によるデザインの柔軟性の低さを解消するなど、建築の自由度を促す。

日本では、生活環境、安全のための環境を確保するための最低限の基準を示し、それ以下の大きさの建物を建てることを可能にするルールづくりを行ってきた。土地の値段が高いことが多い都市部を中心に、建物をつくる現場では、こういった規制に対して最大の建物を建てるという考え方が中心となっており、シビルミニマム（市民のための最低限の基準）としてつくられたものが、シビルマキシマム（市民が最大限得られる環境）となってしまっている。望ましい住環境の質を得るためには、生活のイメージを地域ごとに共有し、各居住者がその生活像の実現を意識した住環境形成に取り組むことが大切である。　　　　　（薬袋）

❶ プロローグ

❶ 生活空間の計画論

❷ 生活を支える基盤

❸ 生活空間の計画のための視点

❹ 生活空間の再編

❺ 生活空間のマネジメント

3.1.2 居住環境評価

居住環境とは、狭義には住宅とその周辺の物的構成要素による環境、広義には生活を営む都市環境の物的・社会的・経済的側面を含めた環境を示している。居住環境評価は、これらを適切に評価し、より良い居住環境の維持形成をめざすものである。

●居住環境評価の発展と対象となる空間

人々は、長い歴史のなかでその地域の気候風土や文化に応じたさまざまな工夫をしてきた。自然災害や外敵・野生動物からの安全性の確保を行い、飲料水や食糧の確保、排泄物の処理の工夫などにより健康を維持し、風通しや日当たり、防寒などの工夫による快適性の向上、生活の効率性などを追求してきた。

世界保健機関（WHO）は、1961年に人間の基本的な生活要求として安全性、保健性、快適性、利便性の4つの理念を提示し、この4つの理念を具体化した指標で居住環境を評価してきた。居住環境評価とは、より良い居住環境を維持・形成するために、各観点を指標化して居住環境を評価診断することといえる。近年では4つの視点に加えて、現代世代のみの生活要求だけではなく未来世代を加えた「持続性」や、人間関係や地域コミュニティの視点を加えた「社会性」などを加えて、より総合的な評価を行っている。さらに、現在では人生の質や社会的に見た生活の質などを指す、クオリティ・オブ・ライフ（QOL）という考え方が注目されており、このような観点からの居住環境の評価も注目されている。

居住環境を構成する空間には、①住戸や共同住宅の共用空間を含む「住宅単体」、②隣り合う住宅間や住宅周辺などの「相隣環境」、③街区で構成される「街区環境」、④複数街区で構成される「地区環境」、⑤都市を範囲とする「都市環境」などの空間レベルがあり、どのレベルを対象とするかにより考慮すべき環境は異なってくる。また、環境を構成するものについては、①物的構成要素、②社会的要素、③経済的要素などの多様な要素がある。

●居住環境評価と多様な指標

居住環境の評価には、①評価方法：定性的評価、定量的評価、その組合せ、②評価

表1　戸建て住宅の居住環境評価項目に関するガイドラインより一部抜粋 (国土交通省)

大項目	中項目	小項目
安全	防犯	個別敷地における防犯安全性
		共用空間における防犯安全性
		維持管理の組織・体制の構築
		自主的な維持管理の体制
	交通	接道道路での歩行者の安全性
		周辺道路網による安全性の確保
		団地内の交通安全性への配慮
	防災	避難路・消防活動空間の確保
		火災による延焼防止
		防災機能
		公共空間の確保
		共用空間の確保
		自主的な維持管理のルール
		自主的な維持管理の体制
生活	公園	公共空間の確保
		共用空間の確保
		自主的な維持管理のルール
		自主的な維持管理の体制
	利用施設	各種利便施設の確保
		高齢者支援サービス
		子育て支援サービス
		情報サービス
	バリアフリー	敷地内のバリアフリー
		共用空間のバリアフリー
街なみ	ゆとり	空間のゆとり
		空間の開放性
		空間配置の工夫
	緑	自然環境への配慮
		緑の確保
		公共空間の確保
	景観	調和したスカイラインの形成
		色彩コントロールによる調和した街なみ形成
		統一性のある外構空間の形成
		道路空間デザイン
		景観阻害要素の排除
		周辺の街なみとの景観的調和
エリアマネジメント	街なみルール	法規制
		協定
		街なみルール・ガイドライン
		自主的な維持管理のルール
	管理体制	維持管理の組織・体制の構築
		自主的な維持管理の体制
		コミュニティ活動の体制
	地球にやさしい	微気候・外部空間の環境影響
		水循環への配慮
		廃棄物減量化・リサイクルへの取組み
		地区全体でのエネルギー利用

住宅団地の居住環境に係る項目

大項目	中項目	小項目		指標
生活	公園	公園・緑地の配置	24	公園・緑地が配置されている
		水辺空間の配置	25	水辺空間が配置されている
	共用空間の確保	広場・プレイロットの配置	26	共用空間の広場、プレイロット等を設けている
	各種利便施設の確保	集会所の設置	27	集会所を設けている
	利便施設の設置	28	その他の利便施設を設けている
	高齢者支援サービス	高齢者支援施設の設置	29	高齢者支援サービス施設がある
	子育て支援サービス	子育て支援施設の設置	30	子育て支援サービス施設がある
	情報サービス	CATVの視聴	31	都市型CATVが普及している
		高速情報通信の敷設	32	光ファイバーによるインターネット接続
	バリアフリー	宅地内のアプローチ通路幅	33	歩行および車椅子利用に配慮した形状、寸法とし、有効幅員は900mm以上確保
		階段・スロープ等のバリアフリー対応	34	緩傾斜の階段（蹴上げ(R)≦160mm、踏面(T)≧300mm）、スロープ（勾配1/12以下）又はフラットな構造となっている
	敷地内のバリアフリー	段差の視認性	35	照明又は素材や色に変化を付ける等、段差がはっきり確認できるようにする
		手摺りの設置	36	スロープ又は階段の少なくとも片側に連続して手摺りを設置する
		車椅子対応の駐車場	37	駐車スペースは車椅子利用を考慮し、間口が3.5m以上の構造となっている
	共用空間のバリアフリー	共用空間の段差解消	38	段差解消が図られている
		共用空間の段差解消	39	点字ブロック等が整備されている

注）右表は、左表の大項目「生活」を詳細化したものである。

表2　住生活基本計画 (2021) **による成果指標**

視点	目標	成果指標の内容
社会環境の変化	新たな日常やDXの進展への対応	DX推進計画を策定し実行した大手住宅事業者の割合
	災害新ステージにおける安全な住宅・住宅地の形成と被災者住まいの確保	地域防災計画にもとづき、住まいの出水対策に取り組む市町村の割合
		新耐震基準（1981年）に満たない住宅ストック割合
		危険密集市街地の面積、地域防災力向上に資するソフト対策の実施率
居住者・コミュニティ	子どもを産み育てやすい住まいの実現	断熱性能と遮音対策を講じた住宅の割合
		公的賃貸住宅団地での地域拠点施設併設率
	高齢者等が健康で安心して暮らせるコミュニティ形成	高齢者が居住する住宅でバリアフリー性能と断熱性能を有する住宅の割合
		高齢者人口に対する高齢者住宅の割合
	住宅確保要配慮者が安心して暮らせるセーフティネット機能	居住支援協議会を設立した市区町村の人口カバー率
住宅ストック・産業	脱炭素社会に向けた住宅循環システムの構築と良質な住宅ストック	既存住宅流通、リフォームの市場規模
		既存住宅流通に占める住宅性能の情報の明示の割合
		長期修繕計画にもとづく修繕積立金を設定しているマンション管理組合の割合
		住宅ストックのエネルギー消費量の削減率
		長期優良住宅のストック数
	空家の状況に応じた適切な管理・除却・利活用の一体的推進	市区町村の取組みで除却された管理不全空家数
		居住目的のない空家数
	居住者の利便性や豊かさを向上させる住生活産業の発展	

考えてみよう！ 居住環境評価の視点を10項目作成し、特定の住宅地を選んで、各項目別の5段階評価（良好、まあまあ良好、どちらとも言えない、あまり良好ではない、良好ではない）を5人分集めて集計し、どのような特徴があるかをまとめてみよう。

表3 住宅性能表示基準の新築住宅の耐震等級 (国土交通省、2016)

表3 住宅性能表示基準の新築住宅の耐震等級 (国土交通省、2016)

性能表示等級	性能等級の概要
等級 3	建築基準法の1.5倍の建物強さ
	数百年に1度程度発生する地震力の1.50倍の力に対して倒壊・崩壊しない程度。
等級 2	建築基準法の1.25倍の建物強さ
	数百年に1度程度発生する地震力の1.25倍の力に対して倒壊・崩壊しない程度。
等級 1	建築基準法レベルの建物強さ
	数百年に1度程度発生する地震力のに対して倒壊・崩壊しない程度。

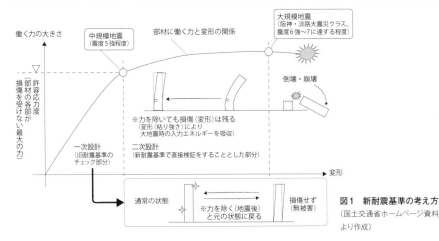

図1 新耐震基準の考え方
(国土交通省ホームページ資料より作成)

表4 面積水準 (国土交通省の資料をもとに作成)

区分	誘導居住面積水準 (㎡)		最低居住面積水準 (㎡)
	都心居住型	一般型	
2人以上の世帯	20㎡×世帯人員 +15㎡	25㎡×世帯人員 +25㎡	10㎡×世帯人員 +10㎡
単身	40	55	25
2人	55(55)	75(75)	30(30)
3人	75(65)	100(87.5)	40(35)
4人	95(85)	125(112.5)	50(45)

( )は3〜5歳が1名いた場合

$$
街区に関わる環境効率 (BEE_{UD}) = \frac{街区に関わる環境品質 (Q_{UD})}{街区における環境負荷 (L_{UD})}
$$

図2 CASBEE-街区の評価方法
(建築環境・省エネルギー機構、2014)

表6 CASBEE-街区の環境品質 (Q_{UD}) に関する評価項目
(建築環境・省エネルギー機構、2014)

大項目	中項目	小項目	細項目
1 環境	1.1 資源	1.1.1 水資源	1.1.1.1 上水道
			1.1.1.2 下水道
		1.1.2 資源循環	1.1.2.1 建設
			1.1.2.2 運用
	1.2 自然 (緑・生物多様性)	1.2.1 緑	1.2.1.1 地上部緑化
			1.2.1.2 建築物上緑化
		1.2.2 生物多様性	1.2.2.1 保全
			1.2.2.2 再生、創出
	1.3 人工物 (建築)	1.3.1 環境配慮建築物	
2 社会	2.1 公平・公正	2.1.1 法令順守 (コンプライアンス)	
		2.1.2 エリアマネジメント	
	2.2 安全安心	2.2.1 防災	2.2.1.1 防災基本性能
			2.2.1.2 災害対応性能
		2.2.2 交通安全	
		2.2.3 防犯	
	2.3 アメニティ	2.3.1 利便・福祉	2.3.1.1 生活利便
			2.3.1.2 福祉健康・教育
		2.3.2 文化	2.3.2.1 歴史・文化
			2.3.2.2 景観
3 経済	3.1 交通・都市構造	3.1.1 交通	3.1.1.1 交通施設整備
			3.1.1.2 物流マネジメント
		3.1.2 都市構造	3.1.2.1 上位計画整合性・補完性
			3.1.2.2 土地利用
	3.2 成長性	3.2.1 人口	3.2.1.1 常住人口
			3.2.1.2 滞在人口
		3.2.2 経済発展性	3.2.2.1 活性化方策
	3.3 効率性・合理性	3.3.1 情報システム	3.3.1.1 情報サービス性能
			3.3.1.2 街区マネジメント
		3.3.2 エネルギーシステム	3.3.2.1 需給システムのスマート化
			3.3.2.2 更新性・拡張性

表5 低炭素まちづくり計画作成にもとづく CASBEE-街区の環境負荷 (L_{UD}) の評価項目 (建築環境・省エネルギー機構、2014)

大項目	中項目	小項目	参考 低炭素まちづくり計画作成マニュアル 標準施策例 (①-⑦) との対応
L_{UD}1 交通部門 CO_2 排出量	-	-	①、②、③、⑦
L_{UD}2 建築部門 CO_2 排出量	-	-	⑤、⑥
L_{UD}3 みどり部門 CO_2 吸収量	-	-	④

低炭素まちづくり計画作成マニュアル (国土交通省、環境省、経済産業省) 標準的な施策例
① 都市機能の集約化を図るための拠点となる地域の整備その他都市機能の配置の適正化
② 公共交通機関の利用促進
③ 貨物の輸送の合理化
④ 緑地の保全および緑化の推進
⑤ 非化石エネルギーの利用および化石燃料の効率的利用に資する施設の設置のための公共施設の活用
⑥ 建築物の低炭素化の促進
⑦ 自動車の運行に伴い発生する二酸化炭素の排出抑制の促進低炭素

指標：総合型の指標、特化型の指標、③目的：政策的な地域改善・住環境保全、不動産事業者の事業評価、不動産購入者の不動産評価、さらには④計測方法：物理的な計測、心理的な計測、地価などの経済的な計測などの多様なタイプがある。

表1は、国土交通省の戸建て住宅の居住

環境評価のチェックリストであるが、①安全性 (防犯、交通、防災)、②生活 (公園、利便施設、バリアフリー)、③街並み (ゆとり、緑、景観)、④エリアマネジメント (街並みルール、管理体制、環境配慮) などの比較的総合的な評価指標を設定しているが、駅などの利便性、地形、耐震性などの住宅

単体は含まれていない。改善可能な地域の評価を行うことを目的としている。

2006年の住生活基本法は、豊かな住生活の実現を図るための施策に関する基本事項を定めた法律であり、それまでの公的な住宅の建設目標を定めた住宅建設五か年計画から、住宅の質や住宅を取り巻く環境やコミュニティの重視へと大きく住宅政策を転換した。住生活基本計画では、社会や国民のニーズに即した目標を定めつつ、その効果を測るための成果指標を設定している (表2)。例えば、2021年の住生活基本計画では、DXの推進、災害対応、子育て、高齢者の住まい、セーフティネット、脱炭素への対応、空き家対策、住生活産業の発展などの目標を掲げ、それに対応した評価方法を提示している。

住宅性能に係る基準として、面積水準 (表4) があり、住宅の品質確保については、日本住宅性能表示基準として、①耐震等級への対応 (図2、表3)、②耐風・耐雪等、③耐火や火災安全対策、④劣化の軽減、⑤維持管理や更新、⑥省エネ対策、⑦空気環境・光・視環境、⑧音環境、⑨高齢者への配慮対策、⑩防犯などが規定されている。

開発行為を環境面から評価する基準として建築環境総合性能評価システム (CASBEE) −街区では、街区に関わる環境効率を環境品質と環境負荷の比率から求めるとして環境品質に関する評価項目、環境負荷に関する評価項目を設定している (図2)。環境品質では「環境」：①水資源、②資源循環、③緑、④生物多様性、⑤環境配慮建築物、「社会」：①法令遵守、②エリアマネジメント、③防災、④交通安全、⑤防犯、⑥利便・福祉、⑦文化、「経済」：①交通、②都市構造、③人口、④経済発展性、⑤情報システム、⑥エネルギーシステムなどとなっている (表6)。一方、環境負荷については、二酸化炭素排出量に限定しており、低炭素まちづくり計画作成マニュアルにもとづいて交通部門や、建築部門、みどり部門などの評価を行う (表5)。

評価の指標は、それぞれの目的に応じた適切な評価指標を選定すること、各地区を比較する場合は全地区で同等に把握できる指標を選定すること、公平で客観的な指標を選択することなど、適正な評価を行うことが必要である。　　　　　　　(室田)

0 プロローグ
❶ 生活空間の計画論
❷ 生活を支える基盤
❸ 生活空間の計画のための視点
❹ 生活空間の再編
❺ 生活空間のマネジメント

3.1.3　地域に合わせたルールづくり

住環境をよりよいものにするため、もしくは良好な環境を保つために、各地区単位でさまざまなルール（条例など）をつくることができる。例えば、建築協定、緑地協定などがその代表である。

◉建築協定

　従来、住環境に対する最低限の法的基準を超えて、よりよい住環境を創出するためのルールが建築協定（建築基準法第69〜77条で規定）である。土地所有者が質を高める建築物の基準づくりに同意をした場合に、公的主体（特定行政庁）が認め、公式ルール化するものである。建物の形状や垣柵の形状を規定することができ、当該土地所有者同士で構成する「建築協定運営委員会」において、建築計画の審査、建築工事中、完了後の物件のチェック、違反があった場合の措置等を行う。

　建物を建てる際には、確認申請の前に、この運営委員会の同意が求められている。厳しくルールが運用されるため、中には建築協定締結に同意しない土地所有者があることもあり、歯抜け状態で協定が締結されることもある。建築協定を地区全体で指定しやすいものは、「一人協定」と呼ばれるタイプで、宅地開発業者が分譲前に協定を締結し、将来にわたって一定の質が担保される建築協定付きの住宅地として販売をする。

　協定には有効期間を定める規定があり、最大20年まで定めることができる。20年ごとに内容を見直したり、協定の締結を更新しない決断をするなど、所有者による意思決定にもとづいて検討される。つまり一人協定の地区であっても、20年の見直しを機に地区計画のようなより緩やかな指定に移行する地区もある（**表1**）。

◉条例などにもとづくさまざまなルール

　このほか、緑のありかたに限定をした都市緑地法にもとづく緑地協定のように緑の保全や創出に限定した協定や（44頁2.1.2参照）、景観法にもとづいた景観協定など、法的体系にもとづいて特定区域に対するルールづくりを認める方法もある。町田市のように建築協定ではなく建築協約という名称で緩やかな自主的なルールをつくることを応援する自治体等、地域の実情に合わせ

たルールづくりもある。

　その他注目したいのは、緩やかな居住空間像を示す真鶴町におけるまちづくり条例である。クリストファー・アレグザンダーの著書『パタン・ランゲージ』を参考にして、数字で表すような形態規制だけではなく、居住者の生活行為を支える空間づくりを共通のイメージ目標として持つことを提案する。「パタン・ランゲージ」は、住まい・まちを構成するさまざまな空間のタイプを整理したいわば建築の用語の辞典のようなも

のであるが、それを通して、空間像を共有するためのツールとしても重宝される（17頁1.1.2参照）。真鶴町では、低層住宅が斜面によりそうように建ち、住民の移動のための路地である背戸道をのんびりと近隣の人との交流を楽しみながら歩くことのできる空間が維持されてきた。条例はリゾートマンションなどの建設を阻止することを意識して制定された。公共施設は、「美の基準」と呼ばれるこの条例にもとづいたデザインとなり、個人住宅もこの条例を尊重す

表1　建築協定と地区計画の比較 (浜松市)

		建築協定	地区計画（基本型）
法的性格	根拠法律	建築基準法第76条	都市計画法第12条の5
	目的	関係地権者のルールによるまちづくり	まちづくりを誘導するための建築規制
	合意形成	土地・建物所有者の全員の賛成同意	関係地権者の大多数の賛成同意
	有効期間	有（20年が多い）	とくになし
	手続き	市町村経由で知事あて認可申請	都市計画審議会の議を経て市町村長が決定
	運用	運営協議会が担当	行政が直接担当する
合意形成	区域	各区画が単位の集合地域となる	特定の区域
	合意の範囲	土地・建物所有者全員の賛同	区域内地権者の大多数の賛同
	不賛同	隣接宅地又は除外地となる	隣接宅地も除外地もない

●高齢者のためのシェルターの連続

真鶴町の背戸道の様子

●高齢者が安心して散歩できる空間の確保

図1　神奈川県真鶴町の「美の基準」より (真鶴町)

考えてみよう！　住宅地、商店街、あるいはビジネス街で、独自に設けているルールを探してみよう。またその記載内容を調べ、比較してみよう。

写1 横浜元町

写2 道にはストリートファニチャーが置かれている

図2 横浜元町通りまちづくり協定より（横浜市）

軒下看板の位置・大きさ

袖看板等の位置・大きさ

屋外広告物について

プレート型あるいは
帯型看板の場合
（表示面積が1m²以下）

文字看板の場合
（文字の表示面積の合計が1m²以下）

袖看板等の掲示方法

0 プロローグ

❶ 生活空間の計画論

❷ 生活を支える基盤

❸ 生活空間の計画のための視点

❹ 生活空間の再編

❺ 生活空間のマネジメント

●横浜元町通りまちづくり協定

【基本方針】
①人の心に訴える美しい街並みの創造（個性的なファサードの連続、壁面線後退によるアーケード空間、周辺地域との協働による回遊性向上、ライトアップと優しい照明）（写1、2、図2）、②ホスピタリティ溢れる街の醸成（物流改善による車との共存、アメニティ施設等の充実、花や樹木による季節感とうるおい創出、国際性とおもてなしなど）、③元町商人スタイルの確立（オリジナリティ溢れる元町スタイル、元町のブランドプロミスと後継者育成など）

【協定の内容】
建物の用途、形態・意匠、屋外広告物、道路および歩道の取り壊し・使い方、街路および建物の美化、営業時間・定休日、まちづくり推進への協力、防災、空き地空きビルなど

私たちの街田園調布は、大正時代後半に渋沢栄一翁の提唱で、当時ようやく欧米に現れ始めた「住宅と庭園の街作り」田園都市構想を取り入れ、多摩川の東側にあたるなだらかな丘陵地帯に、新しく建設されたものです。

…中略…

私たちは、今日まで築かれてきたわが街の優れた伝統と文化を受け継ぎ、これからの情勢の変化にも賢明に対処しながら、常に緑と太陽に満ち、平和と安らぎに包まれ、文化の香り漂うよりよい街作りを目指したいと念願し、ここに住民の総意にもとづく憲章を定めるものです。

1 この由緒ある田園調布を、わが街として愛し、大切にしましょう。

…略…

3 私たちの家や庭園、垣根、塀などが、この公園的な街を構成していることを考え、新築や改造に際しては、これにふさわしいものとし、常に緑化、美化に努めましょう。

…略…

5 互いに協力して環境の保全に努め、平和と静けさのある地域社会を維持しましょう。

…後略…

（1982年5月19日制定）

(1)田園調布憲章

一、建物、設備、垣根等
1 建物を新、改築、あるいは増築する場合は、地上二階まで、建物の高さは基準地盤から九メートルまでにしましょう。

二、静穏と安全
1 テレビ、ラジオ、ステレオ、楽器等を使用する場合は、馬車や時間帯等を考慮に入れ、隣人の迷惑にならないようにしましょう。
2 午後十時以降のパーティーは、近隣に迷惑をかけないように留意しましょう。

（1982年6月19日施行）

(2)環境保全の申し合わせ（抜粋）

図3 田園調布のルール（田園調布会資料より）
田園調布は高級住宅街として知られるが、それは建設当初の高い理念を引き継ぐために住民同士でその時々に話し合いをし、ルールをつくって維持をして実現してきた。地区計画制度を利用した法定ルールもあるが、その中では伝えきれない精神と生活の細やかなルールが示される。

ることが期待されている（図1）。

数値等で取り締まるルールづくりは一方で、その規制を"潜り抜け"をする建物が現れ、地域の目標像とは異なる方向に向かうこともある。地域の目標空間像を住民同士で共有し続けられる工夫が大切である。

●地域が独自に定めるルール

さらに、より緩やかに地域の目標像を決めている地区もある。横浜元町では観光地としてのデザイン性も意識して、形態に対するルールを細かく定めた（図2）。

日本の住宅地計画の先駆的存在である田園調布では、独自の憲章を制定し、ウェブサイトで公開し、居住者への理解を促している（図3）。法的拘束力があるわけではないものの、居住地の目標像を住民同士で共有することができる。分譲当初からルールつきで販売され、良い住宅地となることを意識する住民が入居したが、このような付加価値を高める取組みは、供給する際の仕掛けと、その後の居住者の意識がつくり上げたものである。

こういった"まちづくり憲章"のような独自のルールは、具体的な数値によるコントロールだけではなく、住民同士がまちに対する意識を共有するための理想とする目標像となっていることが多い。緩やかなイメージ像を共有したうえで、互いに気持ちよく生活することのできる住宅地が維持できることは、ひとつの成熟型社会の形でもあろう。

（薬袋・後藤）

3.1.4　地区計画

建築協定は住宅地の質を高めはするものの、敷地所有者の同意者にしか適用されず、公共施設を含めた地域的な広がりの中で住環境を検討できる制度ではない。そこで、ドイツの都市計画制度にあるBプランを参考に1985年、地区計画制度がつくられた。

●地区計画の位置づけ

地区計画制度では、対象地区全員の同意は必要だが、地域でまちづくり協議会等を組織し、住環境の目標像についての議論が必要で、さらに都市計画審議会を通すため行政によるかかわりが大きい。公園の場所や道路のあり方等、公共施設に関する内容を規定することもできる。また、規制を強めるだけでなく、一定の条件のもとに建てられる建物の高さや、用途の緩和といった柔軟な使い方もされている。

地区計画は、守らなくても罰則規定がないために、強制力に欠ける点などが指摘されることもあるが、本来まちは居住者の納得と理解をもとに緩やかな目標像を共有していることでよいものとなる。考え方の多様性の幅が広く、地域の目標像を共有しづらいときには、それを助ける手段として地区計画を有効に使いたい。

●地区計画の種類

地区計画には一般の地区計画、沿道地区計画、防災街区整備地区計画、集落地区計画、歴史的風致維持向上地区計画がある。一般の地区計画は全国で8,000地区以上ある（2023年時点）。

規定する内容はさまざまではあるが、建物のデザインや隣地とのセットバックなどのほかに、最低敷地面積を規定することもある。沿道地区計画の例として、図6に東京都の環状七号線沿いのものを示す。大街路沿いに音や延焼遮断帯となる不燃建築を誘導し、背後の地区の住環境を維持する内容である。

また、柔軟な土地利用を促すために、一定の条件を満たしている地区については、地区の特性に応じて「特別な使い方」と併用できる（表2、3）。土地の有効高度利用を誘導する誘導容積型地区計画、地区計画区域内において容積を配分し、土地の合理的な利用を促進しつつ良好な環境を形成する容積適正配分型等、地域の実情とメリハリのある住環境整備を実現するための柔軟な計画づくりのためのルールが用意されている（図1、2、3）。

活用例が多い「街並み誘導型」は、壁面位置や高さを揃えることにより斜線制限や容積率制限を緩和する制度である（図4）。し

かし、アメとムチのアメの部分が強く、景観形成への規制力が運用の仕方によって左右されるなど、地区計画を通じた制限の特例による負の効果に関する指摘もある。

●策定手続き

これまで日本の都市計画は、経済成長に

表1　地区計画の種類

（1）地区計画（都市計画法12条の5）
①一般的な地区計画
②再開発等促進区
③開発整備促進区
④市街化調整区域等地区計画
（2）防災街区整備地区計画（密集法）
（3）沿道地区計画（沿道法）
①一般的な沿道地区計画
②沿道再開発等促進区
（4）集落地区計画（集落法）
（5）歴史的風致維持向上地区計画（歴まち法）

表2　特別な使い方 (彰国社・戸田敬里、2009)

誘導容積型	道路などの公共施設の整備が不十分であるため、土地の有効活用が十分に図られていない地区について、暫定容積率と目標容積率を定め、公共施設が未整備の段階では低い暫定容積率を適用し、公共施設の整備に伴い特定行政庁の認定があった場合には目標容積率を適用して公共施設の整備を伴った土地の有効活用を誘導し、目標とする市街地像の達成を図る。
容積適正配分型	保全すべき歴史的建築物や緑地などの区域は容積率を低くおさえ、高度利用を図るべき区域は容積率を高くするなど、地区内において区域を区分して容積をきめ細かく配分し、土地の合理的な利用を促進しつつ、良好な環境の形成や保護を図る。
高度利用型	適正な配置および規模の公共施設を備えた土地の区域について、敷地内の有効空地の確保などを図るとともに、容積率を緩和し、その合理的かつ健全な高度利用と都市機能の更新を図る。
用途別容積型	都市周辺部などの住商依存地域において、住宅・非住宅の別による容積率を合理化し、住宅を含む建築物に係る容積率の最高限度を緩和することにより、住宅立地を誘導し適正な用途配分の実現を図る。
街並み誘導型	地区計画において壁面の位置の制限、建築物の高さの最高限度などを定めることにより、前面道路幅員による容積率制限、斜線制限を適用除外とし、土地の高度利用と良好な街並みの形成を図る。
立体道路制度	立体道路制度を活用して、都市計画施設である自動車専用道路とその上下空間で建築物の整備などを一体的に行う場合に、空間利用のルールを定める。

図2　戸建て住宅地のイメージ (浜松市)

壁面の位置：建物は、道路や隣地境界から余裕を持って配置する

屋根の形・色：屋根の形は勾配屋根とし、色は落ち着きのある色で周辺に無い色や奇抜な色は避ける

外壁の色：建物の外壁の色は、落ち着きのある色で周辺に無い色や奇抜な色は避ける

かきまたはさく：生垣または透視可能なフェンスとする

緑化：建物を建てるときは、景観や環境に配慮した植栽計画を立て、建築時にはなるべく中高木を植える

駐車場：余裕のある駐車スペースを確保する

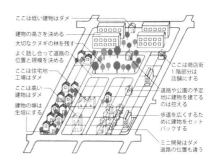

図1　地区計画等のイメージ図 (国土交通省)

ここは低い建物はダメ
建物の高さを決める
大切なクヌギの林を残す
よく話し合って道路の位置と規模を決める
ここは商店街　1階部分は店舗にする
ここは住宅地　工場はダメ
ここは高い建物はダメ
道路や公園の予定地に建物を建てるのは控える
建物の塀は生垣にする
歩道を広くするために建物をセットバックする
ミニ開発はダメ　道路の位置も違う

表3　特別な使い方の適用一覧表 (全国地区計画推進協議会)

		a.誘導容積型	b.容積適正配分型	c.高度利用型	d.用途別容積型	e.街並み誘導型	f.立体道路制度
（1）地区計画	①一般的な地区計画	○	○	○	○	○	○
	②再開発等促進区	○	×	×	×	○	○
	③開発整備促進区	○	×	×	×	○	○
	④市街化調整区域等地区計画	○	×	×	×	○	×
（2）防災街区整備地区計画		○	○	○	○	○	○
（3）沿道地区計画	①一般的な沿道地区計画	○	○	○	×	○	○
	②沿道再開発等促進区	○	×	×	×	○	○
（4）集落地区計画		×	×	×	×	○	×
（5）歴史的風致維持向上地区計画		×	×	×	×	○	×

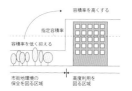

図3　容積適正配分型 (都市計画法12条の7にもとづく) (東京都)

容積率を高くする
指定容積率
容積率を低く抑える
市街地環境の保全を図る区域
高度利用を図る区域

図4　街並み誘導型 (都市計画法12条の10) (東京都)

斜線制限と容積率制限の緩和
※道路からの斜線制限
道路境界線
※前面道路幅員による容積率の最高限度
★道路からの壁面の位置の制限
★高さの最高限度
★工作物の設置制限
★容積率の最高限度
★敷地面積の最低限度
道路境界

考えてみよう！　複数の地区計画を比較して、記載内容の違いと、その背景にある対象地の違いを比較してみよう。

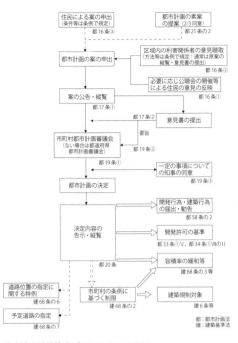

図5 国の示す地区計画策定プロセス（国土交通省）

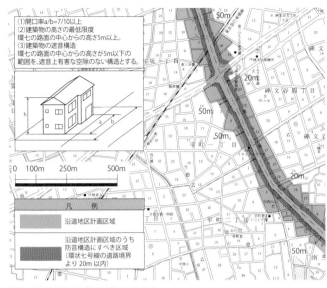

図6 目黒区環七沿道地区計画（目黒区）
環状七号線沿いの景観を整えると同時に、背後の住宅地への騒音壁となるような建物を誘導する、沿道地区計画のひとつ。

表4 横浜市青葉区美しが丘2・3丁目の建築協定の変遷（美しが丘中部自治会ホームページ資料をもとに作成）

期		第Ⅰ期	第Ⅱ期	第Ⅲ期	地区計画
場所		青葉区美しが丘2・3丁目			美しが丘1～4丁目および元石川町
建築協定	協定名称	美しが丘個人住宅会建築協定	美しが丘中部自治会建築協定		青葉美しが丘中部地区計画
	認可公告年月日	1972年2月15日	1984年1月25日	1994年1月25日	2002年12月
協定内容・建築物に関する基準	用途	一戸建専用住宅または医院併用	一戸建専用住宅または医院併用。ただし、事前に認める親族の同居する3世帯住宅は可。	一戸建専用住宅または医院併用。ただし、親族に限らず、事前に認める3世帯住宅までは可。	住宅（住戸4以上のものを除く）
	敷地面積	規制なし	200m² 以上	180m² 以上	180m² 以上
	高さ	9m 以下（軒高6.5m以下）	9m 以下		同左
	隣地境界線からの外壁後退	規制なし	A地区（2、3丁目の大部分）：1.0m 以上 B地区（3丁目の西南の一部）:0.5m 以上		同左
	自動車の出入口	〃	歩行者専用道路に面しないこと		規制なし
	階数	2以下（地階をのぞく）	規制なし		〃
	建築面積	（敷地面積－30m²÷2）以下	〃		〃
	便所	水洗式	〃		〃

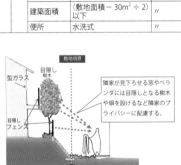

●隣人へのプライバシー配慮の例

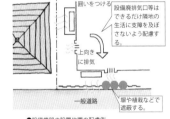

●設備機器の設置位置の配慮例

図8 「街づくりハンドブック」に示される近隣の生活環境への配慮
（青葉美しが丘中部地区計画街づくりアセス委員会）

図7 横浜市青葉区美しが丘中部地区地区計画（横浜市）
「近隣相互の生活環境への配慮が感じられる緑豊かなゆとり感のある美しい低層住宅地」であることを目標に掲げて、住民主導で策定された地区計画で、以下の4点を目標に掲げている。
①楽しく安心して利用できる歩行者専用道路・遊歩道や公園などがあり、並木道の緑が美しい街並み
②落ち着いた住宅地の環境や景観と調和した建物が連なる街並み
③擁壁、垣根・さく、駐車場、看板等についても居住環境との調和が大切にされている街並み
④防災・防犯・交通安全、敷地の管理等についても日常的な心配りが感じられる街並み
詳細なルールや具体例を「町並みガイドライン」として示し、さらに地区計画では示されない、どのような空間目標としたいのかをイラスト入りの「街づくりハンドブック」に明示している。

伴う開発・発展型の取組み姿勢が中心であった。そのため一部の規制・抑制の必要な地区以外では、地域の発展をめざした開発指向型の計画をステークホルダー（権利を有するもの）である企業や行政が提案するということが多かった。しかし成熟型社会になった今、住民自身が提案を行い、住環境を維持・改善する取組みも増えている。そういった情勢を踏まえて、地区計画でも

住民提案型の地区計画策定が数多く見られるようになってきた（**図5**）。

横浜市の美しが丘では、入居後につくられた美しが丘個人住宅会が、数年後に建築協定を策定し、住む町の環境を守る努力を始めた。建築協定は3期更新された後に、地区計画に変更して、運用されるようになった（**表4**、**図7**）。美しが丘では、地区計画だけでなく日常的なコミュニティ活動も

活発である。そういった人の関係が維持しやすい住宅地づくりとなるよう、遊歩道とする空間の明示と同時に、各個人の住宅の整備にあたって必要な視点をイラスト入りで紹介をしている（**図8**）。誰もが納得できるような背景・理由の説明を入れ、具体的な望ましい住宅地づくりを紹介している。
（薬袋・後藤）

0 プロローグ

❶ 生活空間の計画論

❷ 生活を支える基盤

❸ 生活空間の計画のための視点

❹ 生活空間の再編

❺ 生活空間のマネジメント

3.2.1 景観の形成

景観は、地域を構成する地形や自然、建物や構造物、社会経済的活動や生活文化的活動を構成する要素などの総体を対象としており、それらを視覚的に捉えたものである（表1）。工学的には景観を操作し形成するという観点から、対象物の景観形成技術が発展したが、近年、市民協働による多様な景観の保全活用も重視されている。

表1 景観の対象

要素区分	内容の例示
自然的要素	山岳・山並み、丘・丘陵、谷・谷戸、河川・水路、湖沼、海岸・海、崖、島、森林、草・植生、野生生物など
人工的要素	住宅、商業施設、オフィス、超高層ビル、工場・倉庫、神社仏閣、建物群、鉄塔、道路、橋梁、高架構造物、線路・駅舎、港湾、公園広場、垣柵、看板、照明、ベンチ、街路樹・花壇など
社会経済的要素	企業活動、運送・配達、販売、工事、警備、清掃、耕作、収穫、飼料、土地利用など
生活文化的要素	祭り、行事・イベント、買い物、遊び、散歩、挨拶・立ち話、通勤通学、手入れ・掃除、生活行動、集まり、にぎわいなど

◉都市景観と景観づくり

景観の定義は多様であり、問題意識や専門分野によっても違いがある。地理学では、ドイツ語の"Landschaft"の概念から景観地理学として20世紀初頭より発展し、"Landschaft"に含まれる「地域」という概念から、地域の景観の特色を把握しその形成要因を分析する学問として発展した。

景観工学者の中村良夫は景観を「人間を取り巻く環境の眺め」としている。すなわち、①人間の視覚の重視、②空間的で複合的な外界である環境を対象とする、と定義づけている。工学的な景観の捉え方は、景観をつくり出すという観点から操作可能なものを中心的な対象として捉えてきた。

高層ビルや高架構造物、橋梁、道路、駅舎、公園などの新たな建造物や構造物に優れたデザインを追求し、既存の景観との調和や一体性に配慮することや、エリアのデザインコンセプトを設けて多様な施設のデザイン誘導を図り、優れた都市景観を創出する。このような観点からの景観づくりは、新たな整備開発における景観整備であり、工学的にさまざまな検討がなされてきた。

一方、新たにつくり出す景観というよりも、これまでの歴史のなかで培われた景観を見直し、継承保全する景観づくりの重要性が高まっている。各地域は、地形や気候などの自然、生業や産物、風習や生活様式、歴史、文化などの違いがあり、その違いが地域らしい景観をつくり出してきた。例えば、地域で受け継がれてきた住まいや店舗、地割り、道や水路などは地域個性を反映している。しかし、近代化とともに、画一的な生活様式、大量生産による製品や住宅供給、大資本の商業・サービス業の立地などにより、どの地域でも類似の景観が広がり地域らしさが見えにくい状況となった。景観は失ってしまうと取り戻すことは難しいが、残された景観資源や地域資源を積極的

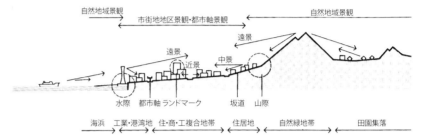

図1 市街地の構造から見る景観（神戸市）

ボストンのイメージの問題点

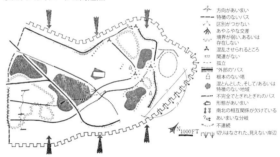

```
→   方向があいまい
—ハ—  特徴のないバス
⊣⊢  区別がつかない
✕   あやふやな交差
∿∿∿  境界が弱い、あるいは存在しない
?   混乱させられるところ
/// 関連がない
□   孤立
●   "外部"のバス
    根のない塔
    混んとした、そして/あるいは特徴のない地域
⌇   不完全でときれぎれのバス
⊥   形態があいまい
↕   南北の相互関係が欠けている
⤳   あいまいな分岐
⚡   不連続
    切りはなされた、見えない岸辺
```

現地調査からひき出されたボストンの視覚的形態

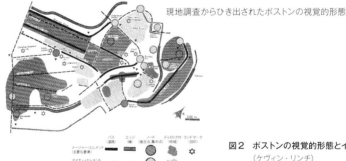

```
        パス    エッジ  ノード         ディストリクト  ランドマーク
        （道路）  （線）  （結合点、集中点）  （地域）    （目印）
メージャー・エレメント
（主要な要素）
マイナー・エレメント
（主要でない要素）
```

図2 ボストンの視覚的形態とイメージの問題点（ケヴィン・リンチ）

写1 スカイライン

写2 ランドマーク

写3 ビスタ

に保全・活用し、失った景観も復元や復活をめざし次世代に継承することが重要である。

◉景観整備の観点

景観づくりを考えるうえで眺める対象とその視点は重要である（図1）。一方、対象と視点との関係性からもいくつかの分類がされている。例えば、対象と視点の距離では、遠景・中景・近景の区分、遠方への視界の

確保の有無では、囲繞景観（囲まれた一定範囲内の空間における景観）・眺望景観の区分、視点が動いているか否かではシーン景観とシークエンス景観の区分などがある。

都市を視覚的に捉えわかりやすい都市づくりをイメージの分析によって提唱したのはケヴィン・リンチの『都市のイメージ』である（図2）。イメージアビリティの高い（明白でわかりやすい、またはよく見える）

考えてみよう！ 自分が良い/悪いと思う景観の写真を撮り、なぜ良い/悪いと評価したのか考えてみよう。

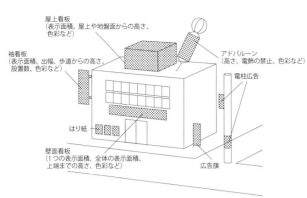

図3 屋外広告物とその規制

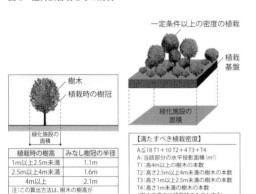

図4 緑化率の算定（国土交通省、2018）

写4 屋外広告物のデザイン例
（ドイツ）

写5 同上

写6 ビル緑化の例
（シンガポール）

都市は、鮮やかな個性と強力な構造を持つもので、人間の感覚を惹きつけるものである。このような都市をめざすうえで、パス（道や鉄道などの交通路）、エッジ（海岸や崖・河川などの縁）、ディストリクト（同じ特徴が見られる地域）、ノード（交差点や広場などの接合点）、ランドマーク（高い建物や特徴的な目印）は、イメージの決定要素として重要であるとする。

また都市の景観形成として、アイストップ（視線を留める要所）、スカイライン（建築物群のシルエット）（**写1**）、ランドマーク（**写2**）、ビスタ（通景、見通し景観）（**写3**）などを考慮した手法がある。アイストップは道路の突き当たりや街角などにあって人の視線を惹きつける目立つものであり、建物や樹木、モニュメント、山などがある。スカイラインは、建物群と空との境界線でありその形状である。例えば、横浜みなとみらい21の超高層ビル群は海に向かって高さを減じる手法により特徴的なスカイラインを形成している。ビスタは、長い軸線の奥にアイストップがあり全体として見通せる景観である。印象的でシンボル的な景観を形成する手法として、大通りや幾何学的な庭園、シンボル施設やモニュメントとそのアクセス道路などで活用されている。

◉都市の景観要素と規制誘導

都市の景観形成に影響を与える要素で人が設置し建造するものは、その方法を工夫することにより良好な景観を形成することが可能である。対象として、建築物、工作物、屋外広告物、緑、水などがあり、さらに、それらの配置、規模・高さ、形態、意匠デザイン、色彩、材質などの工夫により景観づくりに寄与できる。これらを適切に規制誘導する景観コントロールの手法があり制度化されている。

景観の視点から体系化された制度としては、次項で紹介する景観法（2004年制定）があり、それ以外に建築物に関しては地区計画や建築協定（3.1.3を参照）による規制誘導があり、屋外広告物に関する屋外広告物法（1949年制定）、都市の緑化を進める都市緑地法（都市緑地保全法として1973年制定、2004年に改正）などがある。

屋外広告物が、街なかに大量に氾濫する状況は美しいとは言えず、景観行政団体や、歴史まちづくり法の計画認定都市などで屋外広告物条例を定め、適切な規制や誘導を定めることができる。屋外広告物にはさまざまなタイプがあり（**図3**）、美しくデザインの優れた広告物は、景観のアクセントとなり、情報源としても有益であり、街の賑わいをもたらすものである（**写4**、**5**）。

都市における緑は景観上重要であり、その量を増やすことや、見え方やデザインを工夫することは重要である。量については、重要な施設は緑化地域として最低限度の緑化率（**図4**）を定め、また壁面緑化や屋上緑化などのビル緑化を推進している。

◉景観資源と景観形成

景観資源には明確な定義はないが、一般的には、地域の景観を特徴づける資源や景観を形成するうえで重要な役割を果たす資源を指している。景観法にもとづいて、景観重要建造物、景観重要樹木、景観重要公共施設を景観資源と定める自治体もあれば、市民募集により推薦された景観を一定の手続きを経て景観資源として集約する自治体もある。さらに、市民団体がインターネットなどを使って募集しリストアップする景観資源もあり、その範囲も、広域エリアの人々にとっての重要性から狭い特定エリアまで多様である。景観資源は、個々人が重要と感じる資源を明示化することにより、その重要性を多くの人々で共有化することに意義がある。

景観資源は、樹木や水辺、農地や樹林地、地形、建築物、橋梁や道路・鉄道、公園広場、街並み、祭り、地域活動、眺望、賑わい、光や音、季節感など多様である。自然系資源、歴史・文化系資源、生活・産業系資源、眺望系資源、心象系資源などの特性によって分類されている場合もある。捉え方としては、歴史的建造物、特定樹木などの「単体」資源と、多様な要素から構成される「複合体」資源があり、複合体としては、例えば自然系資源と歴史系資源の組合せや、季節感を含めた自然系資源と生活系資源の組合せなど、各地域に応じた多様な組合せが存在する。

景観を構成する要素は、その多くが市民の所有する建物や土地であり、行政主体での施策では限界がある。景観資源として指定し公表することにより、行政主体の景観形成から、広く市民全体による景観形成の発展が期待されている。例えば、①景観に対する市民の関心の向上、②郷土意識の醸成、③観光資源の発掘やアピール、④市民の景観保全・形成・活用活動の発展等が期待される。　　　　　　　　　　（室田）

0 プロローグ

1 生活空間の計画論

2 生活を支える基盤

3 生活空間の計画のための視点

4 生活空間の再編

5 生活空間のマネジメント

3.2.2　景観の継承と景観まちづくり

地域固有の景観の継承として、伝統的建造物群保存地区では住民らが主体となって歴史的な街並みを継承している。さらに、景観法と景観計画を活用して各地で多様な手法を導入して景観の継承と活用が進んでおり、住民と行政が連携したトータルな景観まちづくりが発展している。

◉歴史的な景観の継承

　近代化の中で失われてきた歴史的景観について、1960年代、70年代には伝統的な街並みや建物群の保存をめざした活動が展開された。例えば1968年には金沢市で「伝統環境保存条例」、同年に「倉敷市伝統美観条例」、1972年に「京都市市街地景観条例」が制定された。地元住民団体による活動として、長野県南木曽町妻籠宿は1968年には「妻籠を愛する会」を設立し保存事業を開始し、さらに妻籠宿と、名古屋市有松、橿原市今井町の住民団体は、歴史的な街並みを保存するために1974年に「全国町並み保存連盟」を設立した。

　歴史的な街並みや空間を地域として保存する制度は、1975年の文化財保護法の改正で伝統的建造物群保存地区として誕生した。武家町、商家町、宿場町、港町、門前町、寺内町、在郷町、山村集落、茶屋町など伝統的な建造物群と、それと一体的に構成する環境を「環境物件」として保存計画を策定して保存活動を行うものである。

　伝統的な建造物は修理基準等にもとづいて通常元通りに修理して保存し、それ以外の建物については伝統的建造物と調和するように修復する。また、もともと土蔵造りや袖卯建、防風林や用水路などの防災に対する備えなどがある場合が多いが、とくに木造建物が多いことから防災設備を重点的に整備する。併せて地域住民の住民活動拠点や観光客の案内PR等の場として、管理交流施設も整備されている。重要伝統的建造物群保存地区は、制度発足以来、着実に増加しており、2021年8月現在、104市町村126地区で選定されている。

　伝統的建造物群保存地区は、住民が生活をしながら保存するものであるが、建物の日常的な維持管理の大変さ、使い勝手の問題、居住者の高齢化、空き家化などが指摘されている。活用されなければ保存も難し

写1　妻籠（宿場町）

図1　妻籠宿重要伝統的建造物群保存地区
（太田・小寺、1984）

写2　今井町（寺内町）

表1　今井町の修景に関する基準（渡辺定夫、1994）

項目	内容
位置構造	伝統的な位置を踏襲し、主体構造は原則として木造とする。
階段高さ	建築物の階数を2階以下とし、棟高は10m以下とする。軒高は、周囲の軒高と調和させるものとする。
屋根	切妻造り平入り原則とし、角地の場合は入母屋造り平入りでもよい。大屋根および庇屋根は、伝統的様式で本瓦葺瓦葺とし、黒色系日本瓦でいぶし瓦とする。
軒裏	大屋根、庇屋根とも軒裏は揚塗または化粧垂木とする。
壁	壁は大壁または真壁とし、漆喰塗りを原則とし、場合によってはプラスター塗りでもよい。色は白色を原則とし、必要に応じて腰板張りを行うものとする。
戸口	出入りの大戸は、木製の板戸または格子戸を原則とする。必要に応じて格子戸にガラスをいれてもよい。
開口部	1階の開口部（戸口を除く）は、原則として、木製の格子構えまたは板戸とする。格子構えの内側は明障子とすることが望ましいが、ガラス戸をいれてもよい。2階の窓は、伝統的様式とし周囲と調査するものとする。
塀	塀の外観は、保存地区に調和する伝統的様式とする。

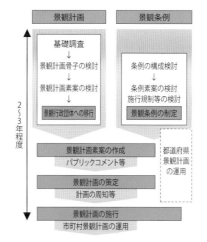

塀が周囲をめぐっている

1　今西家住宅
2　豊田家住宅
3　中橋家住宅
4　上田家住宅
5　音村家住宅
6　旧米谷家住宅
7　河合家住宅
8　高木家住宅
9　山尾家住宅
10　吉村家住宅
11　旧高市郡教育博物館
12　旧常福寺観音堂
13　旧常福寺表門
14　称念寺表門
15　順明寺表門

■ 伝統的建造物
■ 重要文化財
■ 県指定文化財
□ 社寺

図2　今井町重要伝統的建造物群保存地区（渡辺定夫、1994）
東西600m、南北310m、周囲は環濠土居を築き、全体戸数1,100軒の町である。

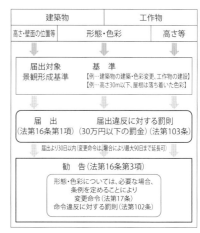

建築物		工作物
高さ・壁面の位置等	形態・色彩	高さ等

届出対象　　　　　　基準
景観形成基準
【例…建築物の建築・色彩変更、工作物の建設】
【例…高さ30m以下、屋根は落ち着いた色彩】

届　出　　　届出違反に対する罰則
（法第16条第1項）（30万円以下の罰金）（法第103条）

届出より30日以内（変更命令は、場合により最大90日まで延長可）

勧　告（法第16条第3項）
形態・色彩については、必要な場合、条例を定めることにより
変更命令（法第17条）
命令違反に対する罰則（法第102条）

出典：「景観法アドバイザリーブック」（国土交通省）

図3　景観計画・景観条例の検討の流れ（都道府県が景観計画を定めているケース）

景観計画　　　景観条例

基礎調査
↓
景観計画骨子の検討
↓
景観計画素案の検討
↓
景観行政団体への移行

条例の構成検討
↓
条例素案の検討
施行規制等の検討
↓
景観条例の制定

2〜3年程度

景観計画素案の作成
パブリックコメント等

景観計画の策定
計画の周知等

景観計画の施行
市町村景観計画の運用

都道府県景観計画の運用

考えてみよう！　重要伝統的建造物群保存地区で1地区を選んで、街の成立過程、建物や地域の特徴、保存などの活動組織の特徴、主な保存活動、地域にとっての意義や効果などをまとめてみよう。

表2　鎌倉市景観計画における都市景観構造の体系

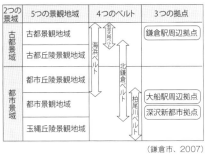

2つの景域	5つの景観地域	4つのベルト	3つの拠点
古都景域	古都景観地域		鎌倉駅周辺拠点
	古都丘陵景観地域		
都市景域	都市丘陵景観地域		大船駅周辺拠点
	都市景観地域		深沢新都心拠点
	玉縄丘陵景観地域		

（鎌倉市、2007）

図4　鎌倉市の景観構成と景域（鎌倉市、2007）

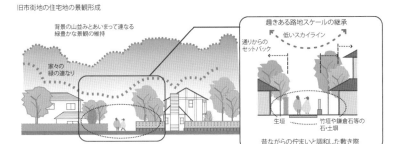

図5　鎌倉市景観形式基準の重点テーマ例（鎌倉市、2007）

く、居住者や利用したい人々の新たな確保が必要であり、日常的な維持管理方法も継承される必要がある。また、建物などの修理を行える職人が不足しており、伝統的な建造物や環境を支える人材、仕組みが十分に継承されていない。文化財には、有形・無形・民俗文化財、記念物、伝統的建造物群保存地区以外に、「文化的景観」があり、「文化的景観」とは地域における人々の生活、生業、地域の風土により形成された景観地である。これらは、地域らしい景観を形成するうえで重要であるが、身近で日々の生活に根ざしているため地元からの価値が認識されにくい。2004年からその選定により認識を高め、次世代継承に向けた活動が進んでいる。

歴史的な街並み保全は、建物などのハードだけではなく、人々の生活や活動のなかでの活用、支える人材や仕組みといったソフトも重要であり、地域における総合的なまちづくりが必要である。このような背景から、2008年に創設されたのが歴史まちづくり法であり、同法では、歴史的建造物や重要伝統的建造物群保存地区に加えて、周辺地域の歴史環境の整備、回遊性の向上や地域活性化、歴史的な活動の継承支援、人材育成、伝統文化のPR啓発など、より包括的なまちづくりを支援している。

● 景観法と景観計画

景観づくりや景観の保全継承については、1980年代、90年代を通じて各地域や各自治体が独自の取組みを発展させており、2004年の景観法制定以前にすでに500弱の自治体が自主条例を定めていた。景観法では、これらの自治体の活動を支援し、景観行政団体として責任を明確化し、新たに景観計画、景観協定、景観地区、景観重要建造物・樹木などの仕組みを設けることにより、国としても良好な景観の形成をめざしたものである。

景観計画は、都市部に限らず、農山村部や自然公園なども一体的に定めることができ、地域の独自性や個性を反映して条例で規制内容などを独自に定めることができる。また、自主条例では強制力に欠け効果が薄いということから、届け出対象行為に景観形成基準を定めて適合性を審査し、適合していない場合は是正命令を出せるなどの強制力を持たせた（表2、図4,5は鎌倉市の例）。

景観法にもとづく景観行政団体は2022年3月現在で799団体、うち景観計画を策定した団体は646団体、景観重要建造物730件、景観重要樹木279件、景観協定139件、景観地区55地区などとなっており、各自治体で活用が進んでいる。

景観計画は、行政区域全域、または特定区域を定め、地域区分や景観類型区分（住宅地景観、商業地景観、田園景観、里山景観、山並み景観、水辺景観など）等を行い区分ごとの方針や基準を設けるなどの工夫をしている。とくに詳細な基準を設け住民との連携により景観まちづくりを進めるエリアとして、重点区域を定めるケースも多い。

景観計画区域内の建築物や工作物の建築や建設等、開発行為等を対象に、景観形成基準を定めることができ、届け出勧告を基本とする規制誘導ができる（図3）。景観形成基準には数値表現のある定量的基準と定性的基準があり、高さや規模、壁面位置、マンセルカラーによる色彩などは数値基準の入るケースがある。適合を審査する前に事前協議をする自治体もあり、とくに数値化しにくい部分について協議によって伝えるなどの対応を行っている。定性的な内容を伝えるための魅力ある景観の表現は、例えば、親しみ、安心感、落ち着き、潤い、安らぎ、まとまりや一体感、調和、快適さ、配慮や気配り、センスや工夫、歓迎やもてなし、躍動感、活気、楽しさ、住民の愛着感や誇り、地域の歴史や自然・文化が感じられることなど多様である。写真や図を活用するなどの工夫をしてイメージを伝える必要がある。

● 景観まちづくりと事例

当たり前に存在していた身近で地域らしい景観は、大切に守り育てなければ、少しずつ消滅しあるいは突然に破壊されるという事態に見舞われる。景観づくりは、特別な価値のある景観資源を特別に保全整備するという考え方から拡大し、より一般的で身近な景観を地域住民らが主体となり保全継承することへと発展している。

景観まちづくりは、地域個性を重視し地域の人々にとって大切な景観を継承するために、身近なものを身近な人々が守るという考え方である。生活に根付いた景観であることから「生活景」とも呼ばれ、単に守るだけではなく、活用したり価値を再発見したり見直したりしつつ、生活のなかで育んでいくことが重視される。また、その景観を支える文化や伝統、暮らしや活動、技術や経済も重要であることから、それらを含んだまちづくりが求められる。その担い手は、住民や地域団体、地元企業や行政などであり、現在、このような景観まちづくりが各地で進められつつある。　　　（室田）

0 プロローグ
❶ 生活空間の計画論
❷ 生活を支える基盤
❸ 生活空間の計画のための視点
❹ 生活空間の再編
❺ 生活空間のマネジメント

3.3.1 さまざまな災害

災害を防ぐことは難しいが、被害は軽減することはできる。すべての災害から難を逃れられる居住地づくりは不可能であるが、比較的安全な場所を活用した住環境づくりは可能である。日本ではさまざまな自然災害が生じるが、被害を防ぐにあたっては、災害の特徴と災害によりもたらされる生活環境へのインパクトを正しく理解する必要がある（表1）。

◉気象現象と災害・被害：水の災害

自然現象による被害を最小限にとどめるような対応策は可能で、ことに人的被害を出さないことは重要である。ところが、それをすべて行政の責任において行うことは難しく、人々の自主的な避難行動との組合せで、日ごろから、災害とうまく付き合える社会をつくることが大切である。

日本は、降水量が多く水資源は豊かな国であるが、その反面、水害も頻発する。従来は過去数十年の災害の記録にもとづく氾濫の予想から、防災対策を行ってきたが、線状降水帯がもたらす長時間の降雨による増水、ゲリラ豪雨による内水氾濫等、建物、人への被害が増えている（図1）。

◉地震災害

地震国日本では、地震を避けて暮らすことは不可能である（表2、図2）。建物を建設する際の耐震性能については、厳しくルールがつくられているものの、築年数の経過した建築物への対応、道路をはじめとした都市基盤との対応という点では、改善の余地が多い。また2016年の熊本地震のように震度7の揺れが2度続くことを想定してはこなかったことも今後の課題である。

地震には、プレート型と直下型がある。プレート型では、揺れが広域にわたるため被害の範囲が広がり、救援や復興の拠点を周辺の他地域を含めた広域の対応となる。これには、東日本大震災や関東大震災といった例が挙げられる。一方直下型の場合、被害が局所に集中するため、周辺市街地と連携して復旧・復興に取り組める。阪神・淡路大震災や中越地震がその例である（表3、4）。

揺れの強さや建物への揺れの影響は、地震そのものの大きさと同時に、立地している地盤や建物の構造により異なる。軟弱地盤で揺れが大きくなったり、揺れの周波数と共振する建物は被害が大きい。とくに長周期の地震波は、発生場所から遠くても揺れの力が衰えず、建物が大きく揺れる。

被害軽減のために、日本では建物の耐震性を高める対応をしてきており、建物を堅牢にするだけでなく、高層住宅を中心に免震装置の導入も見られる。また、火災がこれまでの日本の震災での被害を大きくしてきたが、その対応を順次行ってきた。関東大震災時の火災の発生源であった火鉢や薪は使用されなくなり建物の不燃化が進んだ。阪神・淡路大震災時には通電火災が指摘され、震災後の通電の扱いを慎重にするなど、対応は少しずつ改善されている。被害を大きくするもう一つの理由は家具の転倒であるが、防止は個人の努力に委ねられるため、意識の啓発が重要である。

個人への啓発がより重要なのは、地震に伴う津波からの避難であろう。海岸線が長い日本では、古くから多くの集落が海辺に立地していたばかりでなく、船舶での運搬に便利で、かつ川の河口近くの平野部に多くの大都市が発達したこともあり、埋め立てながら居住地を拡大してきた。東日本大震災では津波により多くの命が失われ、集落や町が壊滅的な被害を受けた。被害を大きくした背景には、人々の津波に対する危機感が薄く避難が遅れたという発災時の行動に問題があったことのほか、そもそも津波のリスクが高いために古くは人が住まなかった海岸線近くの低地や埋立地に、多くの人が住み町をつくったということがある。

◉風に対する備え

近年では、地形的に風当たりの強い場所にも人が多く住むようになった。ことに都市部では崖線上にも眺望の良さを売りにした家が建つことが多く、強風に晒されている住居もある。昨今、高層住宅が各所に建設され、少し強い風が吹くだけでも猛烈なビル風となり転倒する事故が起きるようになった。また高層の建物が建つ周辺の低層住宅地では、風が強く吹く日が増えて路地が快適ではなくなったという声も聞かれる。

全国各地で竜巻の発生頻度が高まっているが、予想は困難である。地域の中でも被害が限定的ではあるものの、大変破壊力が

表1　さまざまな自然災害（水谷武司、2002）

		現象
気象災害	雨	河川洪水、内水氾濫、斜面崩壊、土石流、地すべり
	雪	なだれ、積雪、風雪、雹、霜
	風	強風、竜巻、高潮、波浪、海岸浸食
	雷	落雷、森林火災
	気候	干ばつ、冷夏、猛暑
地震・火山災害	地震	地盤振動、液状化、津波、斜面崩壊、岩屑流、地震火災
	噴火	降灰、噴石、溶岩流、火砕流、山体崩壊、泥流、津波

表2　災害列島の歴史

	時代	日本人口（万人）	死者不明者（人）	比率（人/1万人）	事変
貞観三陸津波 南海地震津波	869 887	700 700	1,000 多数	1.43 -	864： 富士山噴火
慶長東海／東南海 慶長三陸津波	1605 1611	1,200 1,200	2,500 6,800	2.08 5.67	
元禄地震 宝永東海／南海地震	1703 1707	2,000 2,000	5,200 4,900	2.60 2.45	1707： 富士山噴火
安政東海／南海地震 安政江戸地震	1854 1855	3,000 3,000	20,000 10,000	6.06 3.33	1858： コレラ数十万 人死亡
明治三陸津波	1896	4,200	22,000	5.24	
関東大地震	1923	6,000	100,000	16.66	
第二次戦災空襲	1945	7,600	331,000	43.55	戦災都市115市
阪神・淡路大震災	1995	12,400	5,502	0.44	11万棟全損
東日本大震災	2011	12,700	25,000	1.96	10万棟全損
東京湾北部地震	20XX	12,700	13,000	1.02	85万棟全損
東海／東南海／南海地震	20XX	12,700	27,000	2.12	62万棟全損

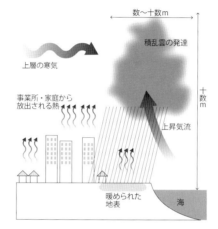

都市特有のヒートアイランド現象と海水温度の上昇がゲリラ豪雨の背後にある。そのメカニズムは、温められた地表と海水により急激な上昇気流が生まれ積乱雲となり、上層の寒気とぶつかることで集中豪雨となる。

図1　ゲリラ豪雨が降る仕組み（朝日新聞DIGITALの図をもとに作成）

考えてみよう！ 近年発生した自然災害による被害の調査報告書を読んでみよう。また都市計画の視点から、被害の背景を検討してみよう。

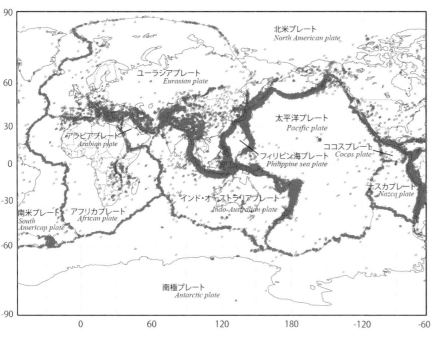

図2 世界の大陸プレートと地震の分布（気象庁）
日本列島は世界有数のプレートに面している。

図3 広島県安芸市の豪雨災害被災地の様子
2014年8月、急傾斜な山際に市街地が拡大し、多くの住宅が被害を受けた。

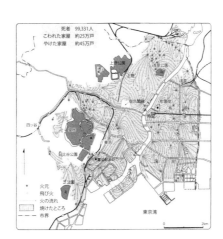

図4 関東大震災時の火災による被害範囲
（東京都、1989）
関東大震災の震源は神奈川県西部で、多くの建物が神奈川県内で倒壊したが、多くの死者は東京の下町で発生した火災による。

表3 東日本大震災と関東大震災、阪神・淡路大震災との比較 その1 （消防庁、2013）

		東日本大震災	関東大震災	阪神・淡路大震災
人的被害	死者	18,131 人	105,385 人	6,434 人
	行方不明者	2,829 人		3 人
	負傷者	6,194 人	103,733 人	43,792 人
建物被害	全壊	129,391 棟	372,659 棟	104,906 棟
	半壊	265,096 棟		144,274 棟
	一部破損	743,298 棟		390,506 棟

表4 東日本大震災と関東大震災、阪神・淡路大震災との比較 その2 （消防庁、2013）

	東日本大震災	関東大震災	阪神・淡路大震災
発生日時	平成23年 3月11日 14時46分 （平日の日中）	大正12年 9月1日 11時58分 （土曜日の昼）	平成7年 1月17日 5時46分 （連休明けの早朝）
大きさ（マグニチュード）	9.0 （日本国内観測史上最大）	7.9	7.3
最大震度	震度7	震度6	震度7
種類	海溝型地震	海溝型地震	直下型地震
震源・深さ	三陸沖24km	相模湾北西部	兵庫県淡路市 16km
影響範囲	東北地方、一部の関東地方（広域）	関東地方	兵庫県南部（局所的地域）
津波被害	あり	あり	なし
液状化面積	約42km²	あり	約10km²

表5 火山災害の例 （薬袋研究室）

現象	溶岩流	火砕流	火山泥流	火山噴出物
概説	火山から流れ出る。大量に流出すると地形が大きく変化する。	高温の火山灰や溶岩のかけらが、ガスとともに勢い良く噴出する。	火山灰や溶岩のかけらが、川や雨の水と共に勢い良く流出すること。	火山灰、ガス、噴石等のこと。広範囲におよび、日照等にも影響を与える。
例	ハワイ	雲仙普賢岳	有珠山	浅間山

強く、避難が難しい。アメリカの西部開拓時代、竜巻頻発地域では住居をつくる際には避難のための地下室をつくったという。食料のストック場所ともなり、自然の中で自らの命をつなぐための知恵であったといえよう。

● 雪

温暖化が進むにつれ、高い気温のままの降雪が増え、積雪が多くなる傾向がある。暖かい時期の雪の比重は重いために、住宅やインフラへの被害は大きい。ことに、降雪量があまり多くなかった地域での突然の降雪は、日常生活に大きな支障がある。

日本は世界でも稀な、降雪量の多い場所に人が多く居住してきた歴史を持つ国である。しかし、上下水道を整え、車を使ってはじめて成り立つようになった現代の生活環境は、降雪に弱い。かつては、冬季は他の地域から孤立して暮らすことを当たり前とした集落の生活も、都市部への通勤や、医療機関へのアクセスを冬季にも確保する生活に変化した。こういった地域では、人口が減少しており、除雪を住民で行うことも公的負担で行うことが難しくなり、集落の存続にもかかわる課題となっている。

また、都市部では、雪置き場にも苦慮している。車社会の現代では、道路の除雪量が多い。個人の住宅でも人が通るためだけでなく車を車庫から出すことができるように除雪するようになり、地方都市であっても庭の小さい家が多いと雪置き場に苦慮する。そのため、除雪、排雪方法の工夫が欠かせない。

● 火山

活火山の多い日本では、火山災害も避けられない（表5）。火山近くに町があることも多く、住民の長期にわたる避難が求められることもある。これまでの研究によりある程度は予測可能であり、有珠山では、2000年に大規模な噴火があったが、住民は全員避難をして無事であった。しかし2014年に発生した御嶽山の大規模な水蒸気爆発のように、多少の前兆現象はあったものの十分な警戒態勢がとられず惨事となることもある。また降灰は広範囲に及ぶこともあり、農作物被害や呼吸器疾患等の健康被害等がもたらされ、長期にわたり生活への影響が出る。

（薬袋）

0 プロローグ

❶ 生活空間の計画論

❷ 生活を支える基盤

❸ 生活空間の計画のための視点

❹ 生活空間の再編

❺ 生活空間のマネジメント

3.3.2　都市防災の歴史的背景

伝統的な農山漁村集落には、各地の微地形・微気候にも配慮して、自然災害としなやかに向き合う工夫が見られた。一方近代化以降は、集約的に大勢が暮らす都市部での災害の備えの試行錯誤が続いてきている。かつては大火の後に一斉に都市基盤から変えて安全性を高めるクリアランス型の都市計画が主流であった。しかしそれだけでは問題が解決しない地区もあり、住民の合意を得ながら、少しずつ改善する取組み（インプルーブメント型・修復型）が増えている。

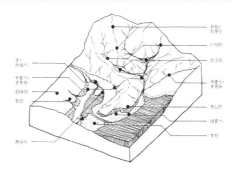

図1　集落立地のブロック・ダイアグラム
（日本建築学会、1989）

写1　建物の防火対策（ウダツ）
土や漆喰で壁を塗る、瓦を使うといった建物の防火対策は日本の伝統的な街並みとして多くの人が思い浮かべられるほど定着している。その他ウダツのような袖壁を設ける方法を用いた地区もある。

◉江戸期までの防災

各地のさまざまな地域特性に対して、特徴的な居住空間づくりが見られる。屋敷林とも言われる富山県砺波市の防風林、台風に備える琉球列島の石垣、雪の重みに耐える合掌づくりの家、海風から村を守る香川県女木島にあるオーテ等、枚挙にいとまがない（8頁0.1参照）。より安全な場所に古くから人は住み、地名に地形の特徴を示し、危険な場所に家を建てさせないための信仰や民話、みなが避難に使える立地に神社等の公共空間があることなど、工夫があったことがわかっている（**図1**）。

江戸時代に課題になっていたのは、火災である。とくに庶民が密集して住む地域では、火災が頻繁に発生していた。都市防火には、ウダツをはじめとする建物への工夫も見られる（**写1**）。瓦屋根の普及も、背景には防火の役割の期待がある。蔵は、母屋は焼失しても蔵で大切な資産を守るという目的があった。火消しの活躍がドラマ仕立てで紹介されることは多いが、火消しには延焼を防ぐために住居を破壊する権利が与えられていて（破壊消防）、地域防災の要であったことが、その背景にある。

領地を災害から守り、豊かな国土にする工夫も各地のリーダーにより行われてきた。信玄堤とも呼ばれる霞堤もその一つで、浸水を防ぐ部分と、浸水に遭いにくい部分をあらかじめ堤防で調整しておくことで、被害を軽減する手法である（**図2**）。また徳川家康は利根川を付け替えに着手している。江戸の町を浸水しにくくして現在の東京の発展の基礎となっている（**図3**）。

地形と地名の結びつきにも注目したい。古い地名は漢字を無視して音だけで判断をするとよい。地域に伝わる、小字名、小名などは

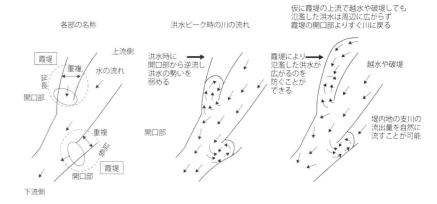

各部の名称　　　　洪水ピーク時の川の流れ

仮に霞堤の上流で越水や破堤しても氾濫した洪水は周辺に広がらず霞堤の開口部よりすぐ川に戻る

1) 霞堤のはたらき

2) 堤防の種類

図2　近代以前の水の制御法（国土交通省）

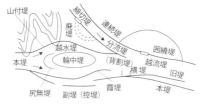

図3　利根川の付替え工事（防災科学技術研究所）
日本一流域面積の広い利根川は関東平野の北側を源流に持ち、犬吠岬に向けて流れている。しかしこれは江戸時代に、江戸の水害対策として行われた流路の付替えによるものである。かつて利根川は、途中荒川と合流をして、東京湾に流れ込む川であった。現在の荒川が東京湾にそそぐ東京の中心部東側は、低地で居住や農耕に適さない場所であったという。しかし旧利根川下流域が低地であることに変わりはなく、自然な形を強制的に変えた利根川の予期せぬ豪雨等に対する備えが必要である。

一部地番にも残っているが、そこからその地域のかつての使われ方の特徴や、微地形の特徴を読み取ることができる。すなわち、災害への備えに直結する情報でもある。

数百年、千年に一度の災害、あるいは地球温暖化に伴うさらに過去の災害にもとづく記録が役立つ機会が今後は増える可能性もある。近年の記録に残らない災害であっても、こういった情報に配慮する謙虚な姿勢がレジリエンス（復元力）の高い社会構築にもつながる（**図4**）。

　考えてみよう！　防災のための取組みを調べ、居住者が認識しておくべき課題を確かめよう。

1961
兎渡路
松林が海岸沿いに植えられていた
最初に国立の療養所が松林に立地した

2011
兎渡路
家屋流出するほどの津波浸水域

図4 歴史と地形を無視した土地の改変が津波による被害を大きくした（国土地理院写真より薬袋研究室作成）「兎渡路」（トトロ）という地名は「ドトー」という水の流れる音のオノマトペである。

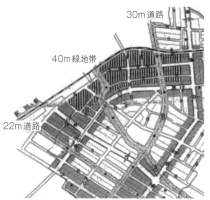

30m道路
40m緑地帯
22m道路

復興計画図に描かれた大街路
大火後につくられた延焼遮断帯を兼ねる緑地帯

図5 飯田市の大火からの復興（インパク会）

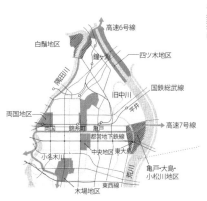

図6 江東防災拠点位置図

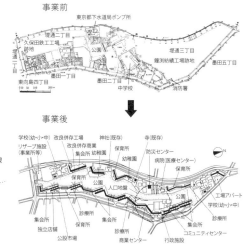

事業前

事業後

図7 江東・白髭防災拠点配置図

◉近代以降の防災

　産業革命以降の近代化の中では、世界的にも特定の都市への人口集中が進み、そこでの災害への備えが検討された。当時の世界最大規模の産業都市を襲ったロンドン大火は、計画的な街路整備を行い現在のシティ周辺の都市基盤を整え、各建物づくりの規制に導いた。

　木と紙でできた家が密集し、江戸時代に大火に悩まされてきた日本は、明治時代となり、銀座煉瓦街に代表される煉瓦造が海外から紹介され、都市防災への貢献も期待された。各地に煉瓦倉庫や工場が建造され、

従来の土蔵よりも大空間の耐火建築物をつくることに成功した。しかし、関東大震災において耐震性に欠けることが露呈した。

　このころ同時に取り組まれていたのが、木造であっても屋根を耐火にすること、建物の壁面の位置を指定することで空地が生まれ延焼防止・消防・避難路の確保をする建築線の考え方であった。

　関東大震災の復興では、大街路による延焼遮断帯、燃えにくい建物、公園を計画的に設け、市街地内の空地を確保するといった対策をとった。大街路を延焼遮断帯として設ける方法は、その後の都市計画でも車

社会における交通利便性を高めることにも貢献するため、日本各地の都市計画で取り入れられた基本的な考え方である（図5）。関東大震災では、火災が「川を渡った」経験から、不燃化建築物で地区を守る考え方も定着した。東京都墨田区の白髭防災拠点には、長さ1.2kmにも及ぶ鉄筋コンクリート造の建築物を設けることで、安全性を確保する取組みも行われた（図6）。

　一方、土木工事の技術に長ける日本では、堤防、ダム、防潮堤等大がかりな防災対策をこれまでに行ってきたが、それにより避難をしない住民も増えた。安全であることを強調しすぎることで人命を奪うこともある。人口減少社会で、工事のコスト負担の考え方とともに、防災対策への理解を国民と共有する必要がある。

◉レジリエンスへの転換

　戦災復興事業のように被災後しばらくたってからの復興や、防災計画のない場所に住宅がつくられている場合には、居住者への立退きの合意がとれないことなどにより、面的な防災計画の実現困難な地区が多くある。こういった状況を打開するためには、クリアランス型の全面的な防災の見直し計画を実現するよりも、建替え時のセットバックにより道を少しずつ広げ、住宅路を公共で買いとり、小さな公園を散在させることで地区全体の防災性能を少しずつ上げる修復（インプルーブメント）型の整備方法がとられるようになった（図7）。

　また、東日本大震災以降、状況に応じた柔軟で、かつ災害によりもたらされる被害が最小限になるような準備を整えておくことが重視されるようになった。BCP（事業継続計画）と呼ばれる企業が事業を継続できるようなバックアップ体制を整えておくことなども含め、レジリエンス、つまり回復力のある社会を築くことがめざされている。このためには、災害の前の十分な準備、人や組織の問題対応力を高めること（イネーブリング、キャパシティビルディング等）といった、事前の備えが重要である。

　なお、2022年の都市計画法改正に伴い、土砂災害特別警戒区域（通称レッドゾーン）での自家用住宅以外の建築が禁止されるなど、安全確保のための規制が厳しくなった。こういったルールは重要であるが、最終的には市民の意識と行動が安全に結びつく。　（薬袋）

❶ 生活空間の計画論

❷ 生活を支える基盤

❸ 生活空間の計画のための視点

❹ 生活空間の再編

❺ 生活空間のマネジメント

❶ プロローグ

3.3.3　これからの防災

災害時においては、国・地方の公共団体が適切な情報提供をして、住民が自ら命を守る行動をとることが、最優先されるであろう。そしてこれからの人口減少を見越し、防災計画においては、維持管理の負担の大きさにも十分に考慮した取組みが必要となる。被害の程度を最小限にとどめるという「減災」の意識も必要であり、自然と共生するという気持ちを持った対応が望まれる。

図1　ふじのくに危機管理計画（静岡県、2011）

●防災計画と情報提供

甚大な災害が頻発する近年、大きな堤防、堅牢な建物といった「固い守り」で私たちの生活を守るのではなく、被害を軽減し、その後住民、企業、行政など異なる立場が連携し合いながら災害から復興するしなやかな力（レジリエンス）のある社会を築くという防災に方向転換している。

災害が発生した際の対応を中心となって采配するのは各自治体であり、各自治体の対応方法は地域防災計画に示されている。災害への備えと、災害時の対応方法が書かれたもので、行政として何に取り組むべきなのか、どのように動くのかが示される。

3.3.2でも示したように、日本はこれまでダム、堤防、広幅員道といった方法で居住地を守ってきた。例えば、外水氾濫については堤防等による防御、内水氾濫については排水路の整備や地域から河川への排水ポンプの増設がある。近年、多発するゲリラ豪雨等には地下への一時的な巨大な地下調整池を設ける対応を講じた（図2）。しかしいずれの方法も、建設・維持にコストがかかる。

海からの災害については、高潮や小規模な津波のように比較的頻繁にあるものと、何百年や千年に一度という周期のものとに分けている。頻度の高い災害に対しては、人が居住する場所や船舶のある港を守るための防波堤、防潮堤等が用意されている。一方東日本大震災のような千年に一度と言われるような津波から町を守ることは困難である。数十年に一度レベルで防災対策を行うレベル1と、千年に一度程度の災害で、減災を主たる目標にするレベル2との2種に分けた対応を行うこととなった。

既成市街地内の地震・火災等への備えには、個別建物の不燃化や狭隘道路を住宅の建替えに伴って拡幅するような方法をとっ

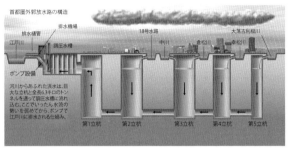

図2　首都圏外郭放水路の構造（科学技術振興機構、2010）
内水は、市街地内の水が市街地内で排水路等から溢れるもので、集中豪雨等により一時的に多くの降水があることで、生じる。東京の地下には巨大な貯水場所が用意されており、ゆっくりと川に流し入れることで洪水を防いでいる。

凡例
━━ 幹線道路　　▓▓▓ 防火地域
━━ 補助幹線　　■■ 都市計画公園
‥‥ 整備中道路

図3　防災街区モデル図
（左：加藤・竹内、2006）（右：三船康道ほか、2009）
延焼遮断帯で囲まれ計画的に避難先となるオープンスペース（公園）が確保された防災街区モデル図と、防災公園の例。防災公園は避難の拠点となるための諸設備が整っている。

写2　路地に設置された手押しポンプ
災害時のみならず、日常の花の水遣りに使える。

写1　住宅の建替え時に行う時間をかけた道路拡幅

写3　1999年に発生したトルコの地震による被害
多くの集合住宅が倒壊し、被害が拡大した。トルコは地震多発国であり、日本と同様建築物に対する耐震性への基準は厳しい。しかし住民、建てる専門家がともに、その遵守の気持ちが薄かったために、写真にあるような極めて細い柱のRC住宅等が存在する。
技術者の倫理に対する問題があると同時に、住民自身も災害・耐震性能に対する理解と危機意識を育む必要がある。

てきた（写1）。しかしいまだ十分な対応ができない地区が多く、近年では日常生活圏内で安全が確保されるよう「防災生活圏」を意識した防災まちづくりの動きがある。国

土交通省の示す防災街区モデル図には、重点的に不燃化する地区を決めることや、災害時に役立つ公園整備等が示される（図3、写2）。

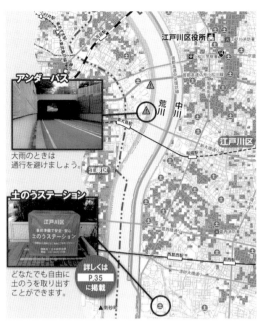

内水浸水予想区域図
この浸水予想区域図は、中川・綾瀬川圏域浸水予想区域図と江東内部河川流域浸水予想区域図の結果を重ね合わせたものです。※一部修正を加えています
中川・綾瀬川圏域浸水予想区域図
作成年月日:平成18年6月9日
江東内部河川流域浸水予想区域図
作成年月日:平成16年5月26日
対象降雨:平成12年9月東海豪雨
(総雨量589mm、時間最大雨量114mm)
作成主体:都市型水害対策連絡会
URL https://www.kensetsu.metro.tokyo.lg.jp

凡例
浸水深

図4 江戸川区のハザードマップの一例 (内水氾濫)
江戸川区では、河川の氾濫、液状化、高潮被害、津波被害、内水氾濫など、さまざまな災害を想定した防災資料を発行している。自然災害は想定通りに発生するわけではなく、時には複合的に発生するのでハザードマップの読み取りにも注意が必要であるが、避難を促す目安になる。江戸川区では、区外への広域避難も促している。

写4、5 南三陸町
2011年の津波被害の前から国道に設置されていた、津波浸水区域の看板は浸水せず、別の所にあったかつてのチリ津波高を知らせるポールは押し倒された。犠牲者の中にはチリ津波で大丈夫だったからと、自宅に戻った者もいる。津波は想定内であった。

●災害への備えと市民の意識

一般市民に向けて災害の備えとして近年注目されているのがハザードマップである（図4）。しかしそのマップの意味することを、市民がきちんと理解できなければ適切な情報として活用できない。浸水深が1mという情報を、プールのように水深が1mと理解するのか、水勢の強い濁流が1mの高さで襲うと理解するのかでは、状況判断は大きく異なる。とくに流水では膝よりも上の深さに達する場合には、溺れるリスクが高くなる。川遊び等で流水を経験していない人が漫然と数値情報を見ても、適切な避難行動には結びつかない。

ハザードマップは、過去の災害をもとに計算をして出すものである。複合的な災害の予想は難しく、例えば浸水について

も、内水と外水の被害について、両方を一度に記載したハザードマップの作成は難しい。近年のICTを活用した社会構築のために、2012年に国は電子行政オープンデータ戦略を発表し、防災に関連した情報が数多く公表されることとなった。その情報を読みとり、行動に結びつける力を専門家の協力で市民が身につけることが求められている。

さまざまな災害が起きうる日本では、日ごろより、居住地のリスクを認識し、被害軽減や避難行動の手段を講じておくことが求められる（写4、5）。

「つなみてんでんこ」という言葉は、津波の際は各自で逃げ、命を確保せよとの教えだそうだ。東日本大震災では、釜石市で津波が発生したら状況を見ながらより安全だ

と思う場所に各自の判断で避難することを教えられていた小学生・中学生が、全員無事に避難したことが話題となった。率先避難者になることで、周辺住民の避難も促した。消防団を中心とした発災直後の活動も重要であるが、住民一人ひとりの避難に対する自覚はより重要である。

自力での避難が困難な人は災害時要援護者として地域ぐるみで救う体制を整えている地域がある。しかし大規模な災害時には機能しにくい体制であったり、個人情報の扱いの問題があるなど、本当に必要な支援がどのようなことであるのか、日常のコミュニティのあり方も踏まえた検討が必要である。

近年漸く意識され始めたのは在宅避難である。限られた広さしかない指定避難所に被災者すべてを収容することは不可能である。住宅が避難生活の場になるような備えと同時に、避難所では復旧期の在宅避難者への支援も踏まえた計画が求められる。

●事前復興計画と市街地のコンパクト化

自治体のさまざまな部署の職員や住民が集まって、被害想定にもとづいて災害時の対応を確認し、仮に復興計画を立ててみる取組みが行われている。これを事前復興計画という。災害が頻発する時代にあって、復興計画をあらかじめ検討しておくことは、実際にはその通りにならないとしても、地域の脆弱な点、改善すべき点を明らかにすることになる。また従来は被害を予防することにとくに注目されてきていたが、それだけではなく、復旧・復興段階で必要となることがらを意識した、日常のまちづくりも行われるようになってきた。災害における被害の背景をよく確かめると日常から問題が存在していることに気が付くことがある。また発災後の緊急対応や復旧、そして復興は、特別なことができるわけではなく、日常からの取組みの延長上にあるものだ。

人口減少時代を迎え、また気候が変化しつつあるなかで、より安全な場所にコンパクトに市街地を集約していくことが必要であろう。空き家・空き店舗が既存市街地で問題になっている一方で、災害のリスクの高い場所に、新たな住宅開発が行われる矛盾に早急に手を打つべきである。適切な土地利用計画を、みなで合意することが求められている。

(薬袋)

0 プロローグ
❶ 生活空間の計画論
❷ 生活を支える基盤
❸ 生活空間の計画のための視点
❹ 生活空間の再編
❺ 生活空間のマネジメント

3.3.4　復興の取組み

復興は、時間をかけて住民同士で議論を重ね、合意をとりながら進められることが大切だ。住民は突然突きつけられる将来像の検討作業に戸惑う。行政や専門家は住民によりそって情報提供し、目前の生活再建とともに次の災害への備えを意識した復興計画の策定と推進へとつなげていくことが大切であろう。

◉復興に向けた体制づくり

　復旧・復興のプロセスは、各災害の状況に応じて大きく異なる。発災直後の緊急な対応が必要な場合は、命を守ることを一番に、二次災害を防ぐ対応が求められる。行政は、日ごろの訓練の成果を発揮し、住民も日常的な訓練に加えて、被害の状況に応じた柔軟な避難体制を整える（**表1**）。

　復旧段階では、避難所での生活支援（食料の配布、衛生面の管理等）とともに、復興に向けた1段階目の動きが始まる。仮設住宅の戸数の検討や、プレハブを建設するのか、既存の空き住戸への家賃補助（みなし仮設）で対応するのかなどの判断が迫られる。

　被災後の仮住まいは、復興のための話し合いの場の拠点ともなりうる。阪神・淡路大震災では、被災者がバラバラに居住したため、孤立した高齢者の孤独死や住民の復興計画参加が問題となった（**図1**）。こうした問題を防ぐため、東日本大震災では、高齢者、子育て層など、震災後ケアが必要とされる世帯を中心に、被災者が安心で快適に生活できる物的・医療福祉的・社会的環境の形成をはかるコミュニティケア型仮設住宅団地建設の試みもあった（**図3**）。

　復興に向けての計画づくりに、従前居住者・地権者同士が意思疎通をする場を確保することも重要である。従前居住地近くに仮設住宅の設置、復興計画の情報を説明できるスタッフのいる拠点形成、生活の再建や復興の相談を引き受けるスタッフの配置など、地域性と被害の状況に合わせた対応が求められる。

◉大規模災害と復興都市計画

　日本は近代化以降の都市部でも、木造住宅が多かったため、都市大火が頻発していた。関東大震災は、かつての城下町ふうの入り組んだ路地のある街並み、あるいは木造住宅が路地に建つ街並みを、大街路を計

表1　災害応急対策（危機管理）（加藤・竹内、2006）

災害応急対策（危機管理）	即時対応	災害発生時〜1日後	人命救助、行方不明者の捜索・救出 人員の確保、災害対策本部の設置 （初動活動体制の確立） 災害医療の開始 二次災害防止 被災情報の収集 専門危機対応機関への応援要請
	救急対応	1日後〜1週間後	行方不明者の捜索・救出、災害医療の継続 救急医療の開始 犠牲者の処理・遺族対策 避難所の開設 ロジスティクスの立ち上げ 流入交通量の制御 情報ネットワークの確保
	応急対応	1週間後〜1ヵ月後	ライフラインの早期復旧 避難所の運営 ロジスティクスの安定継続 仮設住宅の建設と入居 生活関連情報の提供 生活支援とボランティア活動の受け入れ
災害復旧・復興（復興都市計画）	復旧対応	1ヵ月後〜6ヵ月後	災害ストレスに対するケア 被災施設の復旧 街づくり組織の結成
	復興対応	6ヵ月後〜	教訓の整理 都市機能・都市環境の回復・強化・創造 生活再建、地域コミュニティの結成

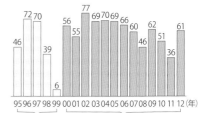

図1　仮設住宅・復興住宅の孤独死の推移
（赤旗新聞2013年1月17日号）

仮設住宅　合計233人　　復興住宅　合計778人

◀災害の規模や種類により、災害対応については大きく異なる。また、生活スタイルの多様化と多くの人を受け入れる社会（inclusive society）を実現できるようになってきていることにより、画一的なプロセスではなく、状況に応じた柔軟な対応が求められるようになっている。

図2　震災復興区画整理事業（事業前・後）
関東大震災では、東京の下町を中心に大規模火災が発生し、区画整理により計画的な住宅地が完成した。復興公園、復興学校と後々まで呼ばれる公共空間が誕生した。

写1　子育てゾーンのウッドデッキより見る

図3　遠野市仮設住宅　希望の郷「絆」配置
均質な南向き並行配置ではなく、一般ゾーン、子育てゾーン、ケアゾーンなどで配置が変化する。仮設住宅の中に、人々の暮らしの多様性を持ち込む試みである。

図4　東北の高台移転（左：日本地理学会津波被災マップ、右：国土地理院、1961）
漁村集落では、海近くに住む方が便利であり、新規居住者は過去の災害を知らなければ大きな抵抗なく海側に住むことを選ぶ。

　考えてみよう！　東日本大震災被災地の復興まちづくりの取組みと、現在の状況を調べてみよう。

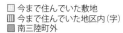

凡例:
□ 今まで住んでいた敷地　　■ 今まで住んでいた地区内（行政区）
▨ 今まで住んでいた地区内（字）　□ 南三陸町内
▨ 南三陸町外　　■ その他

	0%	20%	40%	60%	80%	100%	
全壊・全焼	11%	23%	26%	23%	9%	8%	2091
大規模半壊	57%			18%	13%	4% 4% 5%	56
半壊・半焼	75%				6% 8% 6% 4%		48
一部損壊	72%				8% 9% 4% 4%		322
							617

図5　南三陸町民の今後の居住意向（被害の有無別）（2011年7月～8月実施）（南三陸町）
海辺に戻りたいという意識は、東日本大震災被災地でも確かめられる。大きな被害を受けた世帯でも、半年も経たぬうちに元の場所に戻って住みたいというほど地域への愛着がある。災害へのリスクがあっても、海に近い暮らしを求める意向をどのように判断するのか、長期的視点に立つことが重要である。

図6　宮城県女川町の復興計画案（女川町）
宮城県女川町の小さな漁村桐ヶ崎では、仮設住宅の建つすぐ近くの高台が造成されて復興が進んだ。住民は仮設住宅から進捗状況を見守りながら過ごすことができた。

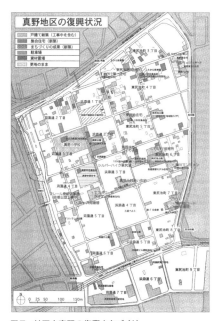

図7　神戸市真野の復興まちづくり
（日本都市計画学会、1999）
木造密集市街地で工場があり、住環境の悪かった真野地区では、阪神・淡路大震災以前から、防災対策に積極的に取り組んできた。まちづくり協議会では、住民同士のつながりをつくり、日常生活の課題も含め定期的に話し合い、またネットワークを築いてきた。
震災が起きた際には、住民が倒壊家屋の下から近隣住民を救出したり、火災の初期消火をバケツリレーで行うことで被害を最小限に食い止められた。
またすぐに復興に向けた協議を開始することができたために、従前からの計画とともに、復興まちづくりを早い段階で実現することができた。

画的に整備し、自動車交通を円滑にするまちに変える機会となった。東京の下町が焼け落ちたが、その後土地区画整理事業を行い、大街路や公園などが計画的に配置をされた都市が形づくられた（図2）。

阪神・淡路大震災の後にも、密集していた市街地の消失面積が大きく、区画整理事業や再開発事業といった面的整備手法により整った街区で安全性の高いまちがつくられた。しかし賃貸住宅の従前居住者が住み続けられなかったことや、土地の権利者であっても計画策定過程で十分に意見を表明できなかったことなどが反省点として挙げられた。迅速に復興をすることと、復興後のまちに住むことになる人たちとの話し合いの機会を持つことのバランスをとることは難しい。ことに避難先となる仮設住宅の立地場所によっては、従前の権利者同士が顔を合わせることすら困難となり、意見の共有が難しかったという。

一方で、同じく阪神・淡路大震災被災地の真野地区は、長年、生活環境改善をベースに、密集市街地改善に取り組んでいた。震災直後から、その住民ネットワークと、それまでの議論の成果を活かして修復型まちづくりの延長線上での復興事業を行うこ

とができた（図7）。

中越大震災では、地方都市・中山間地域であったこともあり、住民の意見をていねいに聞き、住民の生活基盤も視野に入れた復興に取り組むための工夫がされた。仮設住宅を従前居住地・集落の近傍に設置し、生活支援相談員が配置された。次の災害に備えた防災集団移転により、集落全体で居住地を変えた地区もある。日本社会が人口減少局面にあり、限界集落と呼ばれる地区もある中での復興計画のあり方を考える機会となった。

東日本大震災は、被災地域が広く復興も途上であるが、堅牢で大規模な防潮堤と、高台移転に集落を移転させる復興計画が特徴だ。津波常襲地域であり、かつての津波被災後に高台移転をした住居は大きな被害を免れたことから、震災直後に高台移転を前提とした復興計画案が策定された（図6）。漁業を生業の中心とする漁村でも大がかりな造成を行った近傍の高い場所に集落を移すこととなり、生活空間を大きく変える計画となった地区が多い（図4、5）。かつての高台移転地では、しばらくして海辺に再度家が建てられていた（図4）。生活の視点で、どういった影響があったのか、今後長い期間をかけて検証をする必要があろう。

● 復興で社会を変える

災害は、日常の問題が顕在化する場とも言われる。また、復興は、日常つくられている枠組みをベースとしてしか取り組むことはできない。つまり、災害を契機に、日常の都市をいかに改善できるのかが、私たちの社会に求められている。

例えば、東日本大震災では、漁村地域の再生が大きな課題として挙げられているが、そもそも漁業だけで子育て世帯が十分な収入を得ることが困難な地区も多かった。人口が減少し、生活圏をどのように維持するのかも課題となっている地区も多かった。こういったことで、さまざまな社会問題の中で埋もれていた漁村の再生を多くの人がともに考える機会となった。

このように、災害で顕著となった問題を解決する体制を整えることが重要である。生活のネガティブ（負）のスパイラルを断ち切り、ポジティブ（正）なスパイラルとなるよう対応方法を模索すべきだろう。

（薬袋・後藤）

❶ プロローグ
❷ 生活空間の計画論
❸ 生活を支える基盤
❹ 生活空間の計画のための視点
❺ 生活空間の再編
❻ 生活空間のマネジメント

3.4.1　高齢者の生活空間

今後、高齢者の割合はさらに高くなり（図1）、とくに2035年には85歳以上人口が1000万人を超えることが予想されている。しかし生活環境の整備は遅れている。高齢社会では、高齢者を体の一部の機能が衰えてはいるが経験豊富な人材として位置づけ直すことが大切である。フレイル（虚弱化）や重症化を予防するためにも、住みなれた地域の中に活躍できる場をつくることが求められる。

◉高齢化する都市・農村

市街地部では、都市部人口増加に伴い積極的につくられてきた郊外住宅団地で、高齢化が一気に進む（**図2**）。供給時期に同年代が一斉に入居したことにより、世帯の循環がなく高齢化率が上がっていく。住居形態（建物のタイプ、大きさ、権利形態）が多様な団地で、多世代のライフスタイルに合った機能が更新されている地区であれば居住者の入替りもあるが、均質な住宅地では、類似した年代層だけの団地となっているものも見られる。

農山漁村では、日本の産業構造の変化に伴い、1960年代の高度経済成長期からすでに高齢化の問題が指摘されていた。集落を閉じるという選択をした地区もあり、現在残っている集落でも、医療機関や商店が遠いために、困難な生活を送っている（94頁4.1.1参照）。

高齢者は閉じこもって孤立すると虚弱化が進む。世代循環のない住宅地は、例えば退職した男性高齢者の居場所が少ない。街区公園などには、児童向けの遊具とともに、高齢者向けの体操器具を設置するところも増えてきた。元気な高齢者の居場所がまちの各所につくられることが望ましい。また高齢者が快適で移動しやすい空間もない。狭い歩道や段差・傾斜のある歩道は高齢者の移動には向かない。安心して外出しやすい環境を整え、交流の機会を増やすことが、心身機能の維持とその前提となる社会性の維持につながる。

◉住まう場の確保

高齢者の住まいの確保も重要な課題である。高齢者の住まいの9割は持ち家と言われている。しかし心身機能の低下にともない、バリアフリーの問題や介護の問題で、

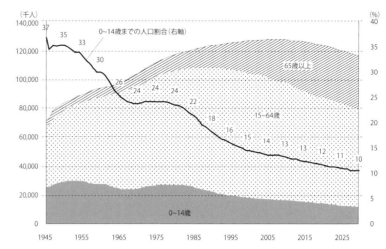

図1　日本の人口構造の推移と見通し

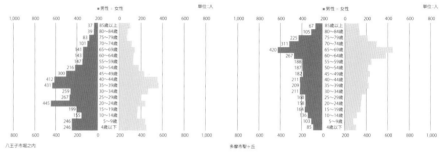

図2　多摩ニュータウン内の2つの団地の人口ピラミッド（葉袋研究室）

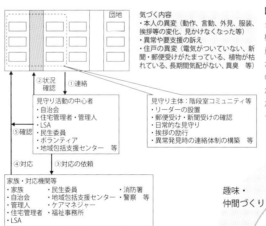

気づく内容
・本人の異変（動作、言動、外見、服装、挨拶等の変化、見かけなくなった等）
・異常や要支援の訴え
・戸内の異変（電気がついていない、新聞・郵便受けがたまっている、植物が枯れている、長期間気配がない、異臭　等）

見守り主体：階段室コミュニティ等
・リーダーの設置
・郵便受け・新聞受けの確認
・日常的な見守り
・挨拶の励行
・異常発見時の連絡体制の構築　等

見守り活動の中心者
・自治会
・住宅管理者・管理人
・LSA
・民生委員
・ボランティア
・地域包括支援センター　等

家族・対応機関等
・家族　　　　・民生委員　　　　　　・消防署
・自治会　　　・地域包括支援センター・警察　等
・管理人　　　・ケアマネジャー
・住宅管理者　・福祉事務所
・LSA

図3　団地における階段室ごとの見守り体制（ベターリビング、2010）
横浜市にある勝田団地では、階段室ごとに委員を置き、郵便ポストの状況などからの緩やかな見守り体制を実現している。エレベータの設置が難しく、高齢者の外出頻度が下がりがちになる、階段室住宅であるが、1階段室あたり最大10世帯程度であることから、こういった方法が実現しやすい。

持ち家であっても安心して暮らせなくなることがある。このような高齢者が自宅以外で住む場を確保するのは容易ではなく、近年では住宅確保要配慮者としても位置づけられる。とくに賃貸住宅の場合、失火や疾病などへの不安から、入居拒否により住む場所を見つけられない高齢者がいる。また、年金生活に見合った適切な家賃で高齢期の体に合った住宅が見つからないこともある。

居住する場、地域の連携の中で住み続ける仕組みとして重要なことは何か。例えば、孤独死を予防するには、心身機能に合わせたバリアフリー化だけでなく、家族に代わ

図4　地域包括ケアシステムとまちづくり（福井県坂井地区広域連合の例をもとに作成）

る見守りや相談と1日3食の食事支援が考えられる。見守りについては、住民同士による団地における階段室ごとの見守り体制の事例（**図3**）がある。また民間の賃貸住

考えてみよう！　高齢者の身体的特性を調べ、町の中の移動に必要な工夫を挙げてみよう。

表1　公的な支援のある高齢者の主な住まいおよび施設（サービス）（東海大学都市計画研究室）

供給主体など	住まいおよび施設（サービス）の類型		概要	提供主体
公営住宅における住宅支援	シルバーハウジングプロジェクト		バリアフリー化＋LSAによる生活支援が付いた賃貸公営住宅	地方公共団体 都市再生機構 住宅供給公社
民間による住宅サービス	有料老人ホーム（介護型、住宅型など）		入居する高齢者に、食事、介護、生活支援、健康づくりなどのいずれかを提供している施設	知事等の許可は必要だが民間でも可。
	サービス付き高齢者向け住宅		高齢者向けの賃貸住宅または有料老人ホームにおいて、情況把握と生活相談サービスを提供	知事等の許可は必要だが民間でも可。
民間	終身建物賃貸借事業		独居・老老世帯に対し、死亡まで終身にわたって住宅を賃貸する一代限りの借家契約	知事等の許可は必要だが民間でも可。
老人福祉施設	軽費老人ホーム（ケアハウス）		低所得者向け住宅で、食事や日常生活に必要なサービスがある	公共団体・社会福祉法人等
	養護老人ホーム		介護ではなく経済・環境的な面で養護が必要な人の社会復帰	公共団体・社会福祉法人等
介護保険施設	特別養護老人ホーム（特養）		心身に障害があり、常時世話が必要な人の生活の場	公共団体・社会福祉法人等
	介護老人保健施設（老健）		リハビリ等の機能訓練と世話により在宅復帰をめざす施設	公共団体・社会福祉法人等
	介護療養院		長期にわたり療養が必要である人への機能訓練と世話の提供	公共団体・社会福祉法人等
居宅系	通所介護事業所（デイサービス）		在宅生活者の幅広い日常生活の世話と機能訓練を行う場所	知事等の許可は必要だが民間でも可。
	老人短期入所施設（ショートステイ）		30日以内の短期滞在施設	知事等の許可は必要だが民間でも可。
	地域包括支援センター		地域内の高齢者に対する総合相談、介護予防などを行う拠点	知事等の許可は必要だが民間でも可。
地域密着系	認知症グループホーム		5〜9人を1ユニットとする認知症の人向けの共同生活施設	知事等の許可は必要だが民間でも可。
	小規模多機能型居宅介護		在宅介護者へデイ、ショート、ホームヘルプを包括的に提供する	知事等の許可は必要だが民間でも可。
	定期巡回随時対応型訪問看護介護		在宅介護者へ、介護・看護サービスを24時間包括的に提供する	知事等の許可は必要だが民間でも可。

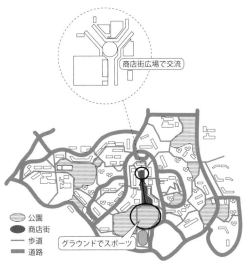

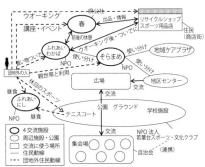

図5　若葉台団地内
（薬袋研究室（髙橋和子））
横浜の丘陵地の中に、約90haの大規模団地が神奈川県住宅供給公社の主導によりつくられた集合住宅団地である。傾斜を活かした緑豊かな団地に1.5万人が約6,000戸の住戸に住む。分譲、賃貸が混在し、中央にはショッピングタウンがあり、周縁部には3つの小学校と2つの中学校もつくられた。住民のためのグラウンドと商業施設が近接するため、スポーツを通した住民交流も盛んである。スポーツ用品店の呼びかけで始まったノルディックウォークのグループも、商店を拠点とした団地内の緑を活かした交流を実現している。

図6　若葉台団地における活動拠点の連携
（薬袋研究室（髙橋和子））
空き店舗や廃校を利用して交流施設がつくられた。住民・NPOにより運営され、団地内の諸施設と連携した利用があり、高齢者と新たに入居する子育て世代との交流も見られる。

宅の事例に、東京都文京区における文京すまいるプロジェクトがある。LSA（生活支援員：定期的な見守り活動をする）の配置をすることで、家主の見守りに要する負担

を減らし、高齢者に門戸を開く賃貸住宅を増やす取組みである。近年の高齢化社会への対応で高齢期の生活を支える公的支援のある住まいは多様化している（**表1**）。周辺の住環境を高齢者にも過ごしやすくすることがいっそう求められている。

❶ プロローグ

❶ 生活空間の計画論

❷ 生活を支える基盤

❸ 生活空間の計画のための視点

❹ 生活空間の再編

❺ 生活空間のマネジメント

◉地域包括ケア

高齢者は、身体的な機能の衰えはあるものの、車いすでも社会参加をしたり認知症者でも役割があれば社会への貢献は可能である。心身機能がどのような状態にあっても、安心して暮らせる住まいとケア環境、社会参加の場の確保は、今後の都市政策においても大きな課題である。

厚生労働省はこれに対して地域包括ケアシステムの構築に取り組んでいる。地域包括ケアシステムは、日常生活圏（おおむね中学校区程度、30分以内で移動できる）を目安とした範囲の中で、医療、介護、リハビリ、介護予防を含めた生活支援を受けられるネットワークを、医療機関、NPO、町内会等と連携しながら築き上げる（**図4**）。元気なときには自分の力で買い物や通院、娯楽や社会参加をしていたように、虚弱や要介護になっても自立的に快活に、社会的な支援を受けて引き続き自分らしく暮らせるためのシステムである。医療介護サービスだけでなく、産官学民が連携し、必要な拠点施設の適切な配置やこれらを利用するための移動手段の確保なども欠かせない。自治体ごとに作成される地域福祉計画や都市計画の連携が重要となる。

◉地域で高齢者が生活し続けるために

また、趣味的な活動や、かつての農家のように働き続け、生きがいとお小遣いを稼ぐことのできる環境をつくることも注目されている。農村部での小規模な菜園や高齢者向けの農業、観光を兼ねたファームステイ、食事をつくり提供し合う活動への参加、子どもの遊びのサポート、コミュニティガーデンや畑をつくる活動等、好みや体力に合わせた社会参加の機会をつくり出し、高齢者のためだけでなく、すべての住民が豊かな生活を送ることのできる社会形成と空間環境を模索する必要があろう。

これは単なる高齢者対策を超えて、多世代居住の促進にも貢献する。例えば横浜市にある若葉台団地では、空き店舗を転用した地域の居場所をつくることで、高齢者や子どものいる世帯が、孤立しないまちづくりを展開している（**図5、6**）。このように、人の集う場所をつくり、そこを拠点に、地域丸ごとの支援を展開するケースは数多く見られる。

（薬袋・後藤）

3.4.2　子どもの生活環境

子どもが元気に育つための生活環境を、子どもの体の育ちと心の育ちとで考える。図1は、スキャモンによる発育曲線であるが、神経系の発達は5歳までが著しく大きく、この時期に多様な体の動かし方、体験をすることが、その後のスポーツの上達や運動神経の良さに影響すると言われる。身近な生活環境において、体を動かすことができれば、多くの子どもの発達を助ける。

◉子どもの発達と遊び

子どもの遊びの場が住まいやその周辺で実現されることが大切である。また子どもの行動範囲は年齢とともに広がる。自然なかたちで、自分の活動領域を広げられるよう、さまざまな段階的な空間構成が住環境に用意されていることが望ましい（**図2**）。未就学児でも気軽に遊びに行くことができる近隣があることが、小学生になる前の小さな自立でもあり、小学生の間でも、低学年のうちは近所で遊び、高学年になると学区内外の広い範囲が行動範囲として定着することも大きな成長の一歩であろう。

近年ストレスが多く、人が孤立しがちな状況が多い中でも、心の健康を保つ環境を整えることが、子どもの育ちを考えるうえで大切な視点である。自己肯定感を高めること、自分が社会に役立つことに気がつき、多様な価値観の中で他人を認め自分を認められるようになる。そのためには、多様な人・価値観と出会える屋外で子どもが過ごすことのできる住環境が必要である。それが子どもの遊びに欠かせない時間・空間・仲間（3つの"間"でサンマともいう）の提供につながる。

子どもの屋外遊びが豊かになるためには、感性や社会性等も育むような多様な空間の形質が求められる（**図3**）。広いオープンスペースで自由に遊べたりするばかりでなく、"アジト"つまり秘密基地とも呼べるようなスペースや、リスクを体験しそれを回避する力をつけること等も大切だ（**図4**）。

◉自然との付き合い方

都会の子どもは外遊びをしない印象があるが、山村の子どもがたくさん外遊びできているとは限らない。**図5、6**に示すように、地方都市において、集落部の子どもはとくに平日の放課後は児童館等の限定され

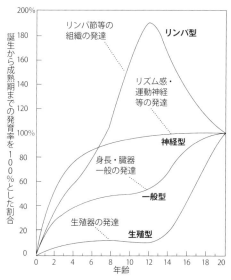

図1　スキャモンによる子どもの発育曲線（彼末・能勢、2011）
子どもの体の発達は身長伸びなど、見た目の変化だけとどまらない。音楽に対するセンス、運動の器用さなどは、神経系の発達であり、幼少期に形成される。このころの生活環境が子どもの発達に大きな意味を持つ。

図2　遊びの種類（林・川崎、2000）

1. 感覚遊び
ながめたり、音を聞いたりして遊ぶ。
おしゃぶり、太鼓、オルゴール、ラッパ

2. 運動遊び
運動器官の発達を促す遊び。
ボール、ブランコ、木馬、三輪車、なわとび、すべり台

3. 模倣遊び
社会生活、文化生活をまねしながら社会生活を身につけていく遊び。
砂遊び、ままごと、ごっこ遊び、人形遊び

4. 受容遊び
知識を豊かにし、情緒を発達させる。
絵本、紙芝居、テレビ、音楽

5. 構成遊び
創造する喜びを味わう遊び。
積み木、粘土、折り紙、絵画

表1　子どもを表現する言葉

児童福祉法	学校教育法等	保育園での通称
児童：満十八歳に満たない者	幼稚園：幼児	0歳から満2歳までのクラス：未満児
乳児：満一歳に満たない者	小学生：児童	3歳以上のクラス：幼児
幼児：満一歳から、小学校就学の始期に達するまでの者	中学生・高校生：生徒	—
少年：小学校就学の始期から、満十八歳に達するまでの者	大学生：学生	—

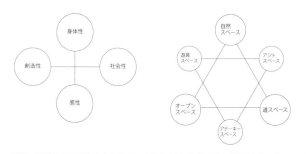

図3　遊び場の空間と育まれる4つの能力（左）と必要な空間（右）（仙田満、2006）

リスク
・冒険や挑戦の場
・事故の回避能力をはぐくむ可能性のあるもの
・判断可能な危険性

ハザード
・事故につながる危険性のあるもの
・判断不可能な危険性
・壊れた遊具等

図4　リスクとハザード
（薬袋研究室）

た場所で遊ぶ傾向も確認される。子どもの数が少なすぎる環境、大人の農作業等の屋外活動が少ない環境にあっては、防犯面からもまた遊び仲間を確保する面からも、児童館等の施設に頼る傾向が見られる。子どもが屋外遊びを楽しく自由にできるためには、大人が住まいの周辺の屋外を活用することや、人口密度をある程度確保できる居住地づくり等が必要であろう。これは都市部においても同様のことが言えよう。

自然の中で過ごすことの大切さは多くの人が認識していることであるが、子どもの感性を育むためにも、また自然災害が多発する中で、自然と向き合う気持ちを育むためにも、大切なことである。しかし安全確保の観点から、自然の中で遊ぶことについては、難しくなっている。

かつての田園地帯にあった用水路の多くは、住宅地化されたり転落防止や日常的な清掃の省力化等により、暗渠化されたり消失したりして、小川に触れる機会はない。大規模河川は洪水対策のために流路や護岸が整い、川の中に入って気軽に遊ぶことができなくなった。親水護岸と言われる工法

考えてみよう！　子どもが自由に遊べる住環境の確保ができているのか、住宅地を一つ取り上げて考察してみよう。

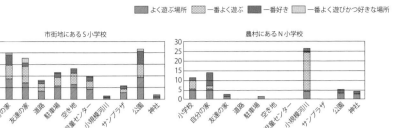

図5　子どもがよく行く遊び場（薬袋研究室（堀部修一・山下真弘））

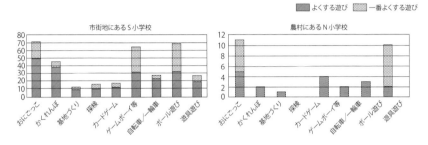

図6　よく遊ぶ遊び場でする遊び（福井県勝山市）（薬袋研究室（堀部修一・山下真弘））

昭和初期

昭和30年代

昭和57年

図7　三世代遊び場マップ（子どもの遊びと街研究会、1982）
世田谷区の太子堂近辺での遊び方の変化をまとめたマップである。子どもたちの遊ぶスペースがしだいに狭くなっていく様子がよくわかる。一方で、神社の境内のような場所は、少しずつ遊び方は変わるものの、子どもたちが自由にのびのびと遊ぶことのできる場であり続けてきたことも読み取れる。

表2　子どもの安全・安心の阻害要因例

交通安全	高速度の通過交通・自転車 生活道路の駐車車両
防犯	不審者 人の目のない道
災害	地震時の塀・自販機等の転倒 地震時の外壁タイル等の落下 短時間降水時のマンホール・暗渠水路の蓋等 強風による物の飛散
店舗	万引き等の誘発 ゲームセンターの魅惑

図8　異なる通学路下における子どもの行動の違い
（仙田・上岡、2009）
歩道のある直線的な道路よりも路地的空間のほうが子どもの遊びを誘発する。

が施されているが、安全性が高いことが意識されるので、多様な形状は提供されていない。

里山の雑木林では、かつては薪や山菜をとるために日常的に大人が出入りし、子どもたちも遊びに行きやすい環境が整っていたが、今は人の目が届きにくく、遊ぶためにはハザード（**図4**）の高い場所になっている。自然の中で安全に楽しく遊ぶための、技能や知恵の伝承も、かつては異年齢集団の中で遊ぶことで継承されてきていたが、今ではそういった機会も少なくなった（**図7**）。このように自然の中で遊びにくい社会となったが、自然の恵みを上手く利用し、猛威と向き合うための心構えを持つことは大切である。失われてしまった日常的な自然と触れ合う機会を、別の形で提供する空間づくりと社会的なシステムが求められている。

◉ 安心できる子育てコミュニティ

住宅地内での子どもの安全の確保については、交通安全や不審者対策が話題になるが、大人に便利な店舗なども安全の阻害要因として挙げられる（**表2**）。

子どもは細い路地を使って登下校すると自由に遊びながら通学するという調査結果がある（**図8**）。安全のために歩道を歩かせることが望ましいのか、安全への配慮を子どもに促しながら、車が通りにくく、歩道の少ない路地を歩かせるのが望ましいのか、さらにはスクールバスを利用するのがよいのか、さまざまな視点での議論がある。スクールバスの議論は、少子化で小学校の統廃合が進み、学区が広くなっていることも背景にある。

近年では、共働き世帯が増えており、未就学児の保育や学童保育に関する施設も、子どもの生活環境、子どもをとりまくコミュニティを考えるうえでは重要な拠点となっている。また、不登校児も増えており、子どもが選択できる多様な居場所が地域にあることも重要だ。

住宅のつくりも工夫が必要である。例えば屋外を緩やかに見守れること。このことは子どもが見守られると同時に、家のなかの人がまちの安全を確認することができる。子どもが安心して暮らせる環境づくりは、さまざまな世代の人にとっての安心にもつながる。

（薬袋・後藤）

0 プロローグ

❶ 生活空間の計画論

❷ 生活を支える基盤

❸ 生活空間の計画のための視点

❹ 生活空間の再編

❺ 生活空間のマネジメント

3.4.3　インクルーシブな社会をつくる

　さまざまなバックグラウンドを持つ人々が互いを認め合い、支え合う社会が共生社会である。特定の人々の存在を排除しない社会は、安定し、住みやすい居住地となる。ここでは、障碍者、外国人労働者をはじめ、さまざまな人を包みこむ「インクルーシブな社会」について考える。

障碍者との共生

　障碍は四肢のように見えやすい部分だけでなく、聴覚や心疾患のように外見からはわかりにくい機能の問題、精神的な疾患や発達障害等、さまざまである（**図1**）。かつては、四肢障害、とくに歩行困難者や視覚障碍者に対して、バリアフリーな社会をつくるべく、階段へのスロープの設置やエレベータの設置、点字ブロックを設置するなどの物理的な対応を行ってきた（**写1**）。

　共生社会をつくり上げるにはさまざまな角度からの体制整備が必要であるが、生活の受け皿となる建築・都市空間の視点で見ると、1981年に旧建設省がバリアフリーの設計基準を作成、その後の「国際障害者の10年」（1983〜1992）と同じ1983年に旧運輸省が「公共交通ターミナルにおける身体障害者用施設設備ガイドライン」を策定した。建築については1994年に、「高齢者、身体障害者等が円滑に利用できる特定建築物の建築の促進に関する法律」（通称「ハートビル法」）、そして2006年には建築分野と交通分野が統合され「高齢者、障害者等の移動等の円滑化の促進に関する法律」（通称「バリアフリー法」）が施行された。ヨーロッパの先進国に比べればかなり遅れているといわれるが、基準づくりから始まり、建物からまち全体に対する配慮を求める方向に、日本の取組みは改善してきている。そして2016年4月には障害者基本法にもとづいて、「障害者差別解消法」が施行され、気持ちよく生活できる環境づくりが進むことが期待されている（**図3**）。

　みなが気持ちよく共存できる社会を築くには時間がかかるが、科学技術の発達で解消できる面も大きい。例えば安価にエレベーターが設置できるようになったこと、バスでも床低車両の開発が進んだことは、多くの人の移動のしやすさを高めた。IT機器の発達等で、障碍があっても働くことのできる環境は整いつつある。まちを行動しやすい構造につ

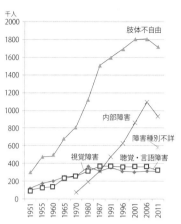

図1　障害者数の推移（厚生労働省）

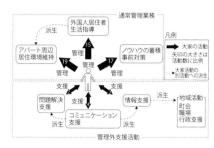

図2　外国人居住者支援（大家の役割および周辺との関係）

写1　外付けエレベーター
居住者に配慮して、既存団地に後づけされた。

写2　ペット共生棟
公的集合住宅（UR賃貸）でもペットとの居住が可能になりつつある。しかし、衛生面、アレルギー対策等の配慮は必要である（かわつるグリーンタウン松が丘）。

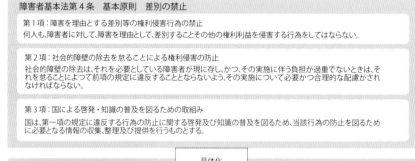

障害者基本法第4条　基本原則　差別の禁止

第1項：障害を理由とする差別等の権利侵害行為の禁止
何人も、障害者に対して、障害を理由として、差別することその他の権利利益を侵害する行為をしてはならない。

第2項：社会的障壁の除去を怠ることによる権利侵害の防止
社会的障壁の除去は、それを必要としている障害者が現に存し、かつ、その実施に伴う負担が過重でないときは、それを怠ることによつて前項の規定に違反することとならないよう、その実施について必要かつ合理的な配慮がされなければならない。

第3項：国による啓発・知識の普及を図るための取組み
国は、第一項の規定に違反する行為の防止に関する啓発及び知識の普及を図るため、当該行為の防止を図るために必要となる情報の収集、整理及び提供を行うものとする。

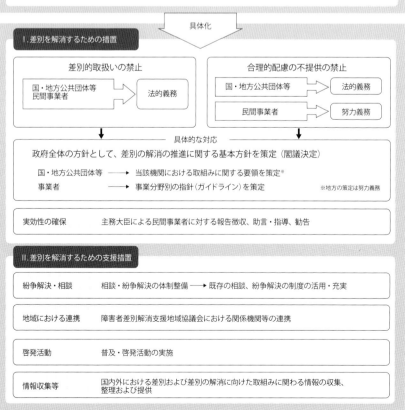

図3　障害を理由とする差別の解消の推進に関する法律（障害者差別解消法）の概要（内閣府）

　考えてみよう！　知的障害の特性について調べ、その障害を持つ人が自立した移動が可能な町となっているのか、具体的なまちを1つ取り上げて検討してみよう。

表1 都道府県別の外国人人口 (法務局)

順位	都道府県	人口(千人)	外国人(千人)	外国人割合(%)
1	東京	13,300	431	3.22
2	愛知	7,455	201	2.69
3	三重	1,825	43	2.35
4	大阪	8,836	204	2.31
5	群馬	1,976	44	2.23
6	岐阜	2,041	45	2.21
7	静岡	3,705	75	2.03
8	京都	2,610	52	2.00
9	神奈川	9,096	171	1.80
10	千葉	6,197	114	1.84
	全国合計	127,083	2,122	1.67

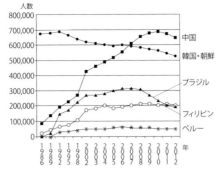

図4 日本にいる外国人の推移 (法務局)

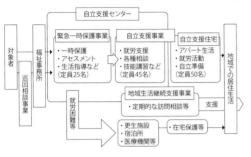

図5 ホームレスの自立支援等の取組み (東京都)

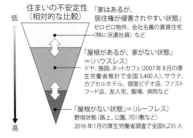

図6 ハウジングプアの全体概念
(稲葉剛、2009、厚生労働省資料より作成)

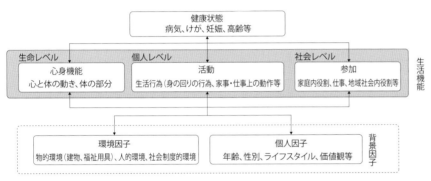

図7 国際生活機能分類 (ICF) (大川弥生、2009)

くり変え、社会参加の機会を多様化することで、障碍者と共存できる社会が実現する。

かつては建物・まち・交通のバリアを取り除くことで、だれもが暮らしやすい社会ができるという考え方が主流であった。しかしそれは実際には不可能に近い。すべてのバリアをなくすのではなくたとえバリアがあっても、少しのサポートで快適な暮らしができたり、特定の人だけではなく、だれもが使いやすいようなデザインを見出すなど、多角的な取組みが望まれるようになってきている。こうしたユニバーサルデザインに代表される、だれもが生活しやすい環境づくりが重要となる。

◉さまざまな人との共生

外資系企業の役員のように経済的に豊かな外国人もいるが、その一方で、低賃金で労働者として日本の社会を支えている多数の、多様な文化背景を持つ外国人労働者と呼ばれる人々を忘れてはならない（**表1、図4**）。課題となるのは、外国人と十分なコミュニケーションがとれないこと、また外国人労働者の子どもの就学が十分ではないことなどがあろう。群馬県太田市は、工場労働者として多くの外国人が居住する町として知られる。日常的な人の交流の重要性はもちろんあるが、とくに災害が起きた場合に適切に避難誘導し、情報を提供することが重要である（**図2**）。

また、被差別部落（同和地区）やドヤ街と呼ばれるホームレス等の多い地区も厳然と存在する。被差別部落は、関西ではとくに地区として残り、同和対策法にもとづいた住環境整備が行われてきたが、差別意識や所得格差などは解消できずにいる。北九州市では、住民の識字教育などをはじめとした生活・就労支援も含めた多角的なまちづくりを展開することで、住環境の整備が実現した。

適切な住居を確保できない人の中でももっともきびしい状況にあるのがホームレスだ。さまざまな理由でホームレスになった人々は、住所不定であるために公的な保護を受けにくい。東京都では、そういった人々が、住居を得、必要に応じて生活保護や就労支援などを受けられるようにする体制を整えた（**図5**）。多くのNGOが、山谷、寿町、釜ヶ崎といった地区で、炊出しや生活相談などの活動を長く行ってきている。また近年、ネットカフェ難民と呼ばれるように、特定の場所に滞在するのではない人は、問題が見えにくくなっている。さまざまな人に向けた生活、住居の確保など、公的かつ総合的な支援策が求められている（**図6**）。

◉多様な人を受け入れられる社会

従来、障碍者個人の障碍を問題とし、それを取り除いたり補ったりするという方法に頼ってきた。しかし、多様な人々を互いに認め合い、みなが支援し支え合う環境整備が重視されるようになってきた。こういった状況を踏まえて、身体障碍に対する判断の方法も変わってきた。ICF（国際生活機能分類）では、当人の健康状態だけではなく、その人がどのような生活を送りたいのか、またその人の背景（家族や環境）も踏まえた障碍度合の評価を行い、課題とその解決方法を模索する（**図7**）。言わば「多くの人が共に生きる」ことのできる環境をいかに築くことができるのかが問われる時代になったといえよう。

上述のこととも関連して、近年、社会経済環境の変化にともない、社会福祉の領域が広がってきている。2000年に厚生省が示した報告書では、新たな視点として「心身の障害・不安」と「社会的排除や摩擦」と「社会的孤立や孤独」が設定され、それらの問題に対応していくためのソーシャル・インクルージョン（社会的包摂）という考え方が示されている。そこでは社会的包摂とは、今日的な「つながり」の再構築を図り、すべての人々を孤独や孤立、排除や摩擦から援護し、健康で文化的な生活の実現につなげるよう、社会の構成員として包み支え合うこと、とされている。こうしたなかで、従来の福祉の枠組みを超えて、種々の福祉サービスと地域住民に向けた事業を複合して備え、多様な人々を対象とする福祉的施設も生まれている（例えば、社会福祉法人佛子園）。

(薬袋・後藤)

0 プロローグ
1 生活空間の計画論
2 生活を支える基盤
3 生活空間の計画のための視点
4 生活空間の再編
5 生活空間のマネジメント

スウェーデンは福祉先進国として知られるが、環境共生に対する意識が高いことでも知られる。ストックホルム市内の中心部に近い海辺の町Hammarbyは、工場と埠頭、そして広大な廃棄物の放置場所を再開発して、大規模住宅団地・業務施設を形成した。土壌汚染等があるブラウンフィールドと呼ばれる類の一つでもあったが、最先端の環境配慮型の町につくり替わった。

自家用車の使用を抑えるために、水辺に面して気持ちよく散策のできる道、町の中にトラム、無料の渡し船も用意されており、車を持たなくても円滑な移動ができるよう配慮されている。横断歩道が車道の高さに下がるのではなく、歩道の高さのまま渡ることができ、車いすやベビーカーでも快適に移動できる。スウェーデンの町では、二人分の座席を横に並べた大型のベビーカーを頻繁に見かける。そのようなベビーカーであっても、トラム等に快適に乗車できる配慮がされており、気軽な外出が実現している。

Hammarby地区で走り回るごみ収集車は瓶や缶のリサイクル品の回収車で、燃やすごみ、紙、生ごみはダストシュートで回収することにより、ごみ収集車の走行を不要にした。回収されたゴミは有効活用される。とくに生ごみは、バイオガスと堆肥を生産する。堆肥は農家へ、バイオガスは地区内の一部の住宅（約1,000戸）の炊事用と、バス等に利用されている。また下水は、熱を回収して地域暖房に利用されており、さまざまな資源が地域内でできるだけ循環するよう努力されている。具体的には、電気・熱の消費量のうち半分が地区内の再生エネルギーで賄われることを目指している。

水害を防ぐために遊水地を公園的な空間の水路に設け、屋上緑化を推進することで排水路の負担を軽減している。また街区ごとに中庭を設けて、子どもたちの遊び場、コミュニティの場とするとともに、ここでも雨水の受け皿をつくっている。ソーラーパネルの設置やゴミ焼却場での発電等、電気の地産地消にも取り組む。

この団地の成功の背景には、供給者の設計上の配慮だけではなく、入居者の意識もある。とくに生ごみの収集は、異物混入が望ましくないために、適切な出し方が求められる。現在は生ごみ投入口には鍵があり、同意できている世帯にのみ鍵を渡す方法で、異物混入を防いでいるが、多くの人が理解をして回収率を上げることで、エコタウンとしての評価が高まる。ここでもわかる通り、住宅地は設計者の努力だけで完成し上手くいくものではなく、居住者の意識も重要であろう。対象地区の中央部に立地するGlashusetは、町のプロジェクトを紹介するための施設であり、多くの子どもたちが訪れる。こういった知識の提供の積み重ねが、エコ市民を育てるのかもしれない。

（薬袋）

ベビーカー・車いすで乗降しやすいトラム

かつて埠頭であったことを想起させるクレーンの保存

大通りの歩道は、細い道を渡る際には車道面まで下りなくてよい。

気持ち良い散策路。ジョギングをする人も多い。大型のベビーカーでも気持ちよく歩くことができる。市立図書館も同様な眺めを楽しめる場所に位置する。廃棄物でつくられた小高い丘にはスキー場もあり、市民が体を動かしやすい環境を整えた。

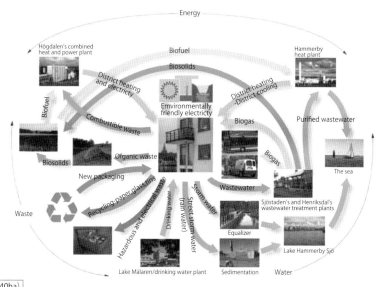

基本データ

開発面積	200ha（うち水面40ha）
計画戸数	10,000戸
計画人口	25,000人
昼夜間人口	35,000人

Glashus Ett, Gloshus Ett 10år
Miljöinfocentret i
Hammorby Sjöstad, P2

生活空間の再編

Chapter

4

4.1.1 農山漁村の現況

自然、地形を活かして展開されてきた日本型農業の維持が困難となっている。就業者の高齢化と減少が耕作放棄地の増加となって現れている（図1、表1）。農業のあり方は、これからの日本のかたちを決めるものであり、食料を享受する側の都市住民にとって重要な問題となっている。

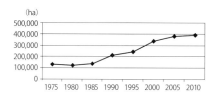

図1 耕作放棄地面積の推移
（総務省農業センサス累年統計より作成）

表1 農業就業者の年齢区分（総務省）

総数（人口、世帯）に占める割合 （単位：%）

		総人口	15歳未満	15〜64歳	65歳以上
山間農業地域	22(2010)	100	10.6	54.5	34.8
	17(2005)	100	11.9	56.2	31.9
中間農業地域	22(2010)	100	12.2	57.9	29.7
	17(2005)	100	13.3	59.8	26.8
平地農業地域	22(2010)	100	13.2	60.9	25.8
	17(2005)	100	14.1	62.8	23.0
都市的地域	22(2010)	100	13.3	64.5	21.3
	17(2005)	100	13.8	67.3	18.4

注：年齢不詳があるため、合計が100%に満たない場合がある。

●農村社会の高齢化

日本の農村は平野で大型機械を投入した効率的な経営ができる地域ばかりでなく、「中山間地域」と呼ばれる平野の外縁部から山間地において小さな平坦地と谷戸を利用した農業形態が多い。こういった地域では、早くから高齢化が進み過疎の問題が深刻で、「限界集落」と呼ばれる、65歳以上の高齢者が半数以上を占め、生活を維持するコミュニティ機能を維持することが困難になっている地区もある。

そもそも険しい山間部の農村の多くは、ダム建設等である程度減ったものの、さらに消滅が進んでいる（表2、3、4）。農村の中でもとくに山間部では、65歳以上の割合が平成22年時点で3人につき1人となった。人口減少と耕作放棄地の増加は、農村の活気を失わせるだけでなく、害獣の侵入を容易にし、インフラ投資に対する自治体財政の負担を大きくするなど、さまざまなこととかかわってくる。

もともと農村は、都市とは異なり住民自身で地域の管理をしてきたが、居住者が極端に少なく、かつ高齢化すると生活の維持が困難になる。自分が生産するもの以外の食料などの日常的に必要となるものの調達、医療機関へのアクセスなどが難しくなる。日本の食糧基地農村そして水源涵養（かんよう）にとって重要な集落の公共空間（道路、水道、学校等）をどのように維持すべきなのか、食料を享受する立場にある都市住民も真剣に考える必要がある（表6）。

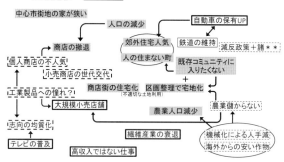

図2 農村人口減少の背景

上下水道・ガスの維持 ｜ 町の拡がり⇒道の維持 ｜ 過大な基盤整備のツケ

表2 地域別消滅集落件数（金木・桜井、2006）

地方名	地域名	合計	(%)	期間1	(%)	期間2	(%)	その他期間不明
北海道	01) 西北海道	30	2.6	5	1.5	18	3.3	7
北海道	02) 東北海道	20	1.8	4	1.2	9	1.6	8
東北	03) 東日本海側	100	8.7	23	7.1	70	12.8	7
東北	04) 東北太平洋側	64	5.6	11	3.4	42	7.7	11
関東	05) 関東	21	1.8	9	2.8	8	1.5	4
中部	06) 中部日本海側	149	13.0	51	15.8	87	15.9	11
中部	07) 中部山地	138	12.1	39	12.1	88	16.1	11
中部	08) 中部太平洋側	22	1.9	5	1.5	10	1.8	7
近畿	09) 北近畿	30	2.6	5	1.5	16	2.9	9
近畿	10) 南近畿	102	8.9	42	13.0	20	3.7	40
中国	11) 中国日本海側	98	8.6	19	5.9	43	7.8	36
中国	12) 中国瀬戸内側	50	4.4	9	2.8	18	3.3	23
四国	13) 東四国	23	2.0	6	1.9	11	2.0	6
四国	14) 西四国	106	9.3	21	6.5	45	8.2	40
九州	15) 北九州	123	10.8	52	16.1	42	7.7	29
九州	16) 南九州	67	5.9	22	6.8	21	3.8	24
計		1144	100.0	323	100.0	548	100.0	273

期間1：第2次世界大会〜昭和39年
期間2：昭和40年〜59年

表3 消滅集落の標高（農村開発企画委員会、2006）

	度数	%	有効%
100m未満	5	7.4	7.9
100〜150m	7	10.3	11.1
150〜200m	12	17.6	19.0
200〜250m	8	11.8	12.7
250〜300m	7	10.3	11.1
300〜500m	10	14.7	15.9
500〜700m	10	14.7	15.9
700m以上	4	5.9	6.3
合計	63	92.6	100.0
無回答・無効	5	7.4	
合計	68	100.0	

（平成17年度農林水産省委託 平成17年度 限界集落における集落機能の実態等に関する調査報告書、平成18年3月、財団法人農村開発企画委員会）
平成に入ってからは、非常に高度の高い山奥では なく、もう少し低い場所での消滅も多い。

表4 限界集落の高齢者割合（総務省、2011）

	集落人口に対する高齢者（65歳以上）割合						前回調査（無回答等を除く）		50%以上集落数の増減比
	50%以上	うち100%	50%以上	50%未満	無回答	合計	50%以上	50%未満	
北海道	441 (11.8%)	23 (0.6%)	418 (11.1%)	3,224 (85.9%)	88 (2.3%)	3,753 (100.0%)	273 (7.3%)	3,353 (89.3%)	1.6
東北圏	912 (7.3%)	59 (0.5%)	853 (6.9%)	11,357 (91.3%)	177 (1.4%)	12,446 (100.0%)	688 (5.5%)	11,716 (94.1%)	1.3
首都圏	286 (12.9%)	11 (0.5%)	275 (12.4%)	1,560 (70.6%)	365 (16.5%)	2,211 (100.0%)	235 (10.6%)	1,782 (80.6%)	1.2
北陸圏	319 (19.2%)	32 (1.9%)	287 (17.3%)	1,340 (80.8%)	0 (0.0%)	1,659 (100.0%)	213 (12.8%)	1,445 (87.1%)	1.5
中部圏	822 (22.8%)	38 (1.1%)	784 (21.7%)	2,740 (75.9%)	47 (1.3%)	3,609 (100.0%)	548 (15.2%)	3,052 (84.6%)	1.5
近畿圏	538 (18.4%)	25 (0.9%)	513 (17.5%)	2,323 (79.3%)	68 (2.3%)	2,929 (100.0%)	415 (14.2%)	2,327 (79.4%)	1.3
中国圏	2,564 (21.8%)	147 (1.3%)	2,417 (20.6%)	9,040 (77.0%)	137 (1.2%)	11,741 (100.0%)	2,113 (18.0%)	9,549 (81.3%)	1.2
四国圏	1,687 (26.5%)	125 (2.0%)	1,562 (24.5%)	4,630 (73.2%)	5 (0.1%)	6,322 (100.0%)	1,287 (20.4%)	4,981 (78.8%)	1.3
九州圏	2,043 (14.2%)	89 (0.6%)	1,954 (13.6%)	12,244 (85.3%)	75 (0.5%)	14,355 (100.0%)	1,524 (10.6%)	12,808 (89.2%)	1.3
沖縄県	14 (4.8%)	0 (0.0%)	14 (4.8%)	266 (92.0%)	9 (3.1%)	289 (100.0%)	13 (4.5%)	276 (95.5%)	1.1
合計	9,626 (16.2%)	499 (0.9%)	9,077 (15.3%)	48,722 (82.1%)	966 (1.6%)	59,314 (100.0%)	7,309 (12.3%)	51,289 (86.5%)	1.2

□ 各高齢者区分において該当集落数の割合がもっとも高い地方ブロック
□ 各高齢者区分において該当集落数の割合が2番目に高い地方ブロック

（過疎地域等における集落の状況に関する現況把握調査 報告書、平成23年3月、総務省 地域力創造グループ 過疎対策室）
＊前回調査は平成18年6月（過疎地域等における集落の状況におけるアンケート調査）

表5 入会地の呼び名の例

共有の里山	共有の茅場等
カイト山（垣内山）、仲間山・惣山（そうやま）、モヤイ山（催合山）、総持山（そうもちやま）、込山、村山	秣場、馬草場、萱場、茅場、草葉

●集落と共同体の姿

農業はその環境から切り離した経営は難しい。病害虫等の伝染や、種子の飛散等により、隣接田畑の状態が互いにさまざまな影響を与え合っている。また水の管理も一人でできるものではなく、同じ水系を使う人との連携が欠かせない。そういったことが、日本の農村は諸外国の農村の中でもとくに村落共同体が他国に比べて、丁寧に手間をかけて仕事をされていると言われる。農作業に必要な用水路等の共同施設運営や、里山の管理等、共同で行わなくてはならないことが多い。都市部であれば、都市計画税で賄われるような部分を、地域住民で行うのが通例である。人口減少はこういった農村の共用部整備の担い手不足をまねく（図2）。

多くの農村集落は、入会地等と呼ばれる共有の空間を持っていた（表5）。共同で利用して地域の生活を豊かにする森である。里山的空間では、薪や山の恵みを得る場所として使われていた（図3、4）。明治期以降、

表6　農村の多面的機能（農林水産省資料より作成）

機能	概説
国土の保全	水田は、降雨を一時的に貯水し、雨水の急激な川への流出を抑止し、洪水を防止する。また地滑り、土砂崩れなどの発生を抑える。
水源涵養	田畑は水を地中に浸透させ地下水をつくり、その地下水が時間をかけて湧水となり川の水になることで川が安定的に流れ、また平地部での井戸水ともなる。
自然環境の保全	田畑の土には微生物が住み、有機物を分解し、自然のサイクルの核となる部分を担い、光合成による二酸化炭素削減の役割も重要である。また田畑や、用水路、ため池等が多様な生物の住みかとなる。
良好な景観の形成	長い年月をかけて培ってきた農村の田畑のある風景は、人の心を和ませる。四季の変化が豊かになるのも農耕や雑木林の維持による。
文化の伝承	地域毎に異なる豊かな日本の文化を生みだし、継承する場である。自然の恵みへの感謝、災害への教訓等、自然との共生の知恵も盛り込まれている。
保健休養	都市住民が自然を気軽に楽しみ、憩うことができる場である。農業体験、休養等を通した精神的な緊張感を解く場にもなる。
地域社会の維持活性化	地域住民の仕事の場を提供する。農業だけでなく、その加工、流通等も含めて、農業を軸とした就労の場をつくり出す。
食料安全保障	安定的に食料を供給するために、様々な地域、地形を利用した農業が必要となる。

図3　中山間地域の里地・里山の構成（薬袋研究室）
里地・里山は、谷戸の中も利用した田畑がつくられ、二次林である雑木林で明るい森をつくるなどして、生物が多様で、四季の移ろいがわかりやすい景観をつくってきた。

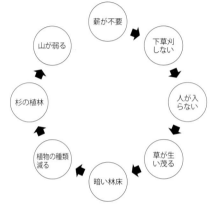

図4　雑木林の荒廃の悪循環（薬袋研究室）
農村に不可欠な雑木林は、かつては生活のための燃料を得るための場であり、また落葉樹の落ち葉は田畑に不可欠な堆肥としても使われた（参照42頁、2.1.1）。コナラ・クヌギを中心とした二次林で、下草狩りをすることで林床に日が当たり狭い場所に多様な生物を生息させる環境であった。キノコや山菜を採るという農村の豊かな食生活と、同時に定期的な山の状態をチェックするライフサイクルでもあった。しかし薪が必要ではなくなり、むしろ建築材となる杉・檜の需要が高まりこれらの樹種に植え替えることで補助金が得られるような制度が用意され、多くの雑木林が針葉樹の単層林化した。しかしその後木材の価格下落等を受け、林業に従事する人は少なく、手入れのされない針葉樹林が拡がる結果となっている。
雑木林にあるナラ類は萌芽更新されずに高齢大径木になるとナラ枯れ（カシノナガキクイムシによる被害）となりやすく、枯れた木による倒木等も危険視されている。

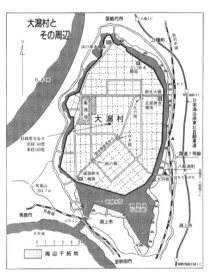

図5　大潟村（大潟村役場）
日本では主食とする米をつくる田が開拓され続け、八郎潟や有明海の干拓に見られるように、農地を生み出すための大規模な事業も行われてきていた。有明海では、推古天皇の頃から干拓が行われていたとも言われる。八郎潟の干拓は、第二次世界大戦後の食糧難を解消することを目的に行われ、大きな農村集落をつくった。しかし、完成する頃には米余りの状況にあり、1970年以降減反を奨励する生産調整のための取組みが行われるようになった。農業の多様化と、機械化を促進する等のさまざまな農地の改良が取り組まれてきているが、人口減少に歯止めはかからない。

図7　冬水たんぼ
（田中伸一、農村環境整備センター）

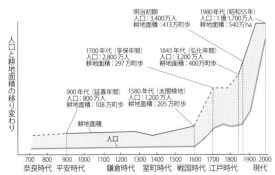

図6　人手と長時間かけて造成した農地
（農林水産省資料より作成）

公的機関により買い上げられた地区もあるが、宅地開発がされ、その利益は組合員に還元された。地域によっては積極的に自治体や国への移管が進んだが、今でも多くの地域でこういった共有地が存在する。人口が減少する中でこういった空間の維持は容易ではないが、共有の場（コモンズ）として、農村の再生に活かせる場にもなりうる。

農村の空間的特徴と住環境

日本は農耕を行うことで狭い国土に多くの人が住むことが出来るようになった国である。人口の増加に合わせて耕地面積は拡大をし続け、山間の中にも数多くの棚田をつくり手間をかけて食糧生産をする体制を整えてきた（図5、6）。長い日本の歴史で見れば、昭和期には山の高い場所にまで耕地が拡がっていた地区も多い。耕作放棄地等の問題が話題になることがあるが、利用しやすい土地に集約されつつあるのが現代であるとも考えられる。

さらに効率的な収穫を得られる機械化のために、河口のフラットな地形に多い湿田の改良は急務であった。江戸時代から湿田の水を抜く暗渠排水が始まり、広くパイプライン化が進められてきた。また用水についても、開渠用水路では頻繁に底ざらえ等の手入れ、時間ごとに各田に計画的に配水をするための弁の操作等の手間がかかるために、パイプライン化が推奨されている。

一方で、きちんと水利が管理されるようになったものの、小河川の水が涸れたり、コンクリート護岸になることで、ドジョウすら生息が困難となり生態系への影響は大きい。このように問題も見られるが、生態系維持のために、冬季の耕作期間外にも水田に水を入れる「冬水たんぼ」（冬季湛水）と呼ばれる取組みを行い、渡り鳥等も含めた多くの生物の生息環境を維持する取組みが行われている（図7）。トキの保護のために地域全体で有機栽培に取り組んだ佐渡島のような地域もある。また近年、農地を大規模化し、とくに近隣農家で会社組織をつくる集落営農を奨励することで、安定した生活と、新規参入者の定着、また効率の良い農業経営等に向けた努力が行われている。農地の大規模化をはかり、大型機械の導入をしやすくし、営農効率を上げようとしている。海外からの安い農産物との価格競争を意識した農村社会の変容である。（薬袋）

⓪ プロローグ

❶ 生活空間の計画論

❷ 生活を支える基盤

❸ 生活空間の計画のための視点

❹ 生活空間の再編

❺ 生活空間のマネジメント

4.1.2　農村の再生

日本の活気ある農村をとりもどそうと、外部の資本による発展ではなく、住民の力を高め、生産力を向上させる方法として鶴見和子が1975年に内発的発展論を提唱した。このような住民の力を引き出し、地域を元気にする方法は、農村だけではなく都市部のまちづくりにも通じる考え方であり、さまざまな取組みがある。

●農村環境整備の新たな担い手

　農地面積は減り農業従事者が減少する一方で、特徴を持たせた農作物をつくることで、個人で収入を上げている人、地域が活性化した農村もある。市場を通した方法ではなく、生産者が小売店や消費者に直接販売する方法も増えた。農地の再生を、流通の方法から見直すことで、実現している。

　自治体や地域が一体となって、新規就農者の受け入れをする地域も多い。農業に従事するためのトレーニングの機会を設けたり、田畑を融通してもらえる人を、自治体が間に立って話をしたり、移住者のための住居や農地を用意する自治体もある。世襲的に仕事を引き継いできた農家にとって、新規参入者は競争相手であると同時に農村に新しいアイデアをもたらす。農村の再生が重要なのは、山から海までの生態系のつながりがあり、治山・治水にも重要な役割があるためだ（図1）。

●農村の自治

　岩手県葛巻町は、人口7,000人弱の小さな町であるが、平成の大合併の際にも合併を選ばずに、自立した自治を行うことを決意した。その背景にあるのは、独立的に行ってきた農業政策がある（図2）。全国から牛の肥育を請け負うことで、安定的な収入を確保している。乳製品の生産とそれに関連する産業を軸にして、雇用を維持する努力を行っている。また、実験的な牛の糞を活用するバイオマスや、新たな発電手段として風車を設置する等してエネルギー面での自給自足に向けた努力を行い、小さな自治体でありながらも、自立した生活圏をつくり上げている（写1）。

　福井県池田町も、生産者による直売、町をあげての生ゴミによる有機栽培用の堆肥づくり等で特色ある農業地域である。Ｉターン向け住宅の供給も行い、町ぐるみで農

図1　河川にかかわる連続性の確保
（国土交通省）

写1　岩手県葛巻町
岩手県葛巻町では、牛の肥育を行うことで、牧畜を柱とした生産体制を整えてきた。現在では、グリーンツーリズムも盛んで、人口7,000人の町に、年間40万人の観光客が訪れる。写真は女性が中心になって立ち上げた企業が、ジェラートをつくり観光客に提供をしている店内の様子。

写2　越後妻有トリエンナーレ
農村全体を使った芸術祭の企画が近年人気である。この人気の火付け役となったのは、越後妻有地区で開催されているトリエンナーレである。芸術家が農地やその周辺を使って屋外アートに取り組んだり、空き家を借りてそのリフォームを兼ねたような作品づくりを行ったりしている。

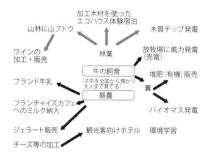

図2　葛巻町の取組み（薬袋研究室）

有機の里「小川モデル」を全国に広める

		分断　　交流　　共創　都市と農村の関係軸の変化→交流力	
農山村力　農山村の持続可能性	【社会・環境面】	・下里有機の里づくり・里山再生	・下里集落に26軒のエコファーマー、17ha（有機農産物比率25%）
	【経済面】・地場産業	・CSA・下里集落と地場産業、地域企業との連携	・多様な連携主体：農家、事業者、企業、市民、NPO、行政等・多様な販路：レストラン、直売所、朝市
	【自給面】・有機農業・エネルギー	・消費者との提携・農場見学会	・町内に35軒の有機農家、25.5ha（有機農産物比率1%）（10年で10人新規就農）
			・有機農業生産グループ「販売部」12軒、年間3,000万円売上（町外にも販売）

図5　農山村の持続可能性を高めるためのマトリックス
（大和田順子、Lohas & Sustainable Style）

村としての活性化に取り組む（図3）。

　農村の改革を国や自治体も後押ししようとしている。制度改革も行い、従来になかった民間企業のかかわり方も実現している。田や畑は時間をかけた土づくりが重要

で、水や周辺の雑木林管理、害虫の発生や花粉の飛散で予期していなかった交配が起きるなど、作物は繊細な面を持つ。長期的なビジョンを立てて、自己の短期的利益だけでなく、地域での長期的な向上に向けた

　考えてみよう！　農山漁村での再生事例を調べ、若者の就労場所を含めた第一次産業の継続・発展のための取組みを調べてみよう。

	町役場	JA、公社	住民
S59		農協青年部発足	
S60	農業体験イベント「ザ・百姓」開催		
S63	農業体験イベント「ザ・百姓」開催（大阪方面イベントPR）		
H3		熱血田舎もん開催（JA）池田青壮年学習シンポジウム	
H4	Iターン者向け住宅（ふるさと十字軍）の提供	有機米生産研究会設立（JA）	
H5		池田宝さがし運動	
H6	池田宝さがし運動		
		農事組合法人コムニタ設立	
	農林公社設立		
H8		ファームハウスコムニタ設立	
H10	101匠の会　発足働きかけ		
	101匠の会　販売店　こっぽい屋開店		
H12	池田町ゆうきげんき正直農業開始（農林公社）		
H13	食Uターン事業開始（農林公社）		
H15	環境パートナー池田		環境パートナー池田
H17	菜の花プロジェクト		

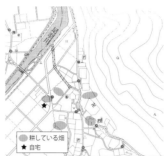

ある高齢女性の耕す畑

● 耕している畑
★ 自宅

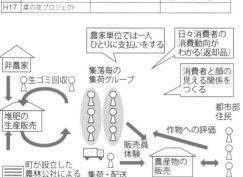

101匠の会の出荷の流れ

主な作業場所	畑
畑の手入れと周辺視察	6か所に分かれている畑を、自転車で回る。車で山菜とりに出かける
環境改善のための働きかけ	青シールをめざすためには、隣の畑の協力が必要なので大変だ。農薬を使わなくてよい工夫を聞いて、実行する。
近隣との交流	声を掛けることが増えた。

ある高齢女性の生活

岐阜県との県境の山間にある池田町は人口3,000人ほどの小さな町である。昭和60年ごろからIターンも視野に入れた活性化対策にさまざまな角度から取り組んできた。有機栽培のものに独自の基準を設けブランド化して消費者に届ける仕組みや、生産者の直売場を都市部のショッピングモールに設置し毎日新鮮な野菜を出荷する等の取組みを行ってきた。有機栽培のための堆肥づくりは、町を挙げて生ごみの分別回収を行い実現させるなど、農業者だけでなく、農業に従事しない町民も池田町の農業を支える一員となる仕組みをつくり上げた。こういった活性化策は、高く売れるものをつくることのメリットを高齢者も含めた住民が感じ、積極的により良い作物を提供するようになった。

とくに興味深いのは、「101匠の会」の活動であ

る。生産者の直売システムであるが、この地域に住む高齢女性は、若いころは繊維産業等をさせる労働者として町に働きに出て給料を得てくるがすべて姑に渡す習慣があり、中年以降になってからも家業（農業）を手伝っても農協を通した販売では収入はすべて夫の口座に入る仕組みであり、働いているにもかかわらず自ら自由に使える小遣いを持てずにきた。その女性が、自分の口座に、自分で出荷したものの収入が入ることで、自らの努力が目に見える形で反映されることで、意欲的に取り組み、耕作放棄地であった場所も再び耕されるようになった。

農村の改革は、品種改良や効率的な農地経営をめざすだけでなく、従事者の自己肯定感を高め、自発的に地域を良くすることに貢献できるプラス志向に地域が向かうことが大切である。

図3　福井県池田町の地域活性化の取組み（薬袋研究室）

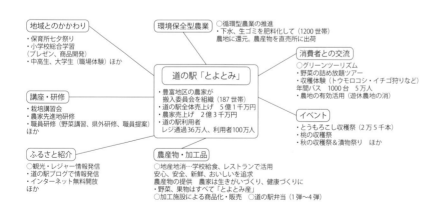

図4　道の駅「とよとみ」の役割（山梨県）
各地に道の駅ができている。もともとは、一般道の休憩施設であるが、産直場として注目される道の駅が増えている。山梨県にある道の駅とよとみは、年間100万人が利用するとも言われる。近隣のレストラン経営者が食材を買いに来ることもあり、地元の農家はここに出品することで収益を上げ、また購入する人は開店前から行列をつくるという、活気ある道の駅となっている。

協力体制が不可欠であり、企業の参入や新規就農者でも、こういった点への配慮は欠かせない。

●環境共生とグリーンツーリズム

農村の理解を促し、農村の収入にもつなげる取組みが、グリーンツーリズムである。農業に従事する住民が環境共生を意識し、地域をあげて有機栽培等に取り組むばかりでなく、都市域住民との積極的な交流を行い、理解を促進することで、農村の意義や維持に対する理解を深める取組みをしている地域もある。もっとも気軽な仕組みの一つは道の駅であろう。道の駅は、もともと一般道路の休憩施設ではあるが、近年では農産物の直売所を併設するものが多く、観光客向けのものもある。また地元の住民の利用者も多く、野菜の流通のあり方を変える要素となっている（図4）。

農村の景観や空き家を使った芸術祭の取組みが注目されている。これだけで活性化するわけではなく、来場者のマナー等の課題もあるが、都市住民が農山漁村に目を向け足を運ぶ機会となっている。

埼玉県小川町は東武鉄道で気軽に都心からアクセスできるが、上流域に他の大きな集落がないことから、早くから有機栽培に地域をあげて取り組んできた。そして都市部からの住民に週末に定期的にボランティに来てもらい連携をはかる等、消費者と地域をつなぐ取組みを積極的に行うことで、農村地域の活性化につなげている（図5）。

千葉県の房総半島では、都市住民が二地域居住の受け皿となっている。週末を中心に別荘のように生活する空間を持ち、時には農地を持ち、房総半島の農村環境を楽しむ人もいる。このように新しい形で農地を都市部住民が所有する等して、農家が耕作を行ったり、あるいはイベント的に定期的に世話をしに通い作物のできる楽しみを味わいつつ、農村を維持することに貢献できる取組みが行われている。美しい風景として評価される棚田等は、手間がかかるために耕作放棄されることが多いが、棚田オーナー制度や体験作業ボランティアを募り、都市住民を巻き込んだ活動が活発に展開している。こういった取組みは、都市住民にも農村の環境を守るための一員としての自覚を促し、実情を理解している住民を増やすことにつながる。

（薬袋）

❶ 生活空間の計画論
❷ 生活を支える基盤
❸ 生活空間の計画のための視点
❹ 生活空間の再編
❺ 生活空間のマネジメント
❹ プロローグ

4.2 中心市街地

4.2.1 中心市街地の変化と現況

地方に目を転ずると、中心市街地の衰退が著しい。産業構造の転換にともなう人口流出という事態に加え、車による移動を前提にショッピングセンターなどが郊外へと拡散していったことによる影響も大きい。ただし、これを放置しておくと、インフラの維持管理を困難とし、さらなるコミュニティの衰退を招くことは必至である。

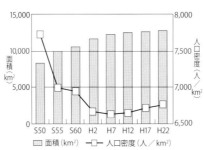

図1 人口集中地区（DID）の面積と人口密度の推移（全国）（国土交通省）

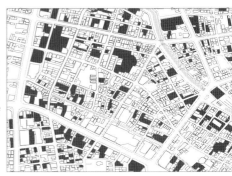

図4 前橋の中心市街地の駐車分布（黒塗り部分）
空き店舗・空き家は駐車場へと変わった。

◉地方都市の中心市街地の衰退

地方都市の中心市街地には、城下町等であった地区が明治期以降、鉄道拠点駅の形成により発展を遂げた町が多い。ことに第2次世界大戦後は、急激な人口増加、急速な経済成長を背景に、都市は拡大を続けた。一方で、大都市に事業所や人口が集中する現象も高度経済成長とともに進んだ。地方都市では、一時は増加傾向にあった人口が、就労や高収入を得るチャンスが多い大都市に移り住み、しだいに減少の局面を迎えた（**図1**）。

その背景には、第2次世界大戦後、繊維産業等で潤った都市が、他の国にシェアを奪われた後、産業構造の転換を迅速にできなかったなど、さまざまな背景がある。

人口が減少しているにもかかわらず、都市の拡大を止めることが難しいのが多くの地方都市が抱える現状である（**図2**）。その背景には、農業経営の維持が難しくなり市街地の周縁部では区画整理などにより宅地化が進められたこと、車の普及により市街地中心部ではなく郊外部にも居住しやすくなったこと、大規模な商業施設や事業所が公共交通のない郊外部に立地していることといった、さまざまな理由がある。

中心市街地衰退による課題

このように都市を拡大させ、中心市街地部の人口が少ない状態にしておくことには問題がある。**表1**に整理するように、公共投資面を中心にさまざまな問題が発生する。上下水道等の生活に欠かせない都市基盤は、供給する水道管の長さを、多くの住民で分割して負担をすれば、自治体の財源や水道料金で徴収する受益者の負担分を軽減することができる。しかし、人口密度が低ければ、住民側の負担が増すことになる。維持費用にもこと欠くことになり、水道管の取換え等のメンテナンスができず、水の供給

表1 スプロール化に伴う公共投資面のマイナス要因（薬袋研究室）

	対象	問題の背景と概略
ライフライン	上水道	上水道の維持は、安全な水の確保という点から重要であるが、メンテナンスにコストがかかり、長距離の上水道を維持することは難しい。郊外部では、地下水等を利用する人もいる。
	下水道	下水道を適切に維持しないと、下水管から汚水が漏れ出し、地下水が汚染される等の問題が発生する。 洗剤等河川に流すことは生態系への影響も大きいので、現在では農村部でも集落ごとの排水処理等の工夫が必要であるが、郊外部で都市型の下水道を維持することは、一世帯当たりの負担が大きくなる。
	ガス	都市ガスを敷設すると、比較的安価なガスを各世帯に供給することができるが、適切なメンテナンス等の維持費用を確実に回収できる利用者数を確保しないと、命に係わる事態に直結しかねない。
交通	道路等	都市的な生活を送るための基盤である、道路等のインフラの建設およびその維持のコストを少人数で負担すると、税負担が重くなる。 十分な維持を行わないと、道路トンネル橋等の不備、下水道からの汚水漏れによる地下水汚染等の原因にもなる。
	公共交通維持の困難さ	公共交通は市街地部および沿線に人口が集中していることで効率的に利用者を確保でき維持ができる。公共交通を維持できなくなると、車を運転しない若年層と高齢者の生活が不便になる。日常生活の基盤となる買物や病院に行かれない高齢者、高等学校に通えない子どもの生活を周囲が支えるのは大変なことである。
	公共施設	とくに義務教育である小中学校を、通いやすい場所に維持することは難しい。中心市街地につくられた学校の児童・生徒数が減り廃校となり、郊外部に誰からも遠い小学校ができ、そのうちまた廃校にせざるを得なくなるようなことは、社会投資として大きな無駄でもある。 公民館、保健所といった生活に身近な施設を日本は全国に整えてきたが、人の住む場所が移動していくことで新たに設置し直すことは、過大な負担となる。
安全と快適	既存市街地の使い捨て	中心市街地は、過去に都市基盤を整えるための投資を行った場所である。それを長期にわたって使わずに、使い捨てることは、資源を積み上げて町を発展させていく考え方に反する。
	除雪	冬季の除雪に対するコストの問題は、地方都市にとっては大きい。除雪の総延長を短くすることが、自治体の財政負担軽減のために重要である。
	災害リスクとの関係	城下町等のあった中心市街地は、その地域の中では比較的災害リスクの低い場所につくられていることが多い。一方近年無秩序に拡がる郊外部は、従来農地であった場所や傾斜地であった場所に住宅地がつくられることになり、水害や斜面崩壊のリスクに晒されやすい場所に多くの人が住むことになる。

が適切に行えない、ガス管が取り替えられないといった事態となる（**図3**）。

また、中心市街地が衰退し人口が減少することにより、小学校が閉鎖されたり、コミュニティが機能しなくなるなど、居住地として適切な空間でなくなるケースもある。空き家・空きビルが多いことは治安上問題

でもある。建物を撤去して駐車場として利用することも多いが、駐車場ばかりの市街地は殺風景で活気がない空間となる（**図4**）。

こういった都市空間が広がることは、居住地コミュニティの面からも望ましいことではない。車でしか移動しない生活では、日常的な生活の中で近隣交流の機会が減少

考えてみよう！ 地方都市の都市計画マスタープランなどから、中心市街地の課題としてどのような指摘をしているのかを確かめよう。

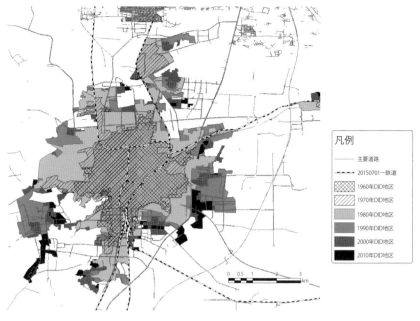

図2 福井市のDID地区の拡がり（薬袋研究室）

凡例
- 主要道路
- 20150701−鉄道
- 1960年DID地区
- 1970年DID地区
- 1980年DID地区
- 1990年DID地区
- 2000年DID地区
- 2010年DID地区

0 0.5 1 2 3 km

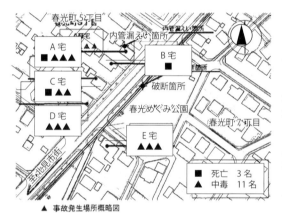

図3 北海道北見市のガス事故発生場所の概略図（経済産業省・原子力安全・保安院ガス安全課、2007）
ガス管が老朽化していたにもかかわらず、取り換えることが出来なかったためにガス漏れが起き、漏れたガスが凍った路面から空中には輩出せずに下水道管の中に入り込み、近隣の住宅のトイレから外に排出され、近隣住宅でトイレに入った住民がガス中毒の被害者となったという例がある。日本社会全体の人口減少の今後に向けて、人口が少ないなりにも、快適に暮らせるようなまちに転換をする必要がある。

■ 死亡　3名
▲ 中毒　11名
▲ 事故発生場所概略図

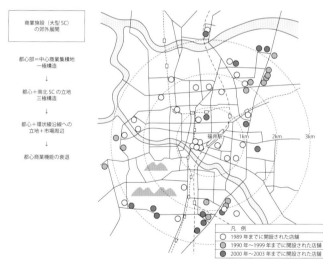

図5 商業施設（大型ショッピングセンター）の郊外展開（小塚みすず、2006）

凡例
- 1989年までに開設された店舗
- 1990年〜1999年までに開設された店舗
- 2000年〜2003年までに開設された店舗

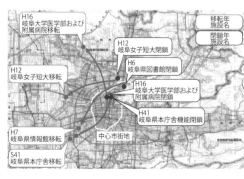

図6 岐阜市の公共工影木施設の梗概移転状況（岐阜市、2008）
多くの人が集う施設が、郊外に移転してしまったことも、中心市街地空洞化の一つの要因である。

し、さらに住宅地内の道路の交通量が増えることで散歩などの歩行や路上での気軽な遊びなどの機会も減少する。

　都市の郊外部に立地する大規模なショッピングセンターは、大規模な駐車場を持ち、近隣にも同様の郊外型の商業施設を集積させることもある（**図5**）。郊外の車での移動を前提とした住宅地に住む住民には、中心市街地よりも気軽にアクセスできる。大資本による商品の供給、娯楽性を持つシネコンと呼ばれる映画館の併設により集客を高めることで、中心市街地の客が奪われる原因となる。また、中心市街地を回避するためにつくられたバイパス沿いにこういった郊外型店舗が立地することもあり、渋滞を招くなど、都市全体として適切な土地利用とはならないこともある。2006年には大規模小売店舗立地法により立地の抑制が期待されたが、十分な効果を発揮できていない。

●外国での実態

　中心市街地の衰退の問題は、さまざまな形で起こる。例えば産業革命以降、船舶や鉄道を使った輸送拠点と市街地とが一体的に展開したが、産業構造が変わり工場・倉庫用地、船舶の埠頭等が使われなくなり廃墟化し、低所得者などの住む場所となりスラム化（アバンダン化）する。また、自動車保有率が高いアメリカでは、郊外部にエッジシティ（edge city）と呼ばれるようになった町が誕生し、すでに多くの都市基盤施設を建設したインナーシティから人が離れた時期もある。

　このような都市ができることで、自動車に依存した生活をする人が一層増え環境への負荷が大きくなることや、中心市街地（inner city）が空洞化することなどが指摘された。

（薬袋）

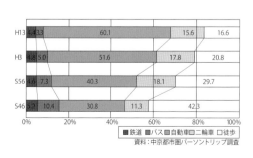

図7 岐阜市の代表交通手段別構成比の推移（岐阜市、2008）
昭和40年代には多くの人が徒歩と公共交通機関を使っていたが、今では自家用車および2輪車を合計すると3／4を占めるようになった。
（図6、7 岐阜市都市マスタープラン全体構想、平成20年度12月）

0 プロローグ

❶ 生活空間の計画論

❷ 生活を支える基盤

❸ 生活空間の計画のための視点

❹ 生活空間の再編

❺ 生活空間のマネジメント

4.2.2　中心市街地の再編

近年、日本の多くの地方都市で掲げられる都市マスタープランに、「コンパクトシティ」が謳われている。これはとくにヨーロッパ諸国を中心に行われている環境負荷を低減した都市づくりをはじめとして、郊外の環境を守ることや、そして日本よりも先駆けて生産人口割合の低い（高齢化）社会を迎えていた北欧諸国を中心とした環境問題意識の高まりと併せてとられてきた施策を参考とするものである。また、交通施策等と併せた取組みを確認することも大切だ。

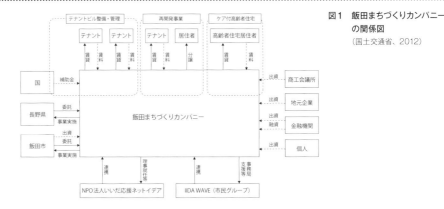

図1　飯田まちづくりカンパニーの関係図
(国土交通省、2012)

◉都市政策としての取組み

アメリカでは、エッジシティ現象に対応するために、郊外部への開発を抑制する成長管理策がとられるようになり、開発に対して厳しい対応をとる都市もあった。しかし抑制するだけでは、低所得者向け住宅が適切に供給されないなどの問題が起こり、広域で都市間連携をはかりながら都市の成長を管理するスマートグロース（smart growth）と呼ばれる動きが展開した。「成長管理」とも訳されるように、都市部を再生しようというニューアーバニズムの運動が盛んに行われるようになった。

また一方で、都市中心部の放棄（abandoned）された地域で、NPOが住宅を買い取りリフォームして低所得者に住居と仕事を提供したり、芸術家やSOHO（Small Office Home Office）として使う人が居住することで新たな地域再生につなげるなど、既存の都市基盤を活かしてまちづくりを進める動きからインナーシティ問題の改善が進んだ。そもそもSOHOとはニューヨークの「South of Houston」と呼ばれる場所の略で、家賃の安くなった倉庫街に芸術家が住み、しだいに居住者層が変化し、ついには高級ブティック街になるような地区となり、ジェントリフィケーション（高級化）と呼ばれる現象が起きたことが由来である。

ヨーロッパでは、環境問題意識への高まりなどから、鉄道駅やバス等の公共交通を使いやすくすることで、中心市街地の居住を快適な町にする努力も見られた。インフラ整備の負担軽減に対する意識も高い。また工場（とくにブラウンフィールド）や倉庫のリノベーション、海辺の都市では埠頭再開発、といった取組みがあり、新たな市街地を形成している。ドイツの南西に位置

プロジェクト事業1
■市街地ミニ開発事業
・土地の入換え、集約化事業
・共同建替え、店舗共同化
・パティオ事業
・空き店舗の活用とテナントミックス
・駐車場整備

プロジェクト事業2
■物販・飲食事業
・物販店舗の運営
・飲食店舗の運営

本部事業
■デベロッパー事業
不動産販売業務、不動産賃貸業務、不動産管理業務、不動産斡旋業務

■調査・研究・開発事業
まちづくり調査・研究業務、コンサルティング業務、出版業務、都市開発型事業業務、高齢者住宅供給業務

プロジェクト事業3
■イベント・文化事業
・各種商店街の集客イベント
・フリーマーケット企画運営
・商業塾の企画運営
・まちづくり研究ネットワークの形成
・その他文化・教育業務

プロジェクト事業4
■福祉サービス事業
・高齢者支援サービス
・買物代行、食材宅配
・福祉関連ネットワークの形成

図2　飯田まちづくりカンパニーの事業領域図 (国土交通省、2012)

図3　高松丸亀商店街の再生
(高松丸亀町商店街振興組合)
高松市の中心市街地にある丸亀商店街では、まちづくり株式会社をつくり、ブロックごとにテーマ性を持ってテナントを募るなどして、活気を取り戻すことに成功した。

するフライブルグは、環境への負荷を軽減することを主眼に置いた都市政策を行ってきたが、同時にそれは、公共交通を使いやすい場所への居住を誘導し、中心市街地が維持・発展することにつながる。市民の意識を環境共生社会に向けることが、不必要な郊外住宅地の展開を抑制している。

◉官民協力での課題解決

中心市街地再生に向けて、核となる課題解決を、官民協働で行っている自治体は多い。第三セクターをはじめとして、自治体と民間企業との連携で、新たな公民の中間的組織をつくり、課題解決にあたる町が多い。TMO（Town Management Organization）等の組織を立ち上げ、課題解決にあたる町もある。バスの運営等に特化した組織もあるが、少しずつ事業内容を拡大し、行政だけでは難しい中心市街地の課題に幅広く取り組む組織となることが期待されている。

長野・飯田市も典型的な衰退が懸念された地方都市の一つであった。飯田まちづくりカンパニーといった、市街地中心部

　考えてみよう！　中心市街地の再編について、取組みの成果を、生活の場、高齢者、若者の就労の視点から考えてみよう。

表1　まちづくり役場の仕事（薬袋研究室）

事業名	事業内容
視察請け所	視察団体の受け入れ、案内、説明等の活動拠点。ピーク時は400団体以上、現在も年間150〜200団体の視察を受け入れている。視察を通じて交流を深めた全国のまちとネットワークを結び、情報交換を行う。
長浜まち歩きマップの作成	商店街の優良店100店舗の協賛を得て、長浜のまちを歩くのに便利なマップを作成。
プラチナプラザ事務局	北近江秀吉博覧会で活躍した熟年スタッフが経営する店舗。野菜工房、おかず工房、リサイクル工房、井戸端道場の4店舗がある。
黒壁グループ協議会事務局	黒壁本館オープン以来、29店舗ある黒壁グループの事務局として会員間の交流の場となっている。協議会主催のイベントも企画。
各種イベントの企画・運営・請負	朝市イベントやお雛さまめぐりなど、地域ぐるみのイベントを企画・運営するほか、その他さまざまなイベントを手伝う。
出島塾事務局	北近江秀吉博覧会をプロデュースした金沢の出島二郎氏を顧問に淡海についての学習会、マーケティングについてなどの講座を開催。
長浜物語「町衆と黒壁の十五年」	黒壁の立ち上げから北近江秀吉博覧会、まちづくり役場設立までを描いたまちづくりの書「町衆と黒壁の十五年」の発行。
KBS滋賀ラジオ	地域密着型ラジオ番組「さざなBeゲーション」を毎週日曜日の11時〜12時に生放送。
感響フリーマーケットガーデン	土日祭日のみ、環境・健康・リサイクル・ガーデニングを考える提案型のフリーマーケットを運営。
文教スタジオ長浜営業所	旅の思い出となる観光写真を格安で提供。
近江文庫（文泉堂）	近江に関する図書、まちづくりの図書のほか、自費出版された図書も扱う。
観光ガイド「えりの湖会」	長浜観光ボランティア協会が組織する「えりの湖会」とも協力。
BBCびわ湖放送局	湖北ならではの情報を発信、企画番組の制作等に協力している。

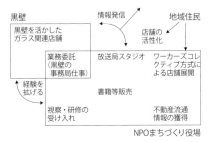

長浜は、琵琶湖畔にあり、豊臣秀吉が城主であったこともある歴史ある町であるが、目立った産業がなく、人口が流出し、衰退していた。湖西線の駅周辺のまちの中心部の商店街も衰退の一途をたどっていた。
しかし大河ドラマの舞台になったこともあり地域を見直す動きが起こり、現在は観光の町として活気あふれる町が戻ってきている。
まちの象徴であった黒壁の元銀行であった建物を、住民等が出資してつくった株式会社黒壁で購入し、ガラスをテーマにした制作・販売を始めたことはよく知られる。

図4　長浜の組織関係図（薬袋研究室）

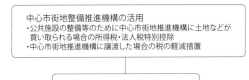

図5　コンパクトシティ実現に向けた中心市街地活性化の支援策（国土交通省）

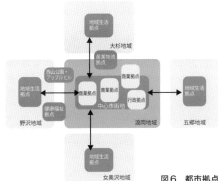

図6　都市拠点の配置パターン（青森県浪岡町、2003）

の蔵が残るような地区を核にして、再開発の実施、蔵の再生などの事業を展開したのもTMOである。今では、飯田市の中心市

街地の活性化の重要な担い手となっている（図1、2）。その他にも、商店を種別に再配置したり住宅をつくることで再生させた高

松の丸亀商店街、市民が出資して立ち上げた株式会社とNPOや住民による共同運営組織（ワーカーズコレクティブ）の組合せで、町を元気にした長浜など、地域ごとの取組みが成功した事例は多い（図3、図4、表1）。

中心市街地の衰退に対する取組みをより円滑に進めるために、2006年に都市計画法の一部が改正され、「中心市街地における市街地の整備改善および商業等の活性化の一体的推進に関する法律の一部を改正する等の法律案」が成立し、全国的な取組みが推進されるようになった。TMO等をはじめとした担い手育成のしやすい環境が整い、都市マスタープランの策定等と連動する形でのさまざまな取組みが模索されている。

商業振興的な側面もある法律であるが、まちなか居住を推進、公共交通の運賃設定の対応等、中心市街地で多くの人が暮せる社会をつくるための取組みを、「都市計画法」で定める土地利用規制を柔軟にすることと併せて促進している。まちづくり三法と呼ばれる中心市街地活性化のもう一つの柱は、「大規模小売店舗立地法」である。新たな大規模店舗を既成市街地内に限定するような制約をかけることで、中心市街地でのまちづくりを促進させようとしている。

しかし一方で、中心市街地部分は歴史が古いだけに地権者関係が複雑であり、商売を続けたい人とそうでない人など希望が多様であるなど、調整に時間がかかる。

◉意識改革を伴う市民協働での解決

人口減少社会を見据え、市街地の規模を適正にコントロールするコンパクトシティには、いくつかの方策があるが、公共交通と組み合わせた方法をとることも多い（図5）。富山市では、既存の鉄道をLRT化し、P&R（パークアンドライド）を沿線商業施設と連携して、市街地内での路面走行を実現し、車の車両移動に負荷をかけてでも、公共交通の優先施策とした。

降雪量の多い地域では、除雪コスト削減も重要な課題である。財政難の自治体では、すでに少しの雪では除雪しないという方針に変えたところもある。青森市では、コンパクトシティを大胆に提唱し、除雪区域と連動させることで、コンパクトシティを実現させようとしている（図6）。　（薬袋）

4.3 密集市街地

4.3.1 密集市街地の形成と現況

都市に労働人口が集中する中で、道路や公園などの基盤整備のないまま、建物が無秩序に高密度に建ち並んだ市街地を「密集市街地」という。これらは、都市化に伴い農地等が急速に宅地化する中で、市街化のコントロールもなく、狭く曲がりくねった農道に沿って住宅が乱立したいわゆるスプロール地域である。住工・住商混在市街地も多くみられ、現在も建物更新が進まず、老朽木造住宅やアパートが、狭隘な道路網や不整形の敷地で構成された市街地に建ち並んでいる。

◎近代都市計画の積年の課題

密集市街地は、近代都市計画で置き去りにされた「負の遺産」ともいわれている。しかしながら、旧来からの地域社会を維持継承した旧市街地も多く、独特の文化が凝縮し息づいた地域でもある。

都市計画上の課題としては、細街路や行き止まり路等の道路基盤の未整備、無接道敷地が多く建替えが進まない、老朽建物が多く災害時の倒壊、延焼の危険性が高い、狭小敷地・狭小住宅等住宅水準の低さ、密集による日照・通風等の居住環境の問題、用途混在による相隣環境問題、居住者の高齢化等、多岐にわたる（図2、3）。

全国では、防災上危険な密集市街地が、25,000ha存在し、2003年国交省ではこのうち約8,000haを重点密集市街地と位置づけている。密集市街地でも、各地で特性があり、東京では地主の所有地内での庭先木賃アパート、大阪では文化住宅や木造長屋が多く、地方では地形上の制約や集落の形態として密集地となったエリア等もみられる。

東京都の「防災都市づくり推進計画」（1996）では、不燃化領域率を基準に早急に整備すべき木造密集市街地（5,800ha、うち重点密集市街地は2,339ha）をおおむね10年で災害時の安全性の確保をめざすとした（図4、5）。その後の木造地域不燃化10年プロジェクト（2020年目標）では、首都直下型地震を想定して、木造密集市街地を燃えない・燃え広がらないまちにするため、時間と場所を限定し、延焼遮断帯を「特定整備路線」（都市計画道路整備の100％実現）、市街地の不燃化を「不燃化特区」（不燃化領域率70％に引き上げ）に指定して、事業を進めている。さらに、都では独自に「新たな防火規制」（新防火：準耐火建築以上への建替え指導）を導

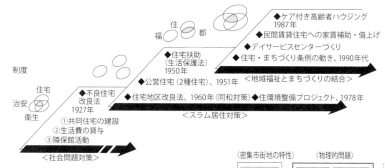

図1　住環境整備事業の流れ（住環境の計画編集委員会、1991）

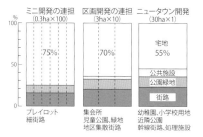

図2　宅地開発の開発規模と公共スペースの必要度
（住環境の計画編集委員会、1991）

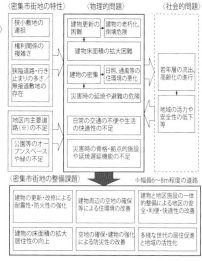

図3　密集市街地の問題・課題

【東京都（2,339ha）】

図4　緊急整備が必要な密集市街地（東京）
（国土交通省、2009）

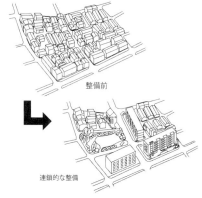

図5　密集市街地の整備イメージ図（伊藤・澤田、2011）

整備前

連鎖的な整備

写1・2　太子堂地区整備事業の実績

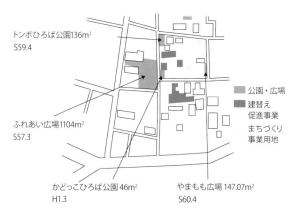

トンボひろば公園136m²
S59.4

ふれあい広場1104m²
S57.3

かどっこひろば公園46m²
H1.3

やまもも広場147.07m²
S60.4

公園・広場
建替え促進事業
まちづくり事業用地

図6　東京都世田谷区太子堂地区における整備事業（薬袋研究室）
東京都世田谷区太子堂は、未接道住宅、行き止まり道路、狭隘道路が多く、災害時に危険なことはもちろん、救急搬送や自家用車の乗り入れが不便等、多くの問題を抱えていた。そこで、時間をかけて土地の買収を行い、可能な部分から問題の解消に取り組んだ。地域の整備方針を住民主導で立て、それに従って期を見ながら実施したものである。角地の買収が実現した折に、道路の拡幅、隅切りと同時に余剰空間はポケットパークと称する空間をつくり、日常生活にゆとりを与える空間ともなった。

考えてみよう！　身近にある旧市街地を散策して魅力と問題点を探してみよう。

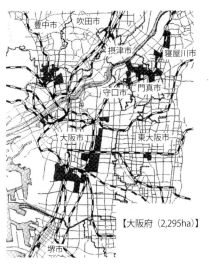

図7 緊急整備が必要な密集市街地（大阪）(国土交通省、2009)

【大阪府 (2,295ha)】

図8 大阪府門真市の整備事業（従前・従後）
(大阪府門真市)

写3 門真市（整備前）　写4 同左（整備後）

図9 東京都豊島区上池袋地区
（不燃化特区）の現状
(加藤研究室)

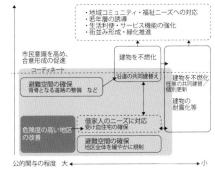

図10 密集市街地整備の考え方

写5 上池袋（整備前）

写6 同上（整備後）

入し、特定整備路線沿道30m範囲の防火地域指定を行うこととした。

また、大阪府では、約6,200ha(内重点整備地域2,295ha)を整備対象としている（図7）。

●修復型まちづくりへ

木造密集市街地の改善には、時代ごとにさまざまな取組みが行われてきた（図1）。面的な整備である住宅地区改良事業のように、スラムを全面的に改善する方法では、改良住宅と呼ばれる鉄筋コンクリート造の賃貸住宅を建て、従前居住者を転出させずに、衛生環境を含めた居住環境を改善した。ま

た、市街地再開発事業等により、鉄道駅周辺などを中心に、駅舎の改善とともにバスロータリー等の公共性の高い空間を創出し、古くからの商店街や住宅を改善する場合もある。しかしながら、このような面的整備では、町の雰囲気が大きく変化し、合意形成を図る地権者数も多くなることから、賃貸借人等経済的な立場の弱い地権者が住み続けられなくなる場合も多い。

1970年代からは、住民と行政が協働で整備計画をつくり、建物の個別更新やその誘導により徐々に市街地の改善を進めていく「修復型まちづくり」の取組みに変わっ

た。その特徴は、①一定の地域生活単位において、②地域の基本的構造を尊重しつつ、③小規模事業・限定的事業を空間的・時間的に積み重ねながら、④公共空間の整備と敷地建物の整備を併せて、⑤発意・立案・実施・環境管理の一連の段階で、住民の意向を反映しつつ行うことにある。

東京では、世田谷区太子堂地区（図6）や墨田区京島地区、豊島区の池袋地区（図9）で、住民参加による段階的な改善が進められた。また、大阪の木造アパート密集地区では、豊中市の庄内地域防災再開発事業や門真市の総合整備事業（図8）等が実施された。

●居住者優先の計画

国の制度として、1978年に住環境整備モデル事業がつくられ、その後も充実が図られ（密集市街地整備促進事業、住宅市街地総合整備事業）、阪神・淡路大地震後の1997年に密集市街地整備法（密集市街地における防災街区の整備の促進に関する法律）が施行された。これは、住民と行政等が協働で整備計画を作成し、個々の住宅更新に合わせて、段階的に建物の不燃化や共同化とともに、道路を拡幅し、小広場をつくっていくという方法であり、①更新時における用地の買収や壁面後退による街路拡幅および行き止まり道路の解消、②建物の共同建替えや協調建替えへの助成・融資および専門家派遣、③従前居住者住宅の建設等の整備を行うための補助事業である。

防災性能を向上させる密集市街地の整備は、居住者の居住権との関係が大きいだけに、時間をかけた地道な改善方策が求められる。住宅そのものの老朽化や設備の不備、狭小であること等の住宅水準や維持管理の問題のほか、高齢単身の居住者も多く福祉施策との連携や、外国人居住者も含むコミュニティの課題等、複雑である。

不燃化特区の地区の現場でも、工場跡地等では、マンション等の高層不燃化が進むものの、狭隘道路の沿道にはとくに老朽建物が多く、木賃アパートがシェアハウスに変容しているケースもみられる。また、狭小住宅の並ぶ特定整備路線の拡幅は、容易ではないことがうかがえる（図9）。これらのまちづくりを進めていくうえでは、地域の住民、行政、まちづくりセンター等の第三者機関や専門家の時間をかけた重層的で緊密な連携が必要である（図10）。　（加藤）

0 プロローグ
❶ 生活空間の計画論
❷ 生活を支える基盤
❸ 生活空間の計画のための視点
❹ 生活空間の再編
❺ 生活空間のマネジメント

4.3.2 密集市街地の再編

密集市街地には、旧来からの地域社会を維持継承した旧市街地も多く、独特の居住文化が凝縮し息づいた地域でもある。各地域の地域特性を踏まえた防災性能の向上と市街地の再編が求められている。

●防災まちづくり

東京では、密集市街地の改善方策として、まず、江東デルタ地帯を中心とした市街地再開発事業による防災拠点構想が進められた。広域的な避難広場と、その周辺に延焼遮断帯となる中高層の不燃建築物を整備していくというスクラップ・アンド・ビルド型の都市改造である。その後、地域の基本的な骨格を継承しつつ、できるところから少しずつ防災性能とともに住環境の底上げを図っていくという手法（修復型まちづくり）に移行していった。

そのひとつに、防災生活圏モデル事業（1985）がある。この事業は、大災害時の市街地大火を防止するための延焼遮断帯の整備と、これに囲まれた「圏域内での防災まちづくり」により「火を出さない、火をもらわない」ブロックを形成して、「逃げないですむまち」をつくるものである。そして、生活圏域内の防災まちづくりは、密集市街地の改善や都市施設の整備というハード面の整備改善とともに、市民の防災意識の育成（組織化、活動の活性化等）を支援する仕組みとなっている。

これらの防災を契機とした取組みを背景に、いわゆる「まちづくり」という概念が確立されていく。高度経済成長期に企業利益優先の論理から生まれた公害や環境問題に対する市民活動、歴史的街並み保存運動や町おこし、これらを背景とした革新自治体の誕生、地方自治体による住環境改善にむけた先進的施策展開等の時代的な経緯とともに、1980年前後に、大きな「まちづくり」のムーブメントが起きた。

この「まちづくり」の理念は、いわゆる「都市計画」とは異なり、地域や地区の生活環境を対象とし、物的計画のみでなく社会計画を包含し、区市町村という基礎自治体が中心となり、住民参加・住民主体で実践していくという考え方である。なお、密集市街地の整備は、街区・地区・地域レベルで、**表1**や**表2**に示す方策や手法がある。

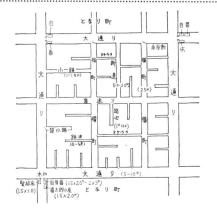

図1　江戸の町制（飯島友治）

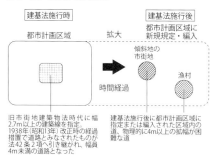

図3　都市計画区域の拡大と建築基準法の道路規定

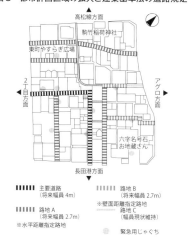

図4　ひがっしょ路地（駒ケ林地区）**のまちづくり計画**（神戸市）

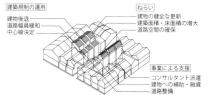

図5　近隣住環境計画（神戸市）

●密集市街地の再生（富の遺産への転換）

密集市街地には、歴史を蓄積した旧市街地が多い。旧市街地では、市街地建築物法（1919）による建築敷地の幅員9尺（2.7m）以上の建築線への接線義務という規定の時代に形成され（1938年改正で幅員4m以上）、これが、都市化に伴って建築基準法（1950）の集団規定を適用する都市計画区域に編入された段階で、幅員4m道路への接道義務が発生し既存不適格となり、いわゆる42条2項

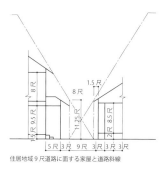

図2　市街地建築物法の道路規定
（加藤仁美、1992）

写1　法善寺横町

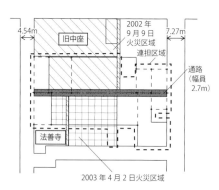

図6　法善寺横丁の再生（大阪市）

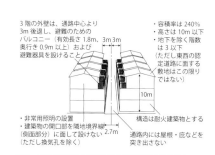

図7　連担建築物設計制度の認定基準（大阪市）

道路として建物更新時の4m幅員への拡幅義務が課せられることになる（**図3**）。そもそも、住宅地の最低道路幅員規定として、明治期の各地の街路に関する布達や規則では、江戸の街割りを踏襲して、車馬交通を意図した街区を形成する街路は3〜5間、街区内の長屋や裏屋に通じる通路や路地の幅員は6〜9尺と別に設定されていた（**図1、2**）。

その意味では、整備対象エリアの街地形成経緯と地域特性をふまえた現実的解決が

考えてみよう！　住宅地周辺の道路幅や建物周囲の空地を観察しながら、避難路・避難場所を確認してみよう。

0 プロローグ
1 生活空間の計画論
2 生活を支える基盤
3 生活空間の計画のための視点
4 生活空間の再編
5 生活空間のマネジメント

表1　密集市街地の整備方策

適用スケール	目的	場所	規制誘導手法（面的規制誘導手法・まちづくり誘導手法）適する手法	役割・効果（地区計画）	事業手法
地域・地区スケール	面的な不燃・難燃化	地区全体または拠点施設周辺等	●防火地域、準防火地域 ●独自の防火規制 ●防災街区整備地区計画	個々の建替えに対して、防災面からの規制強化を面的に行い、地区全体の防災性を向上させる	
	骨格的道路ネットワークの整備／沿道の不燃・難燃化	地区内主要道路（※）沿道	●特定防災街区整備地区（共同化可） ●防災街区整備地区計画（共同化可） ●街並み誘導型地区計画 ●建ぺい率特例許可 ●3項道路（水平距離の指定）●2項道路沿道等	共同建替えの促進による更新困難敷地の解消、土地の高度利用の促進	●道路公園・広場等の施設整備 ●建替え促進助成 ●共同化 等
	（不燃・難燃なし）			施設計画の担保や施設周辺建築物の規制・誘導による、日常や災害時における地区レベルの主要な道路や拠点施設の整備 【地区まちづくり計画の公約補助による実現】	
街区スケール	4m道路ネットワークの整備	2項道路沿道等	●連担建築物設計制度	一般規制の部分的な置き換えや緩和による建物の個別建替えを促進 併せて居住水準以上地区空間の住環境・防災性の改善	
	密集・老朽化した場所の改善	無接道部分	●連担建築物設計制度 ●43条許可		

※幅員6～8mクラスの道路

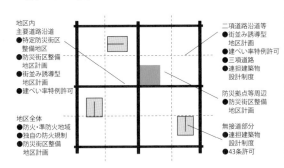

地区内主要道路沿道等
●特定防災街区整備地区
●防災街区整備地区計画
●街並み誘導型地区計画
●建ぺい率特例許可

二項道路沿道等
●街並み誘導型地区計画
●建ぺい率特例許可
●三項道路
●連担建築物設計制度

地区全体
●防火・準防火地域
●独自の防火規制
●防災街区整備地区計画

防災拠点等周辺
●防災街区整備地区計画

無接道部分
●連担建築物設計制度
●43条許可

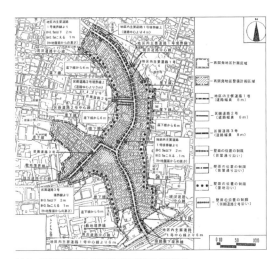

図8　新宿区若葉地区の地区整備計画（新宿区）

表2　密集市街地(旧市街地)の整備に関わる手法

■都市計画関係	
街並み誘導型地区計画（都市計画法＋建築基準法68条3、4、5項）	既成市街地の街区の内側等の土地の有効利用が進まない地区等で、地区計画で地区の特性に合わせた建築物の高さ、壁面位置を定める基準に、基準法の集団規定の一部（容積率・斜線制限等）を緩和できるもの。

■建築基準法関係	
法42条2項道路	基準時にすでに建築物が建ち並んでいる幅員4m未満の道路で、特定行政庁の指定したものは、中心線から2mの位置をもって敷地境界線とみなして救済したもの。建替え時に中心線からの後退が義務付けられている。
法42条3項道路	土地の状況等やむをえない場合に、2.7m以上4m未満の範囲内に特定行政庁が道路幅員を指定できるようにしたもの。
法43条2項2号通路	建築物の敷地は道路に2m以上接しなければならない。ただし、建築物の周囲に広い空地を有する建築物その他の国土交通省令で定める基準に適合する建築物で、特定行政庁が交通上安全上防火上及び衛生上支障がないと認めて建築審査会の同意を得て許可したものはこの限りでない。
法86条第2項：総合的設計による複数建築物の特例・連担建築物設計制度	一団地の総合的設計と同様の制度で、団地内に既存建築物があることが前提となっており、現存する建築物の位置、構造を前提とした総合的見地からの設計によるもの。容積率の低い既存建築物の容積を移転するもの。接する敷地は広い道路に接する敷地と一団にすることにより容積率の限度が拡大する。

■その他事業	
歴史的地区環境整備街路事業（歴みち事業）	歴史的な街並みや史跡など、貴重な財産の残されている地区において、歴史的蓄積を活かしつつ都市内道路空間を面的に整備し、地域の魅力の向上を図る事業。
街なみ環境整備事業	住環境の整備改善を必要とする区域において、地方公共団体及び街づくり協定を結んだ住民が協力し、ゆとりと潤いのある住宅地区を形成する事業。

写2　若葉地区崖地

写3　若葉地区建替えマンション

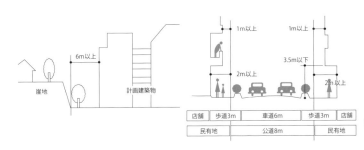

図9　共同建替えと壁面の位置（新宿区）

適切である。

　密集市街地の防災性能を向上させるための道路基盤は、緊急輸送道路と沿道不燃化、生活幹線道路、区画道路、そして通路・路地と、段階構成を意図した整備のあり方が考えられる。徐々にこれらを可能とする整備手法も整えられている。

　例えば、東京都中央区月島は、明治20年代に埋め立てられ江戸の街割りに長屋の建ち並んだ市街地で、街区内の道路はほとんど42条2項道路であったものを3項道路に指定し、沿道建物は街並み誘導型地区計画をかけて、沿道建物の建替えを可能にしている。また、神戸市長田区駒ケ林地区は、漁村集落が大正期以降市街化した地域で、1.8m程度の路地で構成される市街地であった。阪神・淡路大震災を契機に、倒壊建物跡地を広場として市が借り上げ、防災空地とし、道路については、2項道路の拡幅整備とともに、3項道路指定、43条但し書き通路の適用を柔軟に行い、壁面線指定や沿道建物の制限（内装制限や階数・耐火性能）を設け、さらに用途の許可も認める等、建築基準法の集団規定の枠内で「近隣住環境計画」を定め、まちづくりを進めている（図4、5）。

　大阪ミナミの法善寺横丁では、火事を契機に拡幅整備が必要となった2項道路（2.7mの横丁と2本の路地）を地元の要望で廃止し、連担建築物設計制度の適用区域にして、横丁と路地を敷地内の通路と位置づけ、その幅員を維持した（図6、7）。

　また、東京の新宿区若葉町は、台地に挟まれた谷戸に広がる密集市街地であるが、再開発地区計画を活用し、日影規制や高度斜線の適用除外区域としたうえで、南北に通る主要幹線道路と崖沿いの壁面の位置制限により幅12mと6mの空間を確保し、最高高さ25m程度の共同建替えの建物を南北に連続させ、防災性能の高い統一感のある街並みをつくり出している（図8、9）。

　今後密集市街地では、居住者の高齢化や相続で、接道条件が満たされていないなど既存不適格建築物としての空き家・空き地が増えていくことが予測される。

　地域の文脈を継承しながら、近隣で日常の交流や見守りネットワークをつくり、住宅市街地として地域社会像を構築しておくことが必要と考えられる。　　（加藤）

4.4.1 郊外戸建て住宅地の現況と再編

日本では、戦後の持ち家政策の下で、戸建て住宅は郊外へ、さらには「超郊外」へと広がってきた。そしていま、人口減少、少子高齢社会の中で再編の時期を迎えている。

◉郊外戸建て住宅地の形成と現況

高度経済成長期の人口増加と都市集中、住宅需要圧力の中で、住宅地は大都市の外縁に拡大していった。

戦後の住宅政策の3本柱のうち、住宅金融公庫法（1950）と日本住宅公団法（1955）は郊外住宅地の形成を促し、とくに、前者の住宅金融公庫法は、中流階級の自助努力による持ち家政策を支援するものであった（**図1**）。住宅建設五箇年計画（1966～）では、住宅難の解消、住宅供給の量から質の向上、そして住宅ストックの重視へと、政策転換がはかられてきた（**図3**）。

高度経済成長期の人々の求める住まいの目標は、急速な都市化の進展による住環境の悪化を背景に、ホワイトカラー層を中心とした米国型のライフスタイルへの憧れや自動車や家電の普及とともに、郊外の持ち家一戸建て住宅となる。

都市部の若年労働者は、まず木造賃貸アパート等に住み、世帯を持つと公的集合住宅団地や社宅等の賃貸住宅、さらに民間分譲マンション等を経て、郊外の庭付き一戸建てを取得し定住することが、「住宅双六」の「上り」と考えられ、その受け皿として郊外に広大な住宅地が形成されていった（**図2**）。

戦後の住宅供給は、民間資本や、農地解放等により生まれた小規模な土地所有者の不動産運用等、さまざまな要因で、郊外開発が進む。地価上昇・宅地不足が顕在化してくると、巨大な住宅需要を背景に、中小不動産業・宅造業者による劣悪な宅地造成、スプロールが社会問題となる。その後、大手の不動産業者などや、戦前から住宅地開発に関わっていた電鉄系、不動産系資本のほか、金融・生保系、建設系、その他多様な業種の資本が参入し、比較的大きな規模の計画的な郊外住宅地が開発されていく。1950年代から1960年代にかけては、郊外に中層の集合住宅団地もつくられる。

高度経済成長期以降も、三大都市圏への人口流入は続き、郊外の戸建て住宅需要とその開発は進む。バブル期には、住宅価格

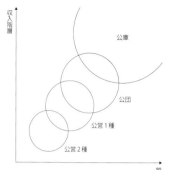

図1 公共住宅政策における住宅の質水準と居住者の階層対応（住環境の計画編集委員会、1988）

図2 現代住宅双六（上田篤、1973）

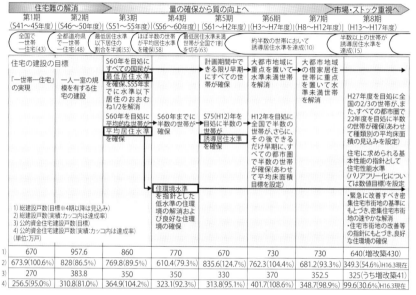

図3 住宅建設5箇年計画の変遷（国土交通省）

	住宅難の解消		量の確保から質の向上へ					市場・ストック重視へ
	第1期 (S41～45年度)	第2期 (S46～50年度)	第3期 (S51～55年度)	第4期 (S56～60年度)	第5期 (S61～H2年度)	第6期 (H3～H7年度)	第7期 (H8～H12年度)	第8期 (H13～H17年度)
	全国で一世帯一住宅(43)	全都道府県で一世帯一住宅(48)	最低居住水準以下居住の割合を半減(53)	ほぼ半数の世帯が平均居住水準を確保(58)	最低居住水準未満世帯が全国で1割を切る(63)	約半数の世帯において誘導居住水準を達成(10)	半数以上の世帯が誘導居住水準を達成(15)	

1) 総建設戸数（目標※4期以降は見込み）
2) 総建設戸数（実績：カッコ内は達成率）
3) 公的資金住宅建設戸数（目標）
4) 公的資金住宅建設戸数（実績：カッコ内は達成率）
（単位：万戸）

	第1期	第2期	第3期	第4期	第5期	第6期	第7期	第8期
1)	670	957.6	860	770	670	730	730	640（増改築430）
2)	673.9(100.6%)	828(86.5%)	769.8(89.5%)	610.4(79.3%)	835.6(124.7%)	762.3(104.4%)	681.2(93.3%)	349.3(54.6%)H16.3現在
3)	270	383.8	350	350	330	370	352.5	325（うち増改築41）
4)	256.5(95.0%)	310.8(81.0%)	364.9(104.2%)	323.1(92.3%)	313.8(95.1%)	401.7(108.6%)	348.7(98.9%)	99.6(30.6%)H16.3現在

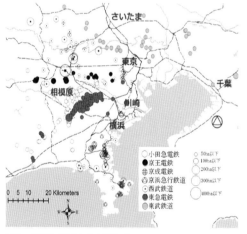

図5 首都圏の私鉄と住宅団地（薬袋研究室）

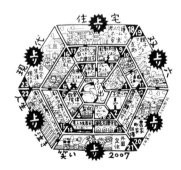

図4 現代住宅双六2007（上田篤）
2007年の改訂版では、たったひとつの「上り」だった「庭つき郊外一戸建住宅」に代わり、都心マンション、老人介護ホーム、外用定住など6つの「上り」がある。一人ひとりのライフスタイルの多様化の反映である。

表1 東京・大阪圏の大手民鉄13社の鉄道網と開発面積1ha以上の住宅地供給（薬袋奈美子他、2005）

	小田急	京王	京急	京成	西武	東急	東武	近鉄	南海	京阪	阪急	阪神
旅客営業キロ程	120.5	84.7	87.0	152.3	176.6	104.9	463.3	508.1	154.8	91.1	143.6	48.9
駅数	70	69	73	69	92	97	205	294	99	89	89	51
発足経緯	住先	NT	鉄先	NT	住先	住先	鉄先	鉄先	鉄先	鉄先	同時	鉄先
住宅地面積(ha)	835.9	261.8	1251.7	274.1	2971.0	4017.6	444.3	1266.6	1272.6	917.6	1736.5	
	194.5	71.3			251.9	2896.5		1017.0			524.6	
住宅地型	沿散	集中	沿散	沿散	広散	集中	広散	沿散	沿散	集中	集中	集中

住先：住宅地開発先行型　鉄先：鉄道事業先行型　NT：ニュータウン開発連携型　同時：住宅地開発と鉄道事業同時期
広散：広域散在型　沿散：沿線散在型　集中：集中型
住宅面積の上段は鉄道会社、下段は不動産会社の開発面積を指す。

図6 愛甲原住宅における福祉のまちづくり (加藤研究室)

写1 風の丘
(小規模多機能型居宅
介護施設)

写2 CoCoテラス
(コミュニティスペース)

写3 デイ愛甲原
(通所介護施設)

空き家・空き地の管理(草刈り・風通し)や高齢居
住者に対する日常の家事等の見守りサポートを
近隣の住民が行っている。

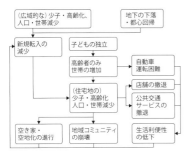

図7 郊外住宅地における衰退の構図
(勝又済、2016)

図8 戸建て住宅をまちに開く地域共生のいえ (世田谷トラストまちづくり)

■ 未利用地　▦ 畑・花壇　▨ 駐車場

図9 郊外戸建て住宅団地における居住スタイルと空き地の活用 (薬袋研究室)

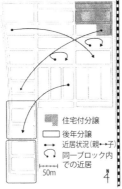

写4・5 地域共生のいえ

図10 第1種低層住居専用地域から第2種低層住
居専用地域へ見直すことで建築できる建物
の例 (横浜市)

た住宅地も多く、小学校区を意識した街区
割りや、通過交通が発生しないように工夫し
た生活道路づくりもみられる。例えば、東急
電鉄田園都市線沿線の「東急多摩田園都市」
(5,000ha・人口60万人)はその好例である。

東京と大阪の鉄道会社が供給した郊外住
宅団地の立地場所と規模(面積・戸数)をみ
ると、大量の住宅供給の状況がわかる(**図
5、表1**)。

◉郊外戸建て住宅地の再編

大規模な戸建住宅地開発では、就業形態
や通勤圏、所得・年齢階層、家族構成等の
均質性とともに、世代間の年齢バランスの
偏りを伴った。短期的には、子どもの保
育・教育等の公共施設サービスを集中させ、
長期的には若年層の一斉流出と高齢化を進
めた。人口構成の高齢化は、住宅地内での
購買力の低下や商業施設等の公共公益施設
の撤退による空洞化をもたらし、地区外と
のアクセスを支えるバス路線の減便や廃止
等の事態を招くなどにより、さらなる居住
者の流出を押し進めることになった(**図7**)。

郊外戸建て住宅地では、空き地・空き家
化、都市的土地利用の放棄が、無秩序に分
散的に発生してきている。その中で、例え
ば、高度経済成長期に開発された小敷地の
住宅地では、空き地を隣接敷地の拡張や、
駐車場として活用したり、市民農園や、コ
ミュニティガーデンとして利用する事例も
みられる(**図9**)。高齢化の進行した住宅地
では、高齢者の生活サポートや見守り、空
き家の管理を担う関係づくりをしている例
もみられる(**図6**)。また、使わなくなった
空き家や住宅の一部や庭を地域に開放する
試みを公的機関が支援する仕組みもみられ
る(**図8**)。

都市計画行政側からのアプローチとし
て、最近では横浜市が郊外部などに広く指
定している第1種低層住居専用地域を中心
に、1996年以来となる用途地域等の見直し
を検討している。具体的には、郊外住宅地
を「住むための場所から『住み、働き、楽し
み、交流する場所』へと転換し、持続可能
で価値の高い住宅地の創出を目指」すため、
第1種低層住居専用地域から第2種低層住
居専用地域へと見直しを行い(**図10**)、特
別用途地区を指定するなどして、日用品店
舗の誘導や喫茶店などの立地誘導、職住近
接を実現しようとしている。(薬袋・後藤)

の高騰を背景に、大都市圏では「超郊外」
と呼ばれる都心部までの通勤・通学に2時
間以上を要するエリアにも、住宅地が形成
されていった。

計画的に開発された戸建て住宅地は、区
画整理事業等により、住宅区画、公園や道
路等が一定水準となり、街並みを担保する
ため建築協定付きの分譲なども行われた。
近隣住区論の考え方にもとづいて形成され

0 プロローグ
❶ 生活空間の計画論
❷ 生活を支える基盤
❸ 生活空間の計画のための視点
❹ 生活空間の再編
❺ 生活空間のマネジメント

4.4.2 郊外住宅団地の現況と再編

計画的な住棟配置とランドスケープで建設された郊外住宅団地は、市民の憧れでもあった。しかし、居住者の減少と高齢化が一気に進み、日本社会の縮図となり、今は多様な再編への道筋が模索されている。

◉郊外住宅団地の形成と現況

　1955年に日本住宅公団ができて以降、東京や大阪等の郊外に団地が数多くつくられる。

　大阪では、京阪沿線に当時として最先端の香里団地（1958）ができて、それまで阪急沿線の芦屋川、岡本、御影、六甲等の住宅地とは異なったイメージをつくり出した。また、東京では、中央線沿線に多摩平団地、西武線沿線にひばりが丘団地や新所沢団地等が、全戸賃貸2,500戸程度でつくられる。その後、東武線や新京成線沿線にも、松原団地、常盤平団地、高根台団地等が、小田急沿線には、百合丘団地等が立地する。

　1960年代当時の東京の住宅不足は解消されておらず、団地生活は市民の憧れでもあった。1962年には、区分所有法が成立し、分譲住宅の供給が行われていく（**図1**）。

　団地計画は、均質な住戸住棟配置ではあるが、豊かなオープンスペースと日照時間が確保され、郊外ならではの住生活が展開された。また、家電の普及で家事労働時間が減り、プライバシーも確保され、出生率が高くなる一方で、保育所や小学校等の公共施設不足が問題となり、団地の自治会等を通して市民意識の向上とともに住民自治やコミュニティが生まれ、多様な活動が展開した。

　「一世帯一住宅」の目標が達成された1973年ごろから、団地建設による人口増加による学校や道路等の生活基盤整備が、自治体の財政を圧迫する現象が顕著となり、団地お断りという意志表示をする自治体も出てきた（**図4**）。これに対応した公共施設の費用負担は、家賃に上乗せされ、団地の「遠・高・狭」が取り沙汰される。70年代は、高島平団地のようなエレベーター付き高層棟が主流となり、多摩ニュータウンに代表されるニュータウンの時代が到来する。

　一方で、住宅団地計画も、量より質を追求する方向転換がなされる。地域性地方性を重視したデザイン、南面平行配置という画一的ではない囲み型やグルーピングをし

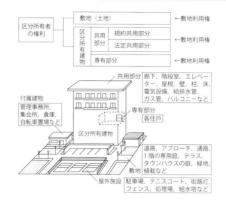

図1　区分所有の仕組み（団地サービス、1999より作成）

団地名	分類	戸数	入居開始
① 高ヶ坂住宅	公社賃貸	852	1961
② 森野住宅	公社賃貸	432	1963
③ 木曽住宅	公社賃貸	904	1963
④ 本町田住宅	公社賃貸	916	1964
⑤ 木曽山崎団地	公社賃貸 公社分譲 公団賃貸 公団分譲	8991	1964
⑥ 境川住宅	公社賃貸	2240	1968
⑦ 藤の台団地	公団賃貸 公団分譲	3435	1970
⑧ 小山田桜台団地	公団賃貸 公団分譲	1618	1984

図4　町田市の郊外住宅団地（町田市・東京都住宅供給公社・住宅都市整備公団より作成）

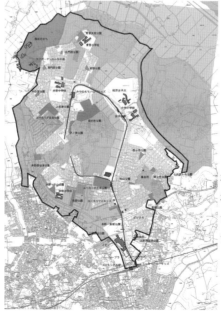

図6　ユーカリが丘の住宅地開発（加藤研究室）

図2　百草団地の住棟配置（UR都市機構）

竣工：1969年
所在地：東京都日野市百草
供給形態：住宅公団（当時）
住戸数：2,398戸
敷地面積：42.9ha
容積率：33.6%

50m

竣工：1976年
所在地：茨城県水戸市
延床面積：5,319㎡

図3　六番池団地の配置（UR都市機構）

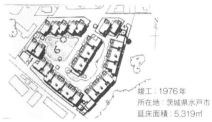

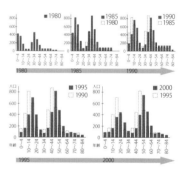

図5　1970年代工事完了団地の年齢別人口構成の経年変化（大月敏雄、2010）

表1　ユーカリが丘の計画の概要（山万資料より作成）

	開発面積 開発戸数	計画人口
全体	245ha 8,400戸	30,000人
第1期 1980年〜	151.68ha 5,459戸	20,218人
第2期 1987年〜	15.5ha 570戸	2,065人
第3期 2009年〜	63.1ha 1,980戸	6,600人

写1　ユーカリが丘

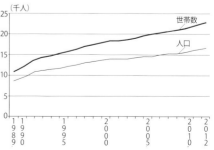

図7　ユーカリが丘の世帯数・人口の変化（山万資料より作成）

　考えてみよう！　身近な住宅団地の現状や建替えのようすを観察してみよう。

❶ 生活空間の計画論

❷ 生活を支える基盤

❸ 生活空間の計画のための視点

❹ 生活空間の再編

❺ 生活空間のマネジメント

❶ プロローグ

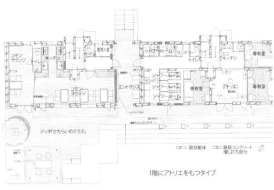

図8　りえんと多摩平（企画・統括設計監理　リビタ／設計監理　ブルースタジオ）

基本ユニット

1階のアトリエをもつタイプ

1階にアトリエをもつシェアタイプ。コモン部分は、全戸で共有。シェアの基本ユニット。2DK間取りを3人でシェアする。

写2　高齢者用賃貸住宅など

写3　シェアハウス

写4　菜園付き集合住宅

図9　左近山団地の近居ネットワーク（加藤研究室）

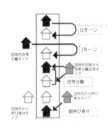

図10　近居タイプ
（大月敏雄、2010）

た配置計画（図2）、コープラティブ方式住宅（グループ分譲）の建設、接地型のタウンハウス形式（図3）、周辺市街地の公共施設整備を含む街づくり手法としての団地建設等、多様な団地計画が展開する。

また、耐用年数を経た住宅団地では、公営住宅を中心とした建替え、公団住宅でも1室増築や2戸1化などが開始される。

1999年には、公団が分譲住宅の建設から撤退し、住宅金融公庫が住宅金融支援機構となり、住宅取得のための公的な直接融資が打ち切られる。そして、バブル崩壊以降は、国による都市再生施策により、民間の不動産業者等を主体とした都心居住型の住宅施策が展開する。

◉郊外住宅団地の再生

近年、民間の住宅供給形態として話題となった「ユーカリが丘」の開発では、駅から住宅地をめぐるモノレール等の運行とともに、年間200戸と時間をかけた分譲方式

が、居住者の年齢層の極端な偏りをなくし、居住者のニーズを意識した事業の展開を実現している（表1、図6、7、写1）。

しかしながら、高度成長期に建設された大団地では、1990年代になると、居住者の減少と高齢化が一気に進んだ（図5）。そもそも団地の住戸計画が、核家族を想定したサイズのため、同年代の世帯が一斉入居することから、同時期に居住者の減少と高齢化を伴うことになる。家族は縮小し、高齢化に伴い転居者が増えて自治会加入率が低下し、空き家も増えてきた。エレベーターがないことから高齢者には住みづらく、老朽化も深刻になりつつあり、建替え問題も生じる事態となる。

その中で、以下の取組みがなされている。

多摩平団地は、ほとんどを高層棟の「多摩平の森」とし、コミュニティ中核施設「多摩平ふれあい館」を開館して住民の交流の場とした。エレベーターを完備してバリアフリー化もなされた。また、4階建フラット

タイプ2棟を、約140戸のシェアハウス「りえんと多摩平」に改造し、若い会社員や学生を対象とした共同キッチンやウッドデッキのある開かれた住まいが提案されている（図9、写2〜4）。

香里団地、ひばりケ丘団地、高根台団地、街開き50年を迎える千里ニュータウンでも建替えが進み、多摩ニュータウンでは全戸分譲の諏訪2丁目団地が7棟の民間分譲の高層マンションに建て替わった。

ひばりが丘団地では、UR都市機構が、中層フラット型4階建の3棟を使って、これらを4階建てのままあるいは3階建てに減らすなど、1棟あたりの戸数を減らす「減築」の実験を行った。隣り合う住戸や上下階を1つにしてメゾネット形式にて床面積を拡大し、屋内のバリアフリー化も行っている。エレベーターを設置せず、住棟内に共有スペースとして集会場をつくる等の工夫がされている。

一方、居住者の高齢化をめぐる福祉活動を実践する団地も出てきた。

90年代から建替えを拒否してきた公団初期の大型賃貸団地の常盤平団地では、いち早く「孤独死」問題に取り組み、「まつど孤独死予防センター」開設の契機となった。高根台団地でも、「高根台たすけあいの会」を設立し地区社会福祉協議会とともに新集会所「ティールームきんもくせい」、小規模多機能型介護施設兼高齢者専用賃貸住宅「つどいの家」を開設した。

千葉県柏市の豊四季団地では、UR都市機構、柏市、東京大学柏キャンパスの3者が一体となり、在宅医療や在宅介護サービスが受けられる「地域包括システム」が構築されつつある。

団地内での親族間の近居により、子育てや介護を相互にサポートしている実態も見られる（図9、10）。また、団地内の空き店舗をコミュニティカフェとして食堂に活用したり、NPOによる生活サポートなど、家族を前提としない居住者の交流や相互扶助を軸としたシステムや空間づくりが模索されている。

郊外住宅地のエリアマネジメントとして、コミュニティ交通、公園や公共空間の維持管理、住替え支援、商店街の活性化、学校の統廃合、医療機関の配置等、さまざまな視点から、周辺も含む町全体の使いやすさやサステイナビリティを意識した居住地の再編が課題となっている。　　　　（加藤）

4.5 都心居住

4.5.1 都心居住の現況

タワーマンションが建てられてきた背景には、それを推進する政策があった。建築・都市計画行政における規制緩和が、公共の福祉や持続可能な社会をつくり出したのか、人口減少、成熟社会の中で見直すべき時期がきている。

◉都心居住の象徴

国では、1980年代から90年代にかけて、バブル期のアーバンルネサンスからポストバブルの都市再生の時期を通じ、経済条件が異なる中で経済政策として都市の改造に介入し、民間投資の再開発促進、都市計画や建築規制の緩和、国公有地の売却、住宅供給促進等の施策を展開した（**図1**）。

首都圏白書（2003）によれば、都心3区とこれらに隣接した品川区、江東区の5区では、マンション供給戸数が、平成初期から10年間で大幅に増加し、2002年には東京圏の約1割に相当する約9,000戸が供給された。地価の下落や景気低迷による企業・工場跡地等に、都心部で比較的安価な住宅供給が進んだため、都心5区では1998年にほぼ人口減から人口増に転じている（**図3、4**）。

小泉政権による都市再生本部の発足（2001）と都市再生特別措置法による都市再生緊急整備地域（2002）の指定は、これら都心居住を迅速に進める原動力となり、石原都政のグローバル経済の中の「世界都市」をめざす東京の将来構想とマッチしていった。この都市再生政策等により、さらなる分譲マンション開発ブームが引き起こされ、とくに超高層・大規模（高容積）のタワーマンションが大量の住宅を供給し、人口の都心回帰を促した。都心居住の象徴ともいえるタワーマンションは、2000年前後から急増した（**図6**）。20階以上の階数のタワーマンションは、2003年時点では計画中も含めると、約300棟であった。その中には、新たな都心居住のライフスタイルを提案したプロジェクトもみられた（**図5**）。

東京都は、1997年「生活都市東京構想」で都心居住推進の方針を示して各規制緩和制度の運用基準を改正し、2001年「東京の新しい都市づくりビジョン」で、センターコア（都心部：環状7号線および荒川放水路内側）を核とする環状メガロポリス構造の都市像を位置づけ、2003年に都市開発諸制度の運用方針を見直した。そしてセンター

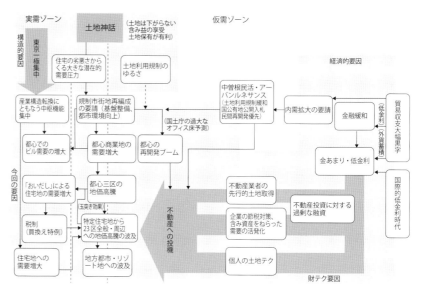

図1 地価が上昇する要因（バブル経済期）（大谷幸夫、1988）

表1 都心居住推進のための容積割増の限度（センター・コア内）2003～2020年まで

制度	総合設計制度	再開発等促進区を定める地区計画	高度利用地区	特定街区
特徴	敷地単位で適用可能・都心居住型・市街地住宅型等	主に都市基盤が整っていない低・未利用地で適用	主に市街地再開発事業の区域内で適用	都市基盤が整った街区内で適用
根拠法	建築基準法	都市計画法・建築基準法	都市計画法・建築基準法	都市計画法・建築基準法
規模要件	500 m² 以上	10,000 m² 以上	5,000 m² 以上	5,000 m² 以上
整備区分別の容積割増（都市等拠点地区）	—	—	—	—
一般拠点	400%・都心居住型・住宅床 2/3 以上・住宅戸数の2/3以上が55 m²/戸以上	500%・住宅床 2/3 以上	400%・住宅床 2/3 以上	450%・住宅床 2/3 以上
複合市街地ゾーン				400%・住宅床 2/3 以上
職住近接ゾーン	・高度地区内は割増300% が上限			400%・住宅床 2/3 以上

写1、2 東京の超高層マンション

図2 東京都の都市開発諸制度の整備区分図（東京都）

表2 幼児の基本的生活習慣の自立についての低層群と高層群の比較（1987）（織田正昭、1990.9）

	低層群 (%)	高層群 (%)	統計的優位差
日常のあいさつ	82.4	55.6	*
排便	79.6	59.3	
排尿	82.4	59.3	*
手洗い	85.3	66.6	
食事	85.3	81.5	
歯磨き	82.4	59.3	*
うがい	79.4	55.6	*
衣服の着脱	79.4	44.4	**
靴の着脱	82.4	48.2	**
後片付け	70.6	51.9	
お手伝い	79.4	55.6	

* : p<0.05　** : p<0.01

コアエリアを4区域に分け、エリア別・制度別に容積率緩和の上限等を位置づけ、都の都心居住推進の骨格が確立された（**表1、図2**）。

都心居住推進のための容積率緩和の対象は、複合市街地ゾーン、一般拠点地区であり、東部は適用除外となった。

2020年には都心部の定住人口の回復を受け、運用方針を改正し緩和を若干抑制した。

2019年末時点で、23区内の20階以上の超高層住宅は2000年以降に急増し、全体の8割にあたる510棟が建設されている。その立地は、センターコアエリアが8割強で、複合市街地ゾーン44%、職住近接ゾーン33%となっている（**図6、8、表3**）。

◉地域からの隔離と孤立

タワーマンションの課題としては、居住

考えてみよう！ 都心の駅周辺の再開発等による居住空間を観察してその特徴を整理してみよう。

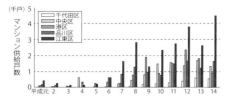

図3　マンション供給戸数（国土交通省）

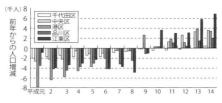

図4　マンション居住人口の増減（国土交通省）

写3　東雲キャナルコートCODAN

タイプA（戸が2つ）

上階

下階
SO（small office）タイプ

タイプB（約100㎡）

図5　都心居住者向けプラン例（UR都市機構）

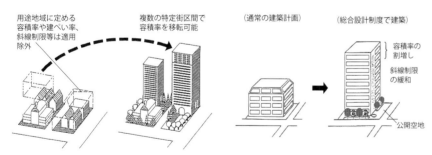

図6　東京区部における超高層住宅の建設数の推移（大澤昭彦、2022）

図7　特定街区（左）と総合設計制度（右）（国土交通省）

用途地域に定める容積率や建ぺい率、斜線制限等は適用除外

複数の特定街区間で容積率を移転可能

（通常の建築計画）

（総合設計制度で建築）

容積率の割増し
斜線制限の緩和

公開空地

表3　都の整備区分別超高層住宅の棟数

都の整備区分		棟数	割合
都心等拠点地区	都心	4	0.8%
	副都心・新都心	9	1.8%
一般拠点地区	地域拠点	9	1.8%
複合市街地ゾーン	都心	163	32.0%
	副都心・新都心	62	12.2%
職住近隣ゾーン	西	112	22.0%
	東	58	11.4%
センター・コア・エリア外		93	18.2%
区部合計		510	100.0%

（大澤明彦、2022）

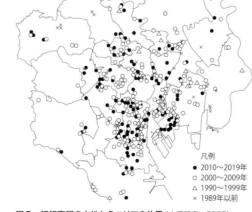

凡例
● 2010～2019年
○ 2000～2009年
△ 1990～1999年
× 1989年以前

図8　都超高層の立地と各エリアの位置（大澤昭彦、2022）

空間として、利便性や眺望がよい等居住者の快適性は確保されるものの、セキュリティが高いがために孤立・自足的な閉鎖空間となりがちとなることがあげられる。とくに、生活関連機能も含む多機能を囲い込んだ建築群のプロジェクトは、自己完結型のエリアとなり、さらに高級ホテル並みの生活サービスをもつマンションでは、地域から完全に隔離され、コミュニティが生成されにくく、居住者の孤立が進む。そのため、少子高齢社会での相互扶助や緊急時の防災面での対応等が懸念される。

また、居住者の健康面では、外出頻度の低下や子どもの精神面での発達の低下（母子密着度が高い）や精神健康ストレス等の問題も、医学の立場から指摘されている（**表2**）。

●ハード・ソフト両面での課題

都心に立地するマンションでは、投資目的で住戸を購入する人が多く、購入された分譲住戸が賃貸に出されたり、またセカンドハウスとして利用する人もみられ、実際に居住しない区分所有者の多いことが、マンション自体の維持管理や建替え時に大きな壁となる可能性がある。

立地特性として、超高層・大規模のスケール・形態の建物が、周辺地域の文脈との連続性なく建てられることになり、多大な居住人口をサポートする生活利便施設や学校等公共施設に与える影響は過大となる。

また、巨大な超高層建築物は、大量の居住者（区分所有者）で構成されることになることから、火災時の危険性、防犯上の死角、地震時の揺れ（長周期地震動）への対応、長期にわたる維持・管理体制（大規模修繕等）が懸念される。さらに、数十年後に必ず訪れる建物の更新時には、大量の区分所有者（不在オーナー・投資家を含む）の合意形成とともに、超高層建築物の建替え自体が可能であるのか、ハード・ソフト両面での大きな課題が横たわっている。行政や事業者、居住者（管理組合）、地域（町内会等）とが一体となった周辺地域を含むエリアマネジメントが必須である。

都市再生をめぐる一連の政策は、国が民間都市開発プロジェクトと一体となって進めているものであり、公共の福祉や持続可能性という視点での都市づくりとしては、大きな課題を背負っているといえよう。

（加藤）

⓪ プロローグ

❶ 生活空間の計画論

❷ 生活を支える基盤

❸ 生活空間の計画のための視点

❹ 生活空間の再編

❺ 生活空間のマネジメント

4.5.2　都市再生

バブル崩壊以降、都心部ではオフィス需要や居住人口回復をめざし、民間開発促進をはかるために、規制緩和による都市再生が行われる。

◉都市再生の展開

　1990年前後から、不動産流通を促すため、公共貢献が認められる建築物の開発に対し、容積率や斜線制限等の規制を緩和する制度の拡充がはかられた。該当する手法は、街区・地区を対象とした特定街区、敷地単位で適用される総合設計制度、市街地再開発区域内における高度利用地区、再開発促進区を定める地区計画、都市再生特別地区等であった（表3）。また、2000年には、未利用の容積率を一定の区域内で移転可能とする特例容積率適用地区制度が創設され、東京駅丸の内駅舎の復元等に活かされた（図2）。

　2001年、内閣に都市再生本部が設置され、2002年に「都市再生特別措置法」が制定されて「都市再生特別地区」制度が設けられる。既存の都市計画規制を白紙とし、民間提案の計画内容等が迅速な都市計画決定手続きを経て認められるものである（図1、表1）。なお、都市再生特別地区の指定により、用途地域等による用途規制や容積率制限等は適用除外となり、地区内に新たに誘導すべき用途や容積率、建ぺい率等の規制を定め直すことができる（表2）。

　地区内の容積率の緩和量については、公共貢献の効果を総合的に判断して決められる。また、民間事業者は開発区域内の土地所有者等の2/3以上の同意を得ることで、都市計画の提案が可能となっている。

　都市再生特別地区は、全国で15都市の101地区、面積216haで指定された（2020年3月末現在）。地区数の8割、指定面積の9割は6大都市となっている。各都市における指定数は、表1の通りで、東京では48地区ともっとも多く、うち34地区が東京都心および臨海地域に集中している。大阪では19地区で、うち17地区が大阪駅周辺・中之島・御堂筋周辺地域内である。また、都市再生特別地区の公共貢献としては、公開空地、防災、文化・交流等があげられる。歴史的資源の保全への貢献として、丸の内では煉瓦造の旧三菱一号館が復元されて公開された。　　　　（加藤）

図1　東京都内の都市再生緊急整備地域等の指定状況（東京都、2018）

ゾーン・軸・拠点による整備方針図

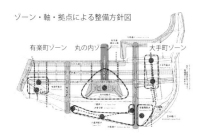

図2　大手町・丸の内・有楽町地区整備方針

図3　渋谷駅周辺地区整備イメージパース（東京都都市づくり公社、2015）

表1　六大都市の都市再生特別地区指定数（日本建築学会編、大澤昭彦執筆、2022）

都市名	都市再生緊急整備地域		都市再生特別地区
	地域名	面積(ha)	地区数
東京	東京都心・臨海地域	2,040	34
	秋葉原・神田地域	157	3
	品川駅・田町駅周辺地域	184	1
	新宿駅周辺地域	221	2
	大崎駅周辺地域	61	3
	渋谷駅周辺地域	139	5
	池袋駅周辺地域	143	0
東京・川崎	羽田空港南・川崎殿町・大師河原地域	339	0
横浜	横浜山内ふ頭地域	廃止	1
	横浜都心・臨海地域	524	2
	横浜上大岡駅西地域	7	0
名古屋	名古屋駅周辺・伏見・栄地域	401	8
	名古屋臨海地域	145	0
大阪	大阪駅周辺・中之島・御堂筋周辺地域	490	17
	難波・湊町地域	36	1
	阿倍野地域	21	1
	大阪城公園周辺地域	121	0
	大阪コスモスクエア駅周辺地域	154	0
神戸	神戸三宮駅周辺・臨海地域	98	3
	神戸ポートアイランド西地域	273	0
その他（六大都市以外）		3,751	20
合計		9,305	101

表2　都市再生特別地区で定めることができる規制・適用除外となる規制（日本建築学会編、大澤昭彦執筆、2022）

適用除外となる規制	地区内で定める規制
用途地域および特別用途地域による用途制限	誘導すべき用途（用途規制の特例が必要な場合のみ）
用途地域による容積率制限	容積率の最高限度（400%以上）および最低限度
斜線制限	建ぺい率の最高限度
高度地区による高さ制限	建築面積の最低限度
日影規制	高さの最高限度
	壁面の位置の制限

表3　主な容積インセンティブ手法（日本建築学会編、大澤昭彦執筆、2022）

	特定街区	高度利用地区	再開発等促進区を定める地区計画	都市再生特別地区	総合設計制度
創設年	1961 1963	1969 ＊1975年の改正で容積率の最高限度が規定的	1988（再開発地区計画）2002（再開発促進区）	2002	1970
根拠法	都市計画法8条・9条 建築基準法60条	都市計画法8条・9条	都市計画法12条の4・12条の5 建築基準法68条の3 ＊再開発地区計画時は都市再開発法と建築基準法	都市計画法8条 都市再生特別措置法36条 建築基準法60条の2	建築基準法59条の2
制度の目的	良好な環境と健全な形態を有する建築物を建築し、併せて有効な空地を確保することで、都市機能に適応した適正な街区を形成し、市街地の整備改善を図る。	敷地統合の促進、小規模建築物の建築抑制、有効な空地の確保や、土地の高度利用と都市機能の更新を図る。	まとまった低・未利用地等における土地利用の転換の円滑な推進のため、都市基盤整備と建築物等との一体的な整備により、土地の高度利用と都市機能の増進を図る。	都市再生緊急整備地域内の都市開発事業等を迅速に実現するため、都市の再生に貢献し、土地の合理的かつ健全な高度利用を図る。	公開空地の設置等により、市街地の環境の整備改善を図る。
適用地域	用途地域	用途地域	用途地域	都市再生緊急整備地域	用途地域
規定する事項					
高さの最高限度	●	―	○	○	―
壁面の位置	●	―	○	○	―
建ぺい率の最高限度	―	○	○	○	―
建築面積の最低限度	―	○	○	○	―
容積率最高限度	●	○	○	○	―
容積率最低限度	―	○	○	○	―
用途	―	―	―	○（誘導用途）	○（誘導用途）
緩和・適用除外					
容積率	○	○	○	○	○
道路斜線制限	○	○	○	○	○
隣地斜線制限	○	○	○	○	○
北側斜線制限	○	○	○	○	○
日影規制	○	○	○	○	○
特徴	基盤が整っている地区での面的な高度利用。	小規模敷地の統合や高度利用。駅前等での再開発での活用が多い。	大規模な土地利用転換にあわせて、都市基盤と土地利用の一体的な整備を図る手法。	既存の都市計画を書き換えることで、都市基盤と土地利用に貢献し、民間の提案をベースに迅速に手続きを実施。	敷地単位で適用可能。

注）●は必須事項、○：規定することができる事項

　考えてみよう！　都市再生特別地区を視察して魅力と問題点を探ってみよう。

生活空間のマネジメント

Chapter

5

5.1.1　コミュニティと市民集団

住民主体のまちづくりの基礎は地域コミュニティにあるといえる。コミュニティは、「地域性」と「共同性」の2つの特徴を持つ集団とされてきたが、その意義が変化した。現在の日本では、従来の自治会・町内会等の「地縁型」に留まらず、特定テーマを追求する「テーマ型」の集団もコミュニティとされ、また「地縁型」も「テーマ型」も多様化している。とくに、後者ではさまざまな集団が登場しているのが今日の特徴である。

◉コミュニティとは

「コミュニティ」の定義は多様であるものの、集団を「コミュニティ」と「アソシエーション」に分類したマッキーバーは、前者を一定地域の共同性のある社会や集団とし、社会観念や慣習などを共有し、類似性と共属意識を有する地域社会や集団とした。一方、後者は、特定の関心を追求し実現するための派生的・人為的な集団とした。

「コミュニティ」の概念には「共同性」と「地域性」が含まれるが、情報化と人々の移動の激しい現代社会では「地域性」の概念が薄れ、冠婚葬祭に見られるように外部の専門サービスの進展により「共同性」も薄れつつある。コミュニティが「共同性」を有するのは、観念や慣習などの共通理解を地域で育み、それを基盤とした集団が形成され、それが継承されることにより継続的に共有され続けてきたからといえる。現代社会ではこの「共同性」も「地域性」も希薄化しているにもかかわらず、コミュニティという言葉はなくならず、地域での担い手としてさらなる期待が寄せられている。

◉市民集団のタイプ

市民集団とは、市民社会を構成する組織といえる。市民集団を「地域限定性」と「広域性」、「テーマ包括性」と「テーマ特化性」に区分し、タイプ区分したものが**図1**である。自治会・町内会は「地域限定性」と「テーマ包括性」に位置づけられ、管理組合やまちづくり協議会、地区社会福祉協議会や地域福祉団体などは「地域限定性」と「テーマ特化性」に位置づけられる。NPO（Nonprofit Organization）やボランティア団体、市民団体は「テーマ特化性」に位置づけられるが、活動地域は「限定」から「非限定」まである。中間支援組織とはNPOや

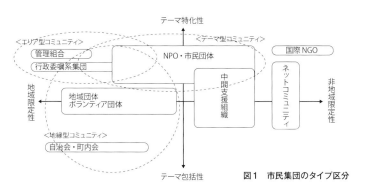

図1　市民集団のタイプ区分

表1　地縁団体の名称別総数の状況（総務省調査、2018）

区分	自治会	町内会	町会	部落会	区会	区	その他	合計
団体数 構成比	131,679 (44.4)	67,869 (22.9)	17,937 (6.0)	4,960 (1.7)	3,426 (1.2)	37,098 (12.5)	33,831 (11.4)	296,800 (100.0)

（注）構成比は小数点以下第2位を四捨五入しているため合計しても100とならない。

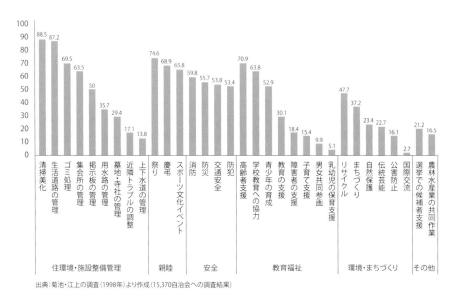

出典：菊池・江上の調査（1998年）より作成（15,370自治会への調査結果）

図2　自治会の社会サービス活動の実施率（辻中・ロバートペッカネン・山本、2009をもとに作成）

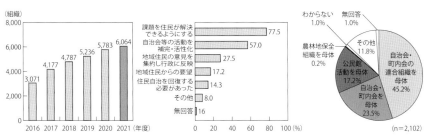

図3　地域運営組織の設置数の推移（総務省調査）　図4　地域運営組織の設立目的（総務省調査）　図5　地域運営組織の母体（総務省調査）

市民団体、さらには自治会等と支援団体であり、テーマは「特化」から「限定」まで広がる。

また、「地縁型コミュニティ」と「テーマ型コミュニティ」という分類が使用されているが、前者は、自治会、町内会、町会、部落会、区会など日本に従来からある近隣住民組織を示している（**表1**）。後者は、特定テーマに特化して自主的に活動する市民

団体、ボランティア団体、NPO法人などを示す場合が多い。

◉自治会・町内会と役割

自治会・町内会は、日本での代表的な近隣住民組織であり、「一定範囲の地域（近隣地域）の居住者からなり、その地域にかかわる多様な活動を行う組織」（Pekkanen,1987）という定義がある。地域による違い

考えてみよう！
　自分が所属している「コミュニティ」（複数）にはどのようなものがあるか考えてみよう。

表2　分野別NPOの認証法人数 (内閣府、2020)

号数	活動の種類	法人数
第1号	保健、医療または福祉の増進を図る活動	29,520
第2号	社会教育の推進を図る活動	24,665
第3号	まちづくりの推進を図る活動	22,433
第4号	観光の振興を図る活動	3,420
第5号	農山漁村または中山間地域の振興を図る活動	2,398
第6号	学術、文化、芸術またはスポーツの振興を図る活動	18,259
第7号	環境の保全を図る活動	13,171
第8号	災害救援活動	4,319
第9号	地域安全活動	6,313
第10号	人権の擁護または平和の活動の推進を図る活動	8,899
第11号	国際協力の活動	9,211
第12号	男女共同参画社会の形成の促進を図る活動	4,833
第13号	子どもの健全育成を図る活動	24,393
第14号	情報化社会の発展を図る活動	5,600
第15号	科学技術の振興を図る活動	2,819
第16号	経済活動の活性化を図る活動	8,944
第17号	職業能力の開発または雇用機会の拡充を支援する活動	12,847
第18号	消費者の保護を図る活動	2,888
第19号	前各号に掲げる活動を行う団体の運営または活動に関する連絡、助言または援助の活動	23,712
第20号	前各号に掲げる活動に準ずる活動として都道府県または指定都市の条例で定める活動	318

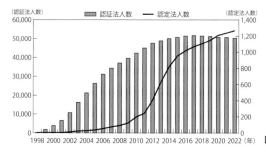

図6　認証・認定のNPO法人数の推移 (内閣府)

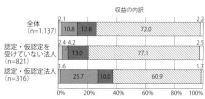

図7　NPO法人の収益の内訳 (内閣府、2016)

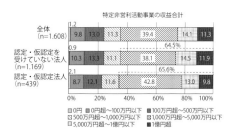

図8　NPO事業の収益合計 (内閣府、2016)

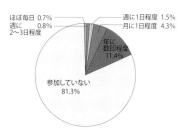

図9　NPO、ボランティアなどへの参加頻度
(内閣府、2007)

図10　近所づきあいの程度 (内閣府、2016)

もあるが、現在の自治会のような組織ができたのはおおむね明治以降であるとされる。第2次世界大戦下の国家総動員体制のなかで行政機構の末端に位置づけられたために、戦後はGHQ（連合国軍最高司令官総司令部）による解散命令が下された。もともと、相互扶助などによる住民の生活を支える仕組みであったために日本の主権回復後に復

活を遂げるが、その後、都市化の進展のなかで衰退を続けた。1970年代のコミュニティ活性化政策や1980〜90年代のまちづくりと住民参加、2000年代の地方自治法改正による地域自治区や市民との協働条例等の位置づけなどの政策があるにもかかわらず、多くの自治会・町内会で担い手不足や活動の低迷化などに悩んでいる。

❶ プロローグ
❶ 生活空間の計画論
❷ 生活を支える基盤
❸ 生活空間の計画のための視点
❹ 生活空間の再編
❺ 生活空間のマネジメント

自治会・町内会等の地縁団体は、1991年以降は地方自治法で市町村長の認可を受けて法人格を取得することが可能とされている。認可を受けた地縁団体は、自治会館等の不動産登記が可能であり、事業の実施にともなう契約主体になることも可能である。総務省調査（2013）では、全国に約298,700の自治会・町内会があり、そのうち認可地縁団体は約44,000団体である。

自治会・町内会は、基本的に地域社会の活動や地域の問題解決を担っており、①住環境や施設管理、②親睦・交流、③安全、④教育福祉、⑤環境、⑥地域問題への取り組みなど、その活動は多様である（図2）。

◉地域運営組織

地域運営組織とは、「地域内の様々な関係主体が参加し、協議組織が定めた地域経営の指針に基づき、地域課題の解決に向けた取組を持続的に実践する組織」（総務省）である。地縁団体の弱体化や地域の担い手不足に対して、「まち・ひと・しごと創生総合戦略」では活動基盤の強化や地域運営組織の形成を重要課題として位置づけ、2016年から地方交付税による財政支援を行っている。この結果、組織数は増加しており、自治会・町内会を母体としつつ、その活動を補完する形で活動を進めている組織が多い（図3、4、5）。

◉NPO法人

特定非営利活動促進法（NPO法）が1998年に施行され、NPO法人が設置された。内閣府によれば2013年9月現在49,457法人が認証を受けている（図6）。多い分野は、①保健、医療福祉、②社会教育、③まちづくり、④子どもの健全育成などである（表2）。

非営利活動とは、個人や団体の利益ではなく不特定多数の利益増進に寄与するものであり、収益を上げることを否定しているわけではない。また、営利企業は得られた収益を分配するが、非営利のNPO法人は利益を分配せずに今後の事業に充てなければならない。活動の継続性を確保するうえでは、収入を確保することは極めて重要であり、実際、多くのNPO法人は収益を上げるための事業を実施している（図7、8）。市民主体のまちづくりを進めるうえでその役割はますます重要となっている。（室田）

5.1.2　参加・協働型まちづくりの発展

行政が物的整備を中心に行ってきた都市計画は、行政主体で住民が参加して意見を反映させる参加型へと変化し、さらに現在では、住民が主体的に多様な地域課題に取り組む住民主体型まちづくりが多く見られるようになった。また、地域住民や市民団体、企業や行政など多様な主体が関わり、相互に協力して総合的な課題や魅力づくりに取り組むまちづくりも発展している。一方、各自治体は、住民との関係変化に対して参加・協働条例等を設け対応を図るところも増えつつあるが、情報、資金、権限などが住民側に十分にはないため、対等とはいえないといった課題も指摘されている。

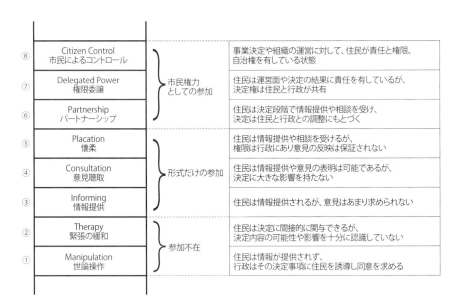

図1　まちづくりの捉え方

図2　アーンシュタインの参加の梯子とその説明 (Sherry Arnstein, 1969 をもとに作成)

●参加・協働型まちづくりとは

「参加型まちづくり」とは「住民が参加するまちづくり」であり、行政などが設定した場に住民が参加する意味になる。住民をまちづくりの主体とし、行政と住民が対等な関係であることを強調するために使用されているのが「協働」という言葉である。「協働」とは、①複数の主体が協力し合うことにより1つの主体のみではできない目標を達成すること、②各主体の自立と主体間の対等な関係性を強調するものである。

「まちづくり」という言葉は、幅広い使われ方がなされてきたが、「都市計画」と「まちづくり」を対比的に捉えた場合は、都市計画は対象範囲が明確であり、法制度によってトップダウンで決定し、縦割りで実行するシステムという捉え方となる。一方の「まちづくり」は、利害関係者が合意を図りつつボトムアップで決定し、地域の多様な問題を包括的に捉えて解決する仕組みや活動という捉え方となる。小林郁雄はまちづくりを「地域における市民による自律的継続的な環境改善運動」と定義するが、この環境は物理的環境というよりも広範囲を示していると考えられ、さらに、石原および西村は、まちづくりの対象を地域経済、地域社会、地域環境の3分野に分類している。ここでは、これらを踏まえたまちづくりの概念として図1を示す。

すなわち「協働型まちづくり」は、地域の多様な目標を達成するために、異なる主体が対等な関係で協力し、合意を図りつつ問題解決や地域改善を包括的に進めていく仕組みといえる。

表1　地方自治体の協働・参加条例の例 (各参加・協働条例をもとに作成)

条例	協働の意味	協働の対象者	協働する活動
千葉市市民参加および協働に関する条例	市民および市が共通の目的を達成するため、それぞれの果たすべき役割および責任を自覚し、相互に主体性を持ち、自主性を尊重しながら協力し、または補完すること	市民と実施機関	市民が自己の意思を市の施策に反映させるために意見を述べ提案することと、防犯、防災、福祉、環境、教育などさまざまな公共の分野の課題解決
横浜市市民協働条例	地域課題や社会的な課題を解決するために、協議によって、それぞれに果たすべき役割・責任を自覚し、相互に補完し、協力し、相乗効果をあげながら、新たな公的サービスの仕組みや事業をつくり出し、取り組むこと	市民、法人、地縁による団体およびこれらに類するものと市	市民公益活動（公共的、または公益的な活動）
相模原市市民共同推進条例	市民と市民および市民と市民が、目的を共有してそれぞれの役割および責任の下で、相互の立場を尊重し、協力して、公共の利益を実現するために活動すること	市内に居住する者、市内に通勤・通学する者、地域活動団体、大学、企業など	地域活動や市民活動
浜松市市民協働推進条例	市民、市民活動団体、事業者および市が、互いの相違を認識し、市民が望むまちづくりを目指して、多角的および多元的に取り組むこと	市民、市民活動団体、事業者、市	市民および事業者が自主的に参加して自発的に行う営利を目的としない活動であって社会貢献性を持つもの
京都市市民参加推進条例	自らの果たすべき役割を自覚して対等の立場で協力し合い、および補完し合うこと	市民、市民活動団体、市	市民が市政に参加すること、およびまちづくりの活動

考えてみよう！　参加・協働型まちづくりの事例としてはどのようなものがあるか、調べてみよう。

表2 コミュニティと参加・協働型まちづくりに関連する理論

理論	キーワードの定義について	代表的な考え方
ローカル・ガバナンス理論	「ガバナンス」は「統治」の意味。「ガバメント」と「ガバナンス」を対比的に使い、前者は法的拘束力や上位圧力による統治システム、後者は集団構成員の主体的関与による合意形成と意志決定システムとする。	「ローカル・ガバナンス」は、市民、事業者、自治体職員、政治家などの構成員が政治的な主体となって自ら統治し公共性を実現するシステム。住民自治力の向上の必要性から、住民と基礎自治体や議会との関係の再検討・再構築を図る。
ソーシャル・キャピタル理論	「ソーシャル・キャピタル」は、グループ内部、グループ間での協力を容易にする共通の規範や価値観、理解とともに、信頼を伴ったネットワークのこと。	「ソーシャル・キャピタル」は、物的資本や人的資本と並ぶ資本であり、パットナムは協力関係のある社会は、経済面社会面においても好ましい効果があるとする。人間関係の希薄化などを背景に相互信頼関係の重要性が指摘されている。
協働理論	「協働」は、複数の主体が対等な関係性のなかで、何らかの目標を共有して相互に協力すること。	地域の多様な課題の解決や魅力づくりは、行政単独や市民のみでは成果を上げることが難しく、行政や市民などの多様な主体が「協働」で取組みを行い目標を達成することが重要とされている。
コモンズ理論	「コモンズ」は、特定の集団が所有管理する資源で、各人が自己利益のみを追求すると恩恵を被ることが難しくなり全員に悲劇が生じてしまうような資源のこと。	「コモンズ」は、相互のモニタリングが可能な地域コミュニティの方が、国家や市場よりも適切に管理することが可能であり、地域住民が共有資産を共有ルールを持って管理することでよりよい活用が可能となるとする。コミュニティの問題解決能力や自己改善能力への着目が背景にある。
補完性原理	「補完性原理」は人間の尊厳と自治にもとづいて国家や政府が個人に奉仕すると言う考え方から発展し、基本的には個人や小グループの努力や創意を重視し、個人などができないことをより大きい組織や政府がカバーするという考え方。	欧州統合の際に、連合の決定はできる限り市民に開かれた形でかつ近いところで行うとし、ヨーロッパ地方自治憲章では、「公的な責務は、一般に、市民に最も身近な地方自治体が優先的に履行する」とされる。日本では、地方分権化の推進として活用されているが、市民主権や地域主権には結びついていないという指摘もある。

表3 住民によるまちづくりのテーマ例

活動テーマ区分	内容
住民運動型まちづくり	公共事業への反対運動、マンション建設への反対運動など
事業型まちづくり	組合施行土地区画整理事業、組合施行第一種市街地再開発事業の推進など
修復型まちづくり	密集市街地の改善、狭隘道路の拡幅、防災広場の整備、共同建て替えなど
保全型まちづくり	地区計画・協定等の策定締結、計画やルールの推進、地域の管理・保全活動など
景観まちづくり	景観資源の発掘・整備保全、景観ルールづくり・推進、景観維持活動など
福祉のまちづくり	バリアフリーやユニバーサルデザインの推進、地域福祉活動や見守り、高齢者支援活動、子育て支援活動など
団地再生型まちづくり	団地の建て替え・修繕、エレベーターや設備等の設置や改善、公園広場の改善、空き店舗活用、コミュニティカフェの設置運営など
地域活性化型まちづくり	商店街活性化、地域再生、コミュニティ・エンパワーメント、空き家・空き店舗活用、コミュニティ・ビジネス

注）これらのタイプは、実際は複数組み合わさるケースや、時間の経過とともに変化するケースなど多様である。

◉参加・協働型まちづくりの発展

「参加」が意味するのは、行政の政策、計画や事業、評価に市民の意見を反映させることである。反映の程度として、行政が情報のみを提供し、とくに住民意見を把握しない一方向的なレベルから、行政と市民が情報を共有し互いに対等なパートナーとして協議により決定するレベルなどがあり、アーンシュタインは8段階の参加レベルを示している（**図2**）。

参加や協働については、条例などで定義づけルール化している自治体が増加し、市民を対等なパートナーに位置づけている自治体も多い（**表1**）。しかし、自治のあり方や自治体の役割の見直し、情報共有のあり方、政策決定システムや議会との関係、行政権限の移譲、非営利労働の報酬のあり方などを見直すことが必要となるため、条例化すれば実現できるというわけではなく、今後ともさらなる取組みが必要である。

また、参加・協議型まちづくりの発展の理論的ベースは、協働理論に加えて、公共性の理論、ガバナンス理論、ソーシャル・キャピタル理論、コモンズ理論などの発展が支えている（**表2**）。

日本では、市民意見の表明方法としては、まず行政の決定に対する反対運動からスタートした。1960年代から始まった成田空港建設に対する反対運動、さらに、新幹線や高速道路、埋立や干拓事業、ダム開発などの大規模開発、ゴミ処理場や下水処理場、墓地などの公共的施設や、マンション開発、パチンコや風俗施設の出店、さらに近年では保育園や都市公園などさまざまな事業に対する反対運動が行われてきた。「パブリック・インボルブメント」（60頁、2.4.2参照）は、反対運動などの経験から円滑な決定が行えるように、行政が住民への情報公開を行い、市民の意見を計画作成などに生かすようになったものである。

また、これらの反対運動から近隣住民同士のコミュニケーションが生まれ、街に関心を持つようになった住民らが、その後、参加型まちづくりの主体となってまちづくりが発展したケースもある。

一方で、1970年代にはコミュニティをベースとした貧困地域の再生がアメリカやイギリスで進められ、コミュニティ・デベロップメントのプログラムとして発展した。これらの影響を受けて、日本でもとくに1980年代に入って密集市街地の再生や地域再生が進み、さらに地区計画等のミクロな計画づくりや協定づくりなどが発展した。

日本で参加型のまちづくりが本格的に発展したのは1990年代に入ってからである。当初は、比較的限定的に実施されたが、その後、地域や取り扱う対象などが拡大し、多様なテーマから発展した参加型まちづくりがある（**表3**）。

参加・協働型まちづくりは、①特定地域型（公共施設の整備地域とその周辺、木造住宅密集市街地、地区計画策定地域、建築協定締結地域など）からより多様な地域への面的広がり、②施設整備や建物などのハード中心型から、生活ルールや多様な生活課題、さらに福祉などのソフトを含めた総合型へと取り扱う課題の広がり、さらに③整備型からマネジメント型へ、開発・整備期の関与からその後の運営までの時系列の広がり、④行政などへの反対運動から対等なパートナーとしての役割や責任の拡大などへの発展を遂げてきた。

◉参加・協働型まちづくりの課題

参加・協働型のまちづくりをさらに発展させるうえで、①まちづくりを進める主体は誰か、②行政や住民組織にどのような仕組みがあれば、参加・協働体制が構築できるか、③一部の住民が参加・協働することに対して、どのように公益性や共益性を担保するか、④まちづくりを行ううえでの費用をどのように確保するか、などという多くの問題がある。自治会・町内会は、すでにさまざまな活動を行い、行政からの依頼による業務を請け負っており、担い手不足になっている。さらに、行政が決定権を持ったまま、下請けとして住民団体に依頼するということでは協働とはいえず、決定権も費用も住民への移譲が進む必要がある。併せて、自治体であれば、住民が選出した代表者で構成される議会や首長による議論や決定システムがある一方、参加・協働型のまちづくりを進める場合、明確なシステムがあるわけではない。したがって、誰が決めたことなのか、公益性はあるのかということが問題化しやすい。これらの問題を解決していくことが必要である。　（室田）

0 プロローグ
1 生活空間の計画論
2 生活を支える基盤
3 生活空間の計画のための視点
4 生活空間の再編
5 生活空間のマネジメント

5.1.3 参加・協働型まちづくりの方法と仕組み

参加型のまちづくりを進めるうえで、まちづくりの進め方やプロセスが重視されるようになり、日本では1990年代に入ってから、まちづくりを進めるための方法や仕組みが本格的に議論されるようになった。それ以前は、例えば神戸市丸山地区・真野地区、さらには豊中市庄内地区や墨田区京島地区、世田谷区太子堂地区などの限られた地域で実施されてきたが、これらの試みから広がって、多くの地域でさまざまな試行錯誤が繰り返されるなかで発展し定着していった。ここでは、参加・協働型のまちづくりを進めるうえで、「場」のデザイン、「プロセス」のデザイン、「参加手法」のデザインという観点から紹介する。

図1　ブライソン・クロスビーの3つの「場」と「専門型」・「一体・融合型」の場
（Bryson and Crosby, 1993をもとに作成）

表1　コミュニティ・エンパワメントの8原則（安梅勅江、2005）

1) 目標を当事者が選択する。
2) 主導権と決定権を当事者が持つ。
3) 問題点と解決策を当事者が考える。
4) 新たな学びと、より力をつける機会として当事者が失敗や成功を分析する。
5) 行動変容のために内的な強化因子を当事者と専門職の両者で発見し、それを増強する。
6) 問題解決の過程に当事者の参加を促し、個人の責任を高める。
7) 問題解決の過程を支えるネットワークと資源を充実させる。
8) 当事者のウェルビーイングに対する意欲を高める。

●「場」のデザイン

ブライソンとクロスビーは公共政策の策定と実行に関する「場」として、「フォーラム」「アリーナ」「コート」の3タイプの「場」に分類した。「フォーラム」は共有目的の創出やコミュニケーション、「アリーナ」は政策の決定と実現、「コート」は紛争の裁決と制裁である。これらの「場」で公共的な問題について、それぞれ①共通理解の促進、②対応や計画の決定と実施、③実行するうえでの紛争調整という3つの機能を果たすとしている。

3つの「場」には、各機能を特化させ、空間や時期、構成メンバーをそれぞれに設定する専門型の「場」と、3つを一体的・融合的に進める「場」がある。専門型としては、例えば、「フォーラム」は公聴会や住民対話集会、「アリーナ」は議会や審議会、「コート」は審査会や裁判所などの場が設定されている。これらは、他の機能も内在させつつも、目的を明確にして機能を特化させている（**図1**）。

一方、参加・協働型まちづくりでは、それぞれの3機能を一体的・融合的に果たしている「場」が多い。例えば、まちづくり協議会などでは、住民らの共通理解を深めつつ、異なる意見の調整を行いながら、議論をして計画を決定するといった方法をとっている。すなわち、まちづくり協議会が3つの「場」の役割を担っており、明確に区分されていないものの、まちづくりを進めていくなかで随時3機能を果たしつつ進めている。

このような一体型・融合型の「場」には、住民団体代表や公募住民が参加するまちづくり協議組織、地域利害関係組織代表が参加する地域協議組織やエリアマネジメント組織、自治会・町内会などがある（**図1**）。

●「プロセス」のデザイン

「プロセス」のデザインとは、まちづくり全体の進め方を考え、プログラムをどのように組み立てて、どのような参加手法や場を設定し、それらをどのような仕組みや方法で運営していくかという、まちづくりの流れを設計することである。

①問題の把握や地域資源の把握や共有、②地域の問題構造の把握や共有、③目標の作成と共有、④目標達成のための計画やプログラムの作成、⑤計画やプログラムにおける各住民や関係者の役割の明確化、⑥実行に向けた組織づくり、⑦実現のための行動、⑧評価や改善の方法などについて、どのようにそれぞれを進めていくかということをデザインする。

とくに住民等の意欲を引き出すためのコミュニティ・エンパワメント[注1]理論には、8原則がある（**表1**）。安梅は、コミュニティ・エンパワメントについて、コミュニティの持つ力を引き出し、発揮できる条件や環境をつくることとし、コミュニティの「決定力」「コントロール力」「参加意識」を支える環境整備が基本であるとする。

まちづくりのプロセスにおいても、①コミュニティで目標を共有して住民自らの問題として考えること、②まちづくりの計画をつくり住民自ら自己決定をすること、③住民一人ひとりが自分が果たせる役割を認識すること、④実行する際に、相互に情報共有をし連携して相乗効果を得られる方法を考えることが重要であり、これらを意識しつつ、各地域の特徴に応じたプロセスのデザインを行うことが求められる。

●「参加手法」のデザイン

まちづくりへの住民の参加を促進する手法には、法制度に定められている方法と、各地区や各事業・活動で工夫をこらして実践している方法があり、これらを効果的に活用しつつ参加を進めることが求められる。

都市計画法による都市計画決定手続きに組み込まれている①公聴会の開催、②案の公告・縦覧と意見書の提出があり、さらに、③都市計画提案制度による地域からの発案がある。また、環境影響評価法により環境アセスメントの手続きとして、配慮書、方法書、準備書の各手続き段階に組み込まれている①縦覧と説明会の開催、②意見書の提出がある。行政手続法では、①意見公募手続き（パブリック・コメント）、②不利益

考えてみよう！ 身近な地域の都市計画マスタープランの作成（見直し）や公共施設整備などの事例を取り上げ、どのようなプロセスや住民参加の方法で取り組まれているか調べてみよう。

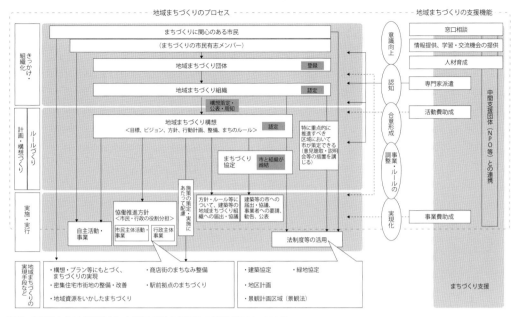

図2 横浜市における地域まちづくりの推進の仕組みの整理（横浜市、2005）
地域まちづくり推進条例にもとづき、横浜市と市民による協働のまちづくりを推進している。

写1 住民・学生ワークショップ

写2 車いすを使った段差チェック

写3 組立てブロックを使った小学生向けイメージづくり

表2 住民意見を把握・共有する方法

名称	内容
住民投票	特定の地域の住民が投票により、特定の立法、政策、公職の罷免などについて直接的に意思表明をすること。日本では憲法95条にもとづき地方自治特別法の制定の可否、地方議会の解散や公職の解職などの直接請求を受けた賛否、条例にもとづく住民投票がある。
パブリック・コメント制度（意見公募手続制度）	行政機関が法律や政策を決定する際に、広く意見を公募すること。行政手続法では、命令等制定機関が命令などを制定する際に、事前にその案について広く国民から意見を収集する手続きを定めており、これに関わる意見提出手続きをパブリック・コメント手続きと称している。しかし命令等に限らず、条例などを定めて広く意見の公募を実施している自治体は多い。
公聴会	都市計画決定手続きとして、原案を作成し公聴会等を開催して、住民意見を反映させるための措置をとることとされている。これ以外では、行政手続法で、申請者以外の第三者の利害を考慮するために利害関係者や一般の意見を聞くために公聴会を開催するとしている。電気事業法、ガス事業法、国会法、地方自治法などでも公聴会の規定があり、いずれも法律にもとづいて利害関係者、学識経験者、一般から意見を聞くものである。
対話集会（タウンミーティング）	政府や自治体、政治家などが、課題や政策について集会形式で市民と直接意見交換を行う。日本では総理大臣、知事や市長をはじめ、国の各省庁、政党、地方自治体などが行っており、定期的な開催や行政区域内の巡回型の開催、特定テーマについての開催、住民グループの申し込みによる開催など多様な方法がある。
市民（住民）アンケート調査	市民（住民）を対象に広く実態把握や意見集約し、傾向や特徴を把握し分析する。自治体では、幅広いテーマで実態や意見などを定期的に把握するアンケート、特定テーマや課題に関するアンケート、特定地域に限定したアンケートなどのタイプがある。インターネットによるWebアンケート調査なども実施されている。
電子会議室・電子掲示板	自治体などが設置して、インターネットを通じて参加者が意見を書き込み、自由に議論を展開する。管理が適切に行われないと無責任発言や不適切発言が増加するなどの問題が指摘されている。電子掲示板には、書き込み地図型掲示板もあり、マップを共有できる。
地域SNS	参加者が個人のプロフィールなどを範囲を決めて公開し、コミュニティを開設することにより意見交換や情報交換ができる。自治体職員等が業務として参加するコミュニティを設置することにより、職員との意見交換もできる。
市民モニター制度	市民モニターを募集し、モニターを対象にアンケート調査を実施してその意見を集約する。
まちづくりワークショップ	特定の地域でまちづくりなどを行う際に、地域住民が集まって、地域の問題や地域資源、特定のテーマ（例えば防災、景観など）を住民の目線で検討し、KJ法などを活用して関連する地域の課題や資源を整理して集約し、マップ化や模型づくり、資源・課題のリスト化等をして、そこから適切な目標や戦略、計画や協定、プロジェクトなどを検討する方法。
ワールドカフェ	カフェのようにリラックスしたオープンな空間で、できるだけ多くの人々と自由に集中した意見交換を行うための手法。数人程度のグループでメンバーの組合せを変えながら、テーブルホストが前の議論を伝えてこれを前提に議論を行う。
プラーヌンクスツェレ	特定のテーマについて限られた期間で、無作為抽出の市民に有償で集まってもらい集中的に議論し解決の提案や計画の作成を行う。集中的にまとめることが必要な内容の場合、毎回異なる市民が集まると、議論が積み重なりにくいことから、ドイツで考え出された。日本では、一定期間、勤務先を休むことが困難であることから、実施されても短期や休日夜間開催とならざるを得ないだろう。

処分に関する聴聞がある。

　各自治体で設けている住民意見の把握方法としては、①住民投票、②市民対話集会やタウンミーティング、③地区協議会やまちづくり協議会の設置、④住民アンケート調査、⑤広報誌の配布と意見募集などがある（**表2**）。これらは、行政区域全域を対象に実施するもの、行政区域を分割して実施しているもの、特定地域のみに実施するものがあり、自治体は行政区域全体の公平性や、把握のプロセス、得られた意見の反映方法に配慮しつつ実施をしている（**図2**）。

　一方、地域の課題の共有や目標づくり・計画づくりに発展させるための方法としては、①街歩きやタウンウォッチング、②グループディスカッションやKJ法[注2]を活用するまちづくりワークショップが代表的である。まちづくりプロセスのどの段階にどのように組み込むか、情報周知の方法や参加呼びかけの方法、目的に応じた参加手法の検討、参加の全体マネジメントなどが必要である。これらの手法は、①住民の意見を直接的にできるだけ公平に把握すること、②立場の異なる多様な利害関係者の意見を集約し共有すること、③相互に意見交換をして多様な利害を把握し可能な限り全員にとってのウィン・ウィンの方向性を導くこと、④住民の地域理解を促進することなどがポイントとなっている。　　　　　　（室田）

注1）エンパワメント：喪失感や無力感を持つ人々の意欲を高め、主体的に物事に関われるようにすること。

注2）KJ法：カードによる情報整理・アイデア発想法の1つ。考案者の川喜田二郎のイニシャルから命名。

❶ プロローグ

❶ 生活空間の計画論

❷ 生活を支える基盤

❸ 生活空間の計画のための視点

❹ 生活空間の再編

❺ 生活空間のマネジメント

5.2.1 まちづくりの担い手

まちづくりを継続的に進めるうえでもっとも重要なことは、担い手の確保や育成である。自治会・町内会ではリーダーや担い手の不足が指摘されるが、その一方で、テーマ型の市民組織が新たに設立され発展し、併せてこれまで地域と関わりの薄かった公益団体や専門団体、経済組織等の参加も増えつつある。このような社会変化に対応し、多様な人々や組織がまちづくりに関わりつつ、よりそれぞれの目標の達成や深化ができる仕組みや研修教育システムも求められる。

◉地域に関わる組織や人材

地域に関わる住民組織や人材としては、日本では、5.1.1で紹介した自治会・町内会はまちづくりの最大の担い手組織である。しかし、自治会・町内会は加入率の低下による弱体化や多様化が進んでおり、担い手不足が深刻化するなかで形骸化する組織も多い。一方で、地域住民が関心の高い特定テーマに特化した「テーマ型自治会」、あるいはさまざまな団体と連携して活動を行う「コーディネーター型自治会」、地域で必要な活動を独立させて新たなNPOや事業型組織を生み出す「母体型の自治会」などのさまざまな自治会・町内会が生まれつつある。

市民社会の成熟化のなかで市民集団も多様化し、活動テーマは、福祉や子育て、里山・緑・公園管理、まちづくり、リサイクルやエコ活動、文化スポーツ、教育・育成、地域交流、地域活性化、防犯・防災、空き家の管理や活用など幅広い。

まちづくりや地域活動に意欲のある住民や地域に誇りや愛着のある住民、何らかの特技を持つ住民、人的ネットワークの広い住民など幅広い住民が地域に関わる人材であり、まちづくりの重要な担い手といえる。

また、地域には行政などから委嘱を受けた非常勤の公務員として、民生委員、児童委員、スポーツ推進委員、消防団員などがあり、ほかに青少年指導員、交通安全活動推進委員、防災推進委員などがある。行政から委嘱を受けている各種委員は、地域への関わりがあり、かつ他地域の委員や行政とのネットワークがある重要な担い手である。

上記以外の組織として、社会福祉協議会の下部組織、商店街振興組合等の商業団体や大型店、農業協同組合の下部組織、地元企業、病院などの医療施設、公民館や地区センター、鉄道会社やデベロッパー、福祉施設、その他の地域に立地する各種施設などがあり、まちづくりを進めるうえでそれぞれの専門的立場から役割を担うことがで

表1　日本における地域のまちづくりの担い手候補

区分	名称	内容
地縁型の地域団体	自治会・町内会	住民などによって組織される任意団体 地方自治法では地縁による団体と規定され、法人格を得ることが可能。
	老人会	自治会町内会をベースにした高齢者の団体
	まちづくり協議会・地域協議会	自治体の条例・要綱などで規定され、地域の住民や団体代表、利害関係者等で構成され、地域のまちづくりや課題などを検討する
	自主防災組織	災害対策基本法で規定される地元住民の任意団体
テーマ型の地域団体	地区社会福祉協議会・市町村社会福祉協議会	社会福祉法で規定される地域福祉を実施する民間団体
	ＰＴＡ	各学校で組織された保護者と教員による任意団体
	おやじの会	ＰＴＡの父親やそのOB等で構成される任意団体
	マンション管理組合	分譲型のマンション等の区分所有者を構成員とし、区分所有法にもとづいて設立される団体
	公園愛護会	公園などの手入れや管理、利用促進などを行う任意団体
	地域NPO	特定非営利活動法人で活動範囲が比較的狭い団体
	地域ボランティア団体	法人格を取得していない特定の地域で活動するボランティア団体
	地域サークル	趣味やスポーツなどを行う任意団体
行政等委嘱・任命委員	民生委員・児童委員	民生委員法にもとづき社会福祉の増進を行う非常勤特別職の地方公務員
	スポーツ推進委員	スポーツ基本法にもとづき教育委員会が委嘱する非常勤特別職の地方公務員
	消防団員	消防組織法により任命される非常勤特別職の地方公務員
	地域交通安全指導員	自治体の条例や要綱・規則などに規定され、地域の交通安全の推進を行う
	青少年指導員	自治体の条例や要綱・規則などに規定され、地域で青少年の健全育成に関わる活動を行う
	健康推進員・保健活動推進員	自治体の条例や要綱・規則などに規定され、健康づくりや保健活動の推進を行う
	生涯学習推進員	自治体の条例や要綱・規則などで規定され、生涯学習の推進などを行う
経済組織	商店街振興組合、商店会	商店街で商業者やサービス業者を構成員として、共同で活性化活動や環境改善などを行う団体で、商店街振興組合法にもとづく組合として法人格を取得している場合としていない場合がある
	農林漁業組織	地域の農事組合法人や農業生産法人などの農業法人、林業組織や漁業組織
	ローカル企業	地域に根ざし、地域貢献や地域共存に関心のある企業
	鉄道会社	沿線の再生や魅力向上をめざす鉄道・バス会社
	デベロッパー・ハウスメーカー	自社で開発したエリアや住宅地の再生をめざす
	事業所・工場・大型店等の企業	地域に立地する事業所・工場、店舗、スーパーマーケットなど
地域公益的団体	幼稚園・小中学校・高等学校	地域にある幼稚園・小中学校・高等学校の教職員や児童生徒
	社会福祉法人	地域で障害者や高齢者、子どもなどの社会福祉事業を行う組織、保育園、医療機関など
	医療法人	地域の病院、診療所、歯医者など
	神社、寺院、教会などの宗教団体	地域にある神社、寺院、教会など
専門組織	大学	都市計画・建築、環境・生態系、地域振興などの専門分野のある大学
	NPO・市民団体	まちづくり、環境保全、福祉、観光、地域振興、国際交流などの関連する各分野のNPO・市民団体
	専門機関・企業	まちづくりに関わる専門分野の組織・企業
	行政	地元自治体

考えてみよう！　身近な地域を一つ取り上げ、まちづくりの担い手としてどのような人たちや団体があるのか調べてみよう。

表2 担い手拡大の例：神奈川県横浜市の中川駅前地区まちづくり

年次	活動内容	担い手
1992	パチンコ店の反対運動、パチンコ店と住民との協定締結	中川駅周辺の街づくりを考える会の発足
1993	中川駅周辺の清掃活動開始	中川駅周辺の街づくりを考える会
1994	中川駅周辺の街づくりプラン作成	中川駅周辺の街づくりを考える会
1999	環境マップ展、環境に優しい街づくりなどの開始	I Love つづき発足
2001	通学路の危険性の指摘、遊歩道の勉強開始	ぐるっと緑道遊歩道研究会発足
2003	街の落書き消し、タイルづくりなどの活動開始	NPO法人 I Love つづき設立
2006	横浜市地域まちづくりグループに登録し、まちづくり勉強会の開始	ぐるっと緑道遊歩道研究会、中川駅前商業地区振興会、東京都市大学室田研究室、都筑区役所
2009	通学路の安心カラーベルト化事業と道路拡幅	ぐるっと緑道遊歩道研究会、中川駅前地区振興会、東京都市大学室田研究室、都筑区役所
	まちづくりシンポジウム・ワークショップ開催	ぐるっと緑道遊歩道研究会、中川駅前商業地区振興会、東京都市大学室田研究室、自治会、住民
	中川ふれあいフェスタの開催	ぐるっと緑道遊歩道研究会、中川駅前商業地区振興会、NPO法人 I Love つづき、東京都市大学、都筑区役所
2011	コミュニティ・カフェ「ほっとカフェ中川」を設置	都市大学生の提案、ぐるっと緑道遊歩道研究会、中川駅前商業地区振興会、パレット中川の協力、主婦ボランティアとの関係の拡大
2012	カフェの運営、イベントなどの開始	NPO法人ぐるっと緑道設立、主婦ボランティア
	コミュニティ・ゾーン形成「花と緑のまちづくり（中川ルネサンスプロジェクト）」の検討	NPO法人ぐるっと緑道、中川駅前商業地区振興会、NPO法人 I Love つづき、公園愛護会、東京都市大学、自治会、カフェ関係者、都筑区役所、住民
2013	横浜市より補助金（まち普請）を獲得し事業実施	NPO法人ぐるっと緑道、中川駅前商業地区振興会、NPO法人 I Love つづき、東京都市大学、自治会、カフェ関係者、都筑区役所、中川西小学校、中川西中学校、ハマロードサポーターズ、公園愛護会、住民
2014	中川ルネサンスプロジェクトの管理運営 環境大臣賞「みどり香るまちづくり」受賞	NPO法人ぐるっと緑道、カフェ関係者、中川駅前商業地区振興会、NPO法人 I Love つづき、ハマロードサポーターズ、公園愛護会、住民
2015	中川まちづくり検討会の開催 横浜市環境活動賞受賞 中川ルネサンスプロジェクトパート2	NPO法人ぐるっと緑道、NPO法人 I Love つづき、中川駅前商業地区振興会、東京都市大学室田研究室、都筑区役所、中川西地区センター、中川地域ケアプラザ、中川西小学校、中川西中学校、自治会、公園愛護会

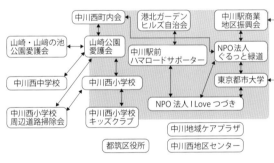

図1 中川駅前地区まちづくりの担い手

図2 中川駅前地区における中川ルネサンスプロジェクト
（中川ルネサンスプロジェクト会作、2013）

きる。

小・中学校等の学校組織がコミュニティスクールとして地域との連携強化をめざす動きがあり、地域まちづくりの拠点としての役割が期待される。また、大学は地域との連携協定を結び、地域に貢献しつつ教育や研究活動を進める動きがある。

このように、地域に関わるまちづくりの担い手は、NPOや地域の任意団体、自治会・町内会などの地域住民組織、意欲のある個人、行政委嘱型委員、社会福祉協議会、産業団体や企業、地域の各種施設、小中学校、大学など多様な可能性があり、これらの人々を巻き込みつつ連携を図ることが重要である（表1、2、図1、2、写1〜3）。

◉まちづくり専門家

まちづくりの専門家は、住民や団体などがまちづくりを進めるうえで、アドバイスや支援を行う専門家であるが、必ずしも定義が明確とは言えず、また今後のニーズによりさらに変化していくことが考えられる。

主な専門分野としては、都市の各種マスタープランや土地利用計画、再開発事業、中心市街地活性化、地区計画や建築協定、住宅計画、景観・街並みデザイン、産業振興や観光振興、交通計画、公園緑地計画、ユニバーサルデザイン、環境・エネルギー、防災、まちづくり活動支援、地域福祉や子育て支援、法律・ファイナンス、全体コーディネーター等があげられる。

資格としては、技術士、再開発プランナー、再開発コーディネーター、土地区画整理士、ランドスケープアーキテクト、建築士、宅地建物取引士、不動産鑑定士、中小企業診断士、司法書士などがある。なかでも中心的な資格は技術士や建築士といえるが、これらの資格もまちづくりの多様化にともない変化することが考えられる。

専門家の紹介や派遣に関する制度は、国や自治体、財団法人などで行われているが、例えば、国土交通省の復興まちづくり人材バンク、内閣府の地域活性化の専門家派遣、各自治体のまちづくり専門家派遣や人材バンク、公益財団法人都市計画協会の専門家データベース、URまちづくり支援専門家制度などがある。

まちづくりの専門家を育成することは極めて重要であり、若手の担い手とともに、一定の社会人経験のある人々の再教育制度なども求められる。

まちづくりの担い手は地域によって異なり多様であるが、地域に関わる人材や組織が、それぞれの得意なことや関心のあることでまちづくりに寄与できることが重要である。担い手不足が深刻な地域も多いが、好きなことを通じて地域とつながりを持ちたい住民は一定程度おり、それが担い手にうまく結びついていないという問題がある。また、継続的に活動が行えるように、活動に必要な収入が得られる仕組みをつくることが必要である。 （室田）

写1〜3 中川駅前まちづくりより

0 プロローグ
❶ 生活空間の計画論
❷ 生活を支える基盤
❸ 生活空間の計画のための視点
❹ 生活空間の再編
❺ 生活空間のマネジメント

5.2.2　地域価値を高めるコミュニティ・マネジメント

地域の魅力と価値を向上させ持続性のあるまちづくりを進めることが、多くの地域で求められている。近年、注目されている地域ブランディングは、地域のオリジナル商品づくりやサービス提供などの経済活性化に重点が置かれているが、住みよい環境づくりや住民ネットワークづくりなど、環境や社会面での魅力や地域力の向上も重要である。ここでは、それらを支える仕組みであるコミュニティ・マネジメントに着目する。

●地域個性と地域価値の向上

　地域価値を高める方法として、地域が主体となって地域資源を活用して地域らしさや個性づくりを行うこと、住民の地域に対する誇りや愛着を重視することが求められている。これらは、ローカリズムの考え方をベースにしており、画一的・普遍的・寡占的なグローバリズムの対立概念といえる。このような概念が注目されるのは、とくに地域社会ではグローバリズムの弊害が目立つようになったためである。

　かつては大企業が立地すると、雇用が確保され税収が上がり、地域が豊かになると考えられてきた。しかし、厳しいグローバル競争のなかで経済効率性を追求する大企業は、地域からの撤退を余儀なくされることも多く、その結果、残された地域社会は雇用の場を失い税収を失い、環境が悪化して地域としての消滅可能性が一気に高まるのである。

　街の景観においても、大企業の営業所、チェーン店やフランチャイズが増えて、店舗の造りや看板など、どの街でも同じものが目立つ。ビルや構造物も似通っており、画一的な景観が広がり街並みの個性が失われている。このような景観は、多様性を失った社会を目に見えるかたちで表しているといえる。景観としての魅力がないというだけではなく、地域個性や多様な能力を生かせていない社会であり、変化に対する柔軟性が持てない社会でもある。地域に根ざした産業育成、歴史や風土を生かした環境づくり、地域の人材が活躍できる場づくりなど、地域個性を重視したまちづくりの重要性が高まっているといえる。

　一方で、各地域には多様な資源があるものの、必ずしも地域の住民が認識していない場合がある。地域資源の価値を適切に評

表1　地域資源の例

分類		資源の例
環境	自然的な資源	森林、河川や水路、透明な水の流れ、海岸、山並み、砂浜、海岸林、樹木、鳥、魚、昆虫、動物
	農的資源	畑、段々畑、茶畑、果樹園、水田、温室、用水路、菜園・市民農園、体験農園、農業用機械
	街並み資源	住宅、造り、屋根、街路樹、生け垣、垣柵
	都市施設的資源	公園緑地、道路、街灯、上下水道、学校、福祉施設、集会所、病院、駅、鉄道
社会	歴史的資源	寺社仏閣、地蔵、石碑、史跡、古い石積み、古い民家、古木、歴史的建造物
	文化的資源	祭り・イベント、伝統芸能、講、年中行事、音楽・民謡、演劇ダンス、料理、絵画、宗教行事
	生活習慣資源	清掃活動、集会・会合、草取り、挨拶
経済	経済的資源	商業活動、農業活動、製造、地場産業、地場産品づくり、流通
人間	人的資源	地域リーダー的人材、若手、まとめ役、聞き役、特技のある人、よそ者、郷土愛のある人、職人、農家、農業担い手、林業担い手
	人間関係	自治会・町内会、地域農業組織、福祉組織、NPO、地域間交流

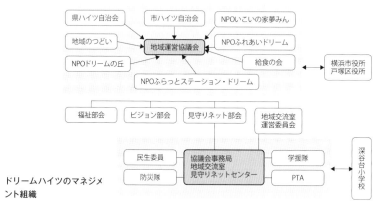

ドリームハイツのマネジメント組織

<育児支援・交流>
・コミュニティ・カフェ、
　交流サロン：ふらっとステーションドリーム
・育児支援、学童支援

<健康・生活・介護支援>
・高齢者向け趣味・健康スポーツ
・介護予防活：いこいの家夢みん
・居宅介護支援・在宅支援、
　地域福祉研修：ふれあいドリーム
・給食サービス：地域給食の会
・ボランティア登録紹介：ボランティアバンク・えん

<環境整備>
・公園管理、散策マップ：ドリームの丘
・緑地管理、団地管理、駐車場管理：団地管理組合
・緑化・花壇・花の世話

<安全・孤立死予防>
・見守りネットセンター（消費電力の監視等の実験）
・防災訓練・救急救命訓練、
　災害時要援護者把握：防災隊

ドリームハイツの活動

ドリームハイツのエリアマップ

図1　神奈川県横浜市のドリームハイツにおけるコミュニティ再生の仕組み (右図：ふらっとステーション・ドリーム)

考えてみよう！ コミュニティ・マネジメントの事例を一つ取り上げ、どのような体制で、どんな活動をしているのか、どのように資金を確保しているのか、調べてみよう。

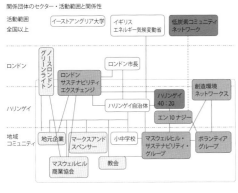

関係団体のセクター・活動範囲と関係性

実施したプロジェクト

プロジェクト名	実施・推進団体	活動内容
グリーンホーム・メイクオーバー	創造環境ネットワークス、ボランティア15名	戸別訪問による住宅のエネルギーアセスメント、省エネパッケージプログラム
ソーラーパネル設置プロジェクト	小中学校／自治体	学校にソーラーパネルを設置、再生可能エネルギー・地球温暖化学習プログラム
リビングアーク	小学校／自治体	小学校でのゼロカーボンキャビンの設置
グリーニング・コミュニティ・ビルディング	自治体	図書館とコミュニティセンターの省エネ化
コミュニティ・ソーラー発電プロジェクト	エンテナジー／自治体／マークスアンドスペンサー教会	屋根を利用してコミュニティグループが所有するソーラーパネルを設置（マークスアンドスペンサー教会で実施）
グリーニング・マスウェルヒル・ビジネス	ロンドン・サステナビリティ・エクスチェンジ／マスウェルヒル商業協会／自治体	グリーンビジネス監査の実施、地元企業に対するエネルギーコスト削減、節水・リサイクル・ゴミ減量方法などの提案
サイクルフープ	自治体	歩道上に自転車を留めるポールを設置
電気自動車用チャージ	自治体	電気自動車促進のために、サマーランドグランジ駐車場に設置
カーシェア	ストリートカークラブ／自治体	ストリートカークラブのカーシェア用駐車場
サステナブル・ライフスタイル普及プログラム	マスウェルヒル・サステナビリティ・グループ／エンテナジー／自治体	グリーンホーム・メイクオーバーのパンフレット、二酸化炭素排出取引への参加、果樹の植樹、コミュニティガーデン・オーガニックフード栽培

図2 イギリスのマネジメント組織の事例（ロンドン・マスウェルヒル）

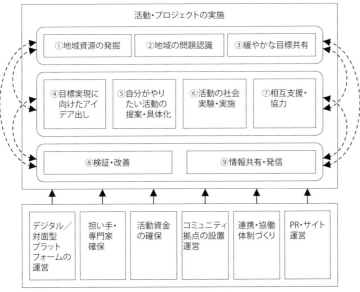

図3 コミュニティ・マネジメントの活動内容の例示

価し、その活用方法を検討し、地域の魅力アップや課題解決に結びつけることが必要である（表1）。

◉コミュニティ・マネジメント

コミュニティ・マネジメントは、協働、ローカリズム、地域内自治などの考え方と、効果的な地域管理の必要性を背景に、コミュニティのソーシャル・キャピタルを構築しつつ、地域資源を活用して地域の魅力づくりや問題解決に結びつけるコミュニティ再生の仕組みである。

活動としては、①多様な地域資源の発掘、②地域の問題認識、③緩やかなビジョンの共有、④ビジョンの実現に向けたアイデア出し、⑤各住民・各団体がやりたいことを提案・具体化、相互のアドバイス、⑥活動やプロジェクトの実験や実施、⑦相互支援・協力、⑧活動等の検証と改善、⑨情報共有・情報発信といった一連の内容が想定される。既成市街地では、地域の実情に応じた再生方法が重要であり、随時①〜⑨の見直しや追加を行い、進めるプロセスや組織も含めて地域に合わせた柔軟性や工夫が重要といえる（図3）。

コミュニティで地域資源や課題、目標を共有することにより、多様な住民や関係者のさまざまな関わり方が期待できること、目標に向けた効果的な戦略やプランが期待できること、また情報を共有することにより相互支援が可能になること、活動を客観的に把握できること、各活動の発展性が期待できることなどのメリットがあげられる。

一方で、このようなコミュニティ全体のマネジメントの担い手不足が大きな問題であり、今のところ、多くの自治体には財源や職員が足りておらず、大半の自治会・町内会は資金も人材も不足している。一部の地域では実現されているものの、希有な住民リーダーがいるなどは特殊なケースと思われる。

ドイツの社会都市などのコミュニティ・マネジメント、イギリスのパートナーシップや近隣マネジメント（図2）、アメリカのCDC（Community Development Corporation）は、いずれもコミュニティ再生のための組織体制であり、日本においても、日本型モデルの確立が望まれる。

そのための全体マネジメントの課題としては、①コミュニケーションや情報共有のできるデジタル／対面型プラットフォーム、②中心的な担い手や専門家の確保、③コミュニティファンドや競争的資金、クラウドファンディング等の活動資金、④コミュニティ拠点としてのコミュニティカフェやコミュニティビューロー、⑤行政・企業・市民組織等との連携協働体制づくり、⑥PR・サイト運営・SNS活用が必要である（図3）。

扱うテーマは地域によって異なるが、例えば、①防災強化や避難場所・ルート確保、防災・減災活動、②空き地・空き家の管理と活用、③住替え支援・定住促進、④高齢者の見守りや日常生活支援、⑤子育ての支援・地域での学習支援、⑥地域の景観づくり、⑦地域緑化・緑地の管理、⑧コミュニティバスなどの交通の確保、⑨地域相互学習や健康づくり、⑩空き店舗の管理活用・買い物難民支援、⑪特産品の開発・観光スポットの開発、⑫地域散策ルートの開発整備、⑬農地の管理活用、⑭耕作放棄地の管理・活用、⑮自然環境の保全管理・活用、⑯地域拠点の管理運営、⑰他地区との交流、⑱省エネや再生可能エネルギー、地域エネルギー管理システム（CEMS）の運営、⑲外国人との多文化共生など多様な活動テーマがある。これらの山積みの課題解決をどのように進めていくかを検討することが必要である。 （室田）

0 プロローグ
❶ 生活空間の計画論
❷ 生活を支える基盤
❸ 生活空間の計画のための視点
❹ 生活空間の再編
❺ 生活空間のマネジメント

●年表：主な都市と居住地形成・まちづくりのあゆみ

年代	日本社会の出来事	世界の計画・制度	日本の計画・制度
1868 (M1)	明治維新		
1869 (M2)			
1872 (M5)	官設鉄道（新橋・横浜間）	オースマン、パリ大改造	銀座煉瓦街計画
1873 (M6)	地租改正、内務省設置	ウィーン万博	太政官布達（公園制度）
1875 (M8)		独：街路及び建築線法制定 英：公衆衛生法	
1877 (M10)	西南戦争		
1878 (M11)	郡区町村編成法公布	パリ万博	東京府：街路取締規則
1879 (M12)	全国でコレラ大発生		
1881 (M14)	日本鉄道会社設立		防火路線並びに屋上制限規則（防火令）発布
1886 (M19)	コレラ流行		大阪：長屋建築規則制定、東京・大阪で市区改正に関する意見書提出
1888 (M21)			東京市区改正条例公布
1889 (M22)	大日本帝国憲法公布		市区改正設計告示、東京市区改正土地建物処分規則、市制町村制施行
1894 (M27)	日清戦争勃発		地方都市で、建築物規制広がる
1898 (M31)		英：ハワード「明日の田園都市」	
1899 (M32)		英：田園都市協会設立	耕地整理法公布
1900 (M33)			旧下水道法、旧土地収用法公布
1901 (M34)		蘭：住宅建設法	
1902 (M35)		独：プロシア・アディケス法制定	
1903 (M36)		英：レッチワース	市区改正計画（新設計）
1904 (M37)	日露戦争勃発	仏：工業都市	
1905 (M38)			
1906 (M39)		英：ハムステッドガーデンサバーブ	
1907 (M40)			内務省有志「田園都市」刊行
1908 (M41)			東京：市区改正下水計画決定告示
1909 (M42)		英：住宅及び都市計画法制定	大阪府：建築取締規則、大阪大火
1910 (M43)			東京：市区改正事業1期完成、小公園設置の建議（市区改正委員会）
1911 (M44)			
1912 (T1)		英：国際田園都市および都市計画協会設立（会長：E. ハワード）	工場法、広告物取締法公布
1913 (T2)		独：第1回国際住宅都市会議開催	運河法公布
1914 (T3)	第1次世界大戦勃発		
1915 (T4)			
1916 (T5)			
1917 (T6)			大阪市：土地改良計画調査会設置、都市研究会発足（会長：後藤新平）
1918 (T7)	米騒動		東京市区改正条例、5大都市に準用、内務省に都市計画調査会・都市計画課設置
1919 (T8)		英：ウェルウィン着工	旧都市計画法・市街地建築物法公布、道路法公布、内務省：都市研究協議会
1920 (T9)	国際連盟成立		旧都市計画法・市街地建築物法施行（6大都市）
1921 (T10)			借地・借家法施行、住宅組合法公布、東京市政要綱発表
1922 (T11)		ル．コルビュジエ「300万人のための現代都市」	内務省都市計画局設置、東京都市計画区域決定、東京市制調査会設立
1923 (T12)	関東大震災	米：アメリカ地域計画協会設立	都市計画法適用範囲拡大（25都市） 帝都復興院設置、特別都市計画法公布（帝都復興計画）
1924 (T13)		蘭：アムステルダム国際都市計画会議 米：サニーサイドガーデンズ	内務省に復興局設置（帝都復興院廃止）、財団法人同潤会設立 東京・横浜復興街路計画決定、東京：公園決定
1925 (T14)		英：都市計画法と住居法を分離 独：ブリッツ・ジートルング	東京市：6大緑地計画決定（紀元2600年記念事業）、東京高速鉄道網決定、大阪都市協会設立 東京緑地計画決定：区部周辺環状緑地帯＋大小公園計画
1926 (T15)			市街地建築物法適用範囲拡大、初の風致地区指定（明治神宮外苑等）、都市美協会設立
1927 (S2)	金融恐慌		不良住宅地区改良法公布、大阪市、土地区画整理助成規程、神戸市：都市計画道路網計画告示
1928 (S3)		CIAM近代建築国際会議第1回会議	綜合大阪都市計画認可（合併市域全域）、大阪駅前区画整理事業認可
1929 (S4)	世界大恐慌	米：C.A.ペリー「近隣住区論」、ラドバーン入居	市街地建築物法適用地域指定基準
1930 (S5)			東京市社会局：住宅建設10年計画発表
1931 (S6)	満州事変		地方都市の用途地域指定進む、耕地整理法：市の区域内事業禁止、東京市社会局：旧市内residential住宅地区調査
1932 (S7)	満州国建国宣言、5.15事件、白木屋デパート火災		内務省に東京緑地計画協議会設置（南関東の緑地計画立案）、組合区画整理：戦前の最盛期
1933 (S8)	国際連盟脱退、三陸沖地震	CIAM：アテネ憲章、ル・コルビュジエ「輝ける都市」	都市計画法改正：すべての市に準用、内務省：土地区画整理に関する調査・設計標準等通達
1934 (S9)	室戸台風、函館大火、東北大冷害	米：アメリカ都市計画協会設立	市街地建築物法改正（接道義務）
1935 (S10)			市街地建築物法改正（接道長規定明確化）、東京：都市計画区域全体に用途地域指定拡大
1936 (S11)	2.26事件	満州、ハルピン都邑計画策定	同潤会：東北地方農山漁村住宅改善調査委員会開催
1937 (S12)			防空法公布、第一回全国都市美協議会開催、内務省：計画局設置、建築線指定基準通達
1938 (S13)	国家総動員法公布	中国、大同都邑計画策定、英：グリーンベルト法、M.マンフォード「都市の文化」	市街地建築物法改正：住居専用地区・高度地区等創設、道路幅員4m規定
1939 (S14)	第2次世界大戦		東京緑地計画決定：区部周辺の環状緑地帯、大小公園計画
1940 (S15)	紀元2600年式典挙行	英：バーロー委員会報告：工業人口配置問題	都市計画法改正（目的に防空、施設に緑地追加）、都市計画東京地方委員会、関東地方・大東京地区計画発表、厚生省社会局に住宅課設置
1941 (S16)	太平洋戦争		住宅営団設立（同潤会解散）、共同住宅建築規則公布
1942 (S17)	本土空襲、ミッドウェー海戦	英：アスワット委員会報告（補償と開発利益）、G.フェダー「新都市の計画」	
1943 (S18)	鳥取地震		市街地建築物法・同施行令戦時特例
1944 (S19)	東南海地震	英：大ロンドン計画	内務省国土局：戦時国土計画素案、重要工場疎開令
1945 (S20)	終戦	英：工場配置法、ニュータウン委員会設立	内務省：国土計画基本方針発表、罹災都市応急簡易住宅建設要綱 戦災復興院設置　※東京大空襲・原爆投下（広島・長崎）・敗戦　戦災地復興計画基本方針閣議決定：過大都市抑制・地方振興

124

主な都市形成	主な居住地形成・まちづくり	年代
長崎：くろがね橋（初の鉄橋）	神戸：外国人居留地（歩車道区別道路等整備）、	1868 (M1)
	東京築地：外国人居留地	1869 (M2)
東京（和田倉門）大火		1872 (M.5)
上野公園・深川公園・浅草公園・飛鳥山公園・芝公園等25公園開設、銀座煉瓦街一部完成		1873 (M.6)
横浜：日本大通り完成		1875 (M.8)
		1877 (M10)
神田、函館大火		1878 (M11)
函館、日本橋大火		1879 (M12)
神田、四谷大火		1881 (M14)
		1886 (M19)
	本郷西片町借地経営	1888 (M21)
上下水道、道路整備（路面電車敷設）、日比谷公園、丸の内オフィス街＊江戸の街割継承 小樽：大規模倉庫群完成		1889 (M22)
丸の内三菱一号館竣工、山形大火	甲武鉄道開通、玉川砂利電気鉄道（株）創立	1894 (M27)
名古屋市内電車開通、東京市近代水道事業（神田・日本橋から給水開始）		1898 (M31)
大阪市：下水道改良工事完成		1899 (M32)
		1900 (M33)
		1901 (M34)
		1902 (M35)
日比谷公園開園（初の近代的洋風公園）		1903 (M36)
各地で建築物・街路、鉄道・港湾整備進む、工業化も大幅に進む。		1904 (M37)
	阪神電気鉄道開業	1905 (M38)
		1906 (M39)
大都市への人口集中により地価高騰	多摩川電気鉄道開業	1907 (M40)
		1908 (M41)
山手線電車運転開始	阪神電鉄による貸家経営（西宮）	1909 (M42)
大阪今宮第一耕地整理組合着手（宅地開発目的）、東京下町洪水被害→荒川放水路整備促進	箕面有馬電気軌道（阪急）開業、箕面電鉄（小林一三）による池田室町建売住宅	1910 (M43)
		1911 (M44)
	アメリカ村（ヴォーリス・近江八幡）	1912 (T1)
	桜新町分譲、京成電気軌道・京王電気軌道開通	1913 (T2)
東京駅竣工	東上鉄道開通、豊中、神戸で住宅地開発	1914 (T3)
都市人口増大、乱開発による市街化進行	武蔵野鉄道（西武鉄道）開通	1915 (T4)
	日暮里渡辺町（荒川区）、雲雀丘（宝塚市）	1916 (T5)
		1917 (T6)
	田園調布株式会社設立、黒澤工業村、新しき村（宮崎）	1918 (T7)
	小田急電気鉄道開通、生活改善博覧会	1919 (T8)
	箱根土地株式会社設立、大和郷、大阪府下で住宅地開発活発化	1920 (T9)
		1921 (T10)
	平和記念東京博覧会住宅展、池上電気鉄道開通、洗足、目白文化村	1922 (T11)
丸の内ビルディング、神戸市：大日土地区画整理組合、大阪：堂島ビル完成 既成市街地の区画整理事業制度化：都心・下町、2大幹線道路：昭和通り・大正通り（現靖国通り）、3大公園：隅田公園・錦糸公園・浜町公園、復興公園（小学校に隣接）、橋詰広場、隅田川6大橋梁、同潤会アパート　＊江戸の都市形態一新	田園調布分譲開始、目黒蒲田電気鉄道開通、多摩川台田園調布	1923 (T12)
	大泉学園都市、小平学園都市、城南文化村（城南田園住宅組合）	1924 (T13)
6大緑地：砧・神代・小金井・舎人・水元・篠崎	井荻町耕地整理組合設立、玉川全円耕地整理組合設立認可、国立学園都市建設開始、成城学園分譲	1925 (T14)
山手線環状運転開始	田園調布会創立・田園調布規約、東急横浜電鉄一部開通	1926 (T15)
東京都市計画道路網：都市計画区域全域の道路網計画（環状線＋放射線）、地下鉄（浅草—上野間）初開通	同潤会代官山アパート、青山アパート	1927 (S2)
	甲子園住宅地（阪神電鉄）	1928 (S3)
東京、警視庁望楼美観問題	朝日住宅展示会開催（成城）、六麓荘着手（芦屋）	1929 (S4)
東京・横浜の震災復興事業完成（東京：式典開催）	浜甲子園（阪神電鉄）	1930 (S5)
		1931 (S6)
東京市域拡張：82町村合併（都市計画区域と市域ほぼ一致）	多摩川風致地区指定（内務省告示）、同潤会江戸川アパート起工、同潤会10周年記念事業	1932 (S7)
美観地区指定（皇居外郭一帯）	玉川学園分譲	1933 (S8)
函館大火・室戸台風被災地：復興区画整理、新宿駅付近広場及周辺街路：都市計画決定、大阪市：中之島・大阪城周辺・御堂筋等に美観地区指定	東武鉄道：常盤台住宅地開発着手	1934 (S9)
		1935 (S10)
大塚・池袋・渋谷駅付近広場及周辺街路：都市計画決定	常盤台住宅地分譲開始、番町集合住宅完成	1936 (S11)
新宿駅西口：高度地区指定		1937 (S12)
	常盤台郷会結成、常盤台住宅地内規	1938 (S13)
東京市、砧緑地等6大緑地計画決定（紀元2600年記念事業）、目黒・五反田・蒲田駅等付近広場及周辺街路：都市計画決定、大阪船場に建築線指定、相模原：軍都市計画		1939 (S14)
東京、空地地区指定：区部周辺1200ha、容積率制限（30〜70%）	田園調布：初の住居専用地に指定	1940 (S15)
防空法改正：防空空地制・建物疎開・工場分散等	東京、空地地区第2次指定	1941 (S16)
関門海底トンネル開通		1942 (S17)
東京・大阪に防空空地指定		1943 (S18)
東京・大阪等大都市に建物強制疎開開始		1944 (S19)
東京都市計画局：帝都再建方策発表 被災都市215、罹災面積66000ha、罹災戸数232万戸、		1945 (S20)

年代	日本社会の出来事	世界の計画・制度	日本の計画・制度
1946 (S21)	日本国憲法公布	英：ニュータウン法	罹災都市借地借家臨時処理法公布、特別都市計画法公布、東京：戦災復興都市計画決定（街路・区画整理等）、生活保護法・地代家賃統制令・日本国憲法・財産税法公布、農地調整法改正公布（第一次農地改革基準）
1947 (S22)	キャスリン台風、飯田大火	英：都市農村計画法、米：レビットタウン	地方自治法施行
1948 (S23)	福井地震		建設院発足（内務省廃止）→建設省に、臨時防火建築規則
1949 (S24)	ドッジライン（超均衡財政方針）、シャウプ勧告（税制・行政事務配分）発表 日本国有鉄道、日本専売公社発足		戦災復興都市計画の再検討に関する基本方針閣議決定、土地改良法公布（耕地整理法廃止）、第1回建設白書発表
1950 (S25)	朝鮮戦争	印：チャンディガール	国土総合開発法、首都建設法、地方税法公布、文化財保護法施行★建築基準法公布・施行（市街地建築物法廃止）、住宅金融公庫法、建築士法公布
1951 (S26)	サンフランシスコ講和条約 日米安保条約		公営住宅法公布、土地収用法公布、建設省、不良住宅地区調査：東京・大阪・京都・名古屋・神戸
1952 (S27)	十勝沖地震 対日平和条約、日米安保条約発効	英：都市開発法、仏：ユニテ・ダビタシオン・マルセイユ	新道路法、農地法、耐火建築促進法公布、宅地建物取引業法公布 日本住宅協会設立
1953 (S28)			町村合併促進法
1954 (S29)			土地区画整理法公布、第1次道路整備計画5カ年計画
1955 (S30)	神武景気		首都圏整備の構想素案発表、住宅建設10カ年計画発表：42万戸住宅建設計画、日本住宅公団法
1956 (S31)	経済白書（もはや戦後ではない）	英：カンバーノルトニュータウン	CIAM解散、首都圏整備法
1957 (S32)		英：住居法	自然公園法、水道法、駐車場法公布、下水道普及10カ年計画
1958 (S33)		仏：都市計画プランに関するデクレ（PUD、ZUP等）	ニュータウン開発開始、下水道法公布、日本労働者協会設立、市街地開発区域整備法
1959 (S34)	国民生活白書　伊勢湾台風 岩戸景気　メートル法実施	米：連邦住宅法	首都圏の既成市街地における工業等制限法、工場立地法公布 首都高速道路公団設立、土地区画整理法改正（公共施設管理者負担金）
1960 (S35)	日米安全保障条約 所得倍増計画（池田内閣） 世界デザイン会議、三大都市圏人口集中	独：連邦建設法（Bプラン・Fプラン） K.リンチ「都市のイメージ」	建設省：広域都市建設構想、宅地総合対策、自治省発足 太平洋ベルト構想 道路交通法公布、住宅地区改良法公布 新住宅建設5ヵ年計画：1世帯1住宅目標
1961 (S36)	第1次地価高騰ピーク（工業地中心）	J.ジェイコブス「アメリカ大都市の死と生」 L.マンフォード「歴史の都市明日の都市」 瑞：ハーレンの集合住宅	農業基本法、水資源開発促進法、災害対策基本法公布、住宅ローン制度化 市街地改造法、宅地造成等規制法公布、防災区画公布 特定街区制度創設（建築基準法改正）、公団：地区市街地住宅制度創設
1962 (S37)	第1次マンションブーム	英：都市農村計画法 仏：マルロー法・長期整備区域制度新設（ZAD） 米：ニコレットモール R.カーソン「沈黙の春」	全国総合開発計画決定：拠点開発構想・地域間の均衡、建物区分所有法 新産業都市建設促進法公布
1963 (S38)	土地問題深刻化	英：ブキャナンレポート（都市の自動車交通）	新住宅市街地開発法、新産業都市建設法 近畿圏整備法、観光基本法、不動産の鑑定評価に関する法律公布、プレハブ建築協会設立 容積地区制導入（建築基準法改正）、国土建設の基本構想発表
1964 (S39)	新潟地震 東海道新幹線開通 東京オリンピック		新河川法、工業整備特別地域法 住宅地造成事業法公布、特定街区計画標準
1965 (S40)	公害防止事業団、名神高速道路全線開通 東海村に原子力発電所	独：国土整備法 L.ハルプリン「都市環境の演出」	地価対策協議会、宅地審議会答申（地価対策）、近畿圏整備計画告示、地方住宅供給公社法、山村振興法 首都圏整備計画改正（近郊地帯廃止）、公団：面開発市街地住宅制度創設
1966 (S41)	人口1億人突破 いざなぎ景気 第28回IFHP会議	第28回IFHP国際会議（上野）	古都保存法公布、中部圏開発整備法公布、住宅建設計画法公布：第1期住宅建設五カ年計画 首都圏近郊緑地保全法（近郊緑地保全区域制度）、都市開発資金法公布 流通業務市街地の整備に関する法律公布
1967 (S42)	日照権裁判（住民勝訴） 四日市ぜんそく訴訟 地方都市圏関連調査	スケフィントンレポート（住民参加・都市計画教育） 英：ミルトンキーンズ 仏：土地利用の方向づけに関する法律（SD、POS、ZAC） E.N.ベーコン「都市のデザイン」	宅地審議会第6次答申 公害対策基本法公布、近畿圏保全区域整備法 川西方式（開発指導要綱問題拡大） 美濃部東京都政
1968 (S43)	GNP世界第2位 都市政策大綱（自民党） 大学闘争全国化	米：住宅建設法および都市開発に関する法（ニュータウン法）	自民党都市政策大綱、文化庁発足 建設省：土地問題懇談会・住宅問題懇談会設置、騒音規制法、大気汚染法 新都市計画法公布：一団地の住宅施設（一団地の住宅経営）・開発許可・区域区分制度導入、期間委任事務、住民参加規定 都市計画中央審議会：線引き基準について
1969 (S44)	初の公害白書 安田講堂事件	B.ルドルフスキー「人間のための街路」	新全国総合開発計画：大規模開発プロジェクト構想、都市再開発法公布（市街地再開発事業）、東名高速道路全線開通 建設省、緑農住区開発計画調査、下水道法5カ年計画、農業振興地域整備法 地方自治：基本構想創設、地価公示法、自治省コミュニティレポート
1970 (S45)	公害国会 大阪万博 米の生産調整開始		容積率規制・総合設計制度創設、地域地区全面改定（都市計画法・建築基準法改正） 農地法改正：農地転用の届出制、水質汚濁防止法公布
1971 (S46)	ニクソンショック	独：都市建設促進法（都市再開発規定）	道路法改正：自転車専用道・歩行者専用道、地方税法改正（宅地並み課税） 自治省：コミュニティ対策綱、環境庁設置、農村地域工業導入促進法 都市計画中央審議会：公園緑地等の計画的整備（緑のマスタープラン）答申、第2期住宅建設5カ年計画
1972 (S47)	沖縄返還協定調印（佐藤内閣） 札幌冬季オリンピック 日本列島改造論（田中内閣） 第3次マンションブーム	ローマクラブ（成長の限界）	日本列島改造論、自然環境保全法、土地改良法改正（非農用地換地制度） 工場再配置促進法改正、公共の拡大の推進に関する法律改正 国土整備に関する各省構想（地方中核都市構想等）、新都市基盤整備法
1973 (S48)	第2次地価高騰ピーク（住宅地） 第1次石油ショック		3大都市圏の市街化区域農地に宅地並み課税の実施決定、大規模小売店舗法（大店法）公布 都市緑地保全法公布（緑地保全区）、工場立地法、地方税法改正（課税緩和）
1974 (S49)	GNPマイナス成長	英：都市及び地方環境保全法	都市計画法・建築基準法改正（開発許可拡充・市街地開発事業予定区域制度創設等） 国土利用計画法・生産緑地法公布、国土庁発足、新全総総点検、森林法：開発許可制度、地域振興整備公団発足
1975 (S50)	ベトナム戦争終結 沖縄海洋博	仏：土地政策改正法（法定容積率制度等）	大都市地域における住宅地等の供給の促進に関する特別措置法（大都市法） 宅地開発公団発足、国土庁：国土利用白書発表 都市再開発法改正（第2種市街地開発事業の創設） 都市計画法・文化財保護法改正（伝統的建造物群保存地区創設）
1976 (S51)	ロッキード事件、酒田大火 第4次マンションブーム	英：土地公有化法（開発利益の吸収） 蘭：道路交通法改正（ボンエルフ） ・IFHP兵庫国際会議（神戸）	建築基準法改正：日影規制、建築協定一人協定等、日本ツーバイフォー建築協会発足 建設省：高度利用地区指定標準制定、都市公園法改正（国営公園制度） 市街化区域内農地の宅地並み課税、開発許可緩和：既存宅地制度等、第3期住宅建設5カ年計画
1977 (S52)	行政改革大綱閣議決定 本州四国連絡橋起工		第3次全国総合開発計画：定住構想、住宅性能保証制度実施 建設省都市局長、緑のマスタープラン策定の推進通達
1978 (S53)	大平内閣：田園都市構想 宮城県沖地震、成田空港開港 日中平和友好条約		国土庁：定住圏モデル地区指定、住宅公団；家賃値上げ実施 住宅宅地審議会：今後の宅地政策のあり方について答申 住環境整備モデル事業
1979 (S54)	第2次オイルショック		公団：特定住宅市街地総合整備促進事業、日本プロジェクト産業協議会（JAPIC）設立、国土庁：筑波研究学園都市都心整備構想
1980 (S55)		英：1980年地方政府・計画及び土地法（開発用地公有化制度廃止等）	地区計画制度創設（都市計画法・建築基準法改正）、線引き運用通達 都市再開発法改正（都市再開発方針の策定、施行区域要件の緩和等）、農住組合法公布：農地保全を含む組合施行区画整理、過疎地域振興法

主な都市形成	主な居住地形成・まちづくり	年代
緊急防衛対策要綱（人口3万人以上都市も疎開対象）		1946 (S21)
	都営高輪アパート：都営初のRCアパート、ワシントンハイツ完成	1947 (S22)
東京、緑地地域指定告示（防空空地継承）、6大緑地の6割農地解放に★美観地区適用除外に（皇居外郭一帯）	東急電鉄建売開始	1948 (S23)
	戸山ハイツ建設	1949 (S24)
東京都：戦災復興区画整理事業地を大幅縮小、用途地域大幅見直し 東京西部山の手地域で、木賃アパートブーム	立体最小限住居	1950 (S25)
東京都宅地分譲条例公布	東京国立町：文教地区指定、宮益坂分譲アパート着工	1951 (S26)
		1952 (S27)
	多摩田園都市（城西南地区）開発構想、元石川第一土地区画整理事業	1953 (S28)
	東京、住居専用地区を区部西郊に指定、北区桐ヶ丘文化住宅：一団地の住宅経営都市計画決定	1954 (S29)
日本住宅公団設立（日本住宅公団法公布）、住宅融資保険法公布、原子力基本法公布		1955 (S30)
首都圏整備法公布（首都建設法廃止）、日本道路公団発足、都市公園法、原子力三法公布	住宅公団：多摩平団地起工式、四谷信販コーポラス完成	1956 (S31)
住宅建設5カ年計画発表：230万戸住宅不足解消		1957 (S32)
第1次首都圏整備計画、東京タワー竣工、大手町ビル完成	公団晴海アパート：初の高層アパート、香里団地	1958 (S33)
首都高速道路8路線計画決定 三菱地所：丸の内総合改造計画発表	高根台団地、多摩平団地完成、ミゼットハウス（本格プレハブ）販売	1959 (S34)
新宿副都心整備方針決定・新宿副都心公社設立	千里ニュータウン事業着手、常盤平団地	1960 (S35)
丹下健三、東京計画1960発表 学園都市構想（首都圏整備委員会）、東京新橋駅前市街地改造事業計画決定	青山地区市街地住宅	1961 (S36)
東京都人口1000万人突破、首都高速道路1号線部分開通 東京大学都市工学科設置	建築協定第1号（新宿区百人町）	1962 (S37)
東京の再開発に関する基本構想（大都市再開発問題懇談会） 筑波研究学園都市（閣議決定） 飛鳥田横浜市政		1963 (S38)
特定街区指定（霞が関ほか）・容積地区指定告示・東京オリンピック事業完成 横浜市：公害防止協定、東京都：環7内側に容積地区指定	草加松原団地	1964 (S39)
横浜市六大事業発表	多摩ニュータウン：新住宅市街地開発事業都市計画決定、川崎市：団地造成事業施行基準 代官山集合住居計画スタート	1965 (S40)
首都圏近郊整備地帯指定（近郊地帯にかわる指定）、新宿区西口地下広場完成 東京外郭環状高速道路都市計画決定、筑波学園市の計画区域決定	筑波研究学園都市計画区域決定、千葉ニュータウン構想発表、高蔵寺ニュータウン事業着手 多摩ニュータウン事業着手	1966 (S41)
美濃部革新都政スタート、丸の内：東京海上ビル建替計画発表（美観論争） 都電撤去始まる	千葉NT（印西）都市計画決定、多摩田園都市つくし野分譲開始	1967 (S42)
第2次首都圏整備計画、霞が関ビル竣工、横浜市企画調整室設置 東京都、シビルミニマム達成計画目標、区部の環状6号線外側に容積地区指定 霞が関ビル（初の超高層ビル）完成	全国で1世帯1住宅達成 コーポラティブハウス千駄ヶ谷、第2次マンションブーム	1968 (S43)
東京：区部緑地地域全面廃止（区画整理をすべき地域に指定） 東京：江東防災再開発基本構想、新東京国際空港着工、八重洲口地下街	多摩田園都市美しが丘住宅地：初のラドバーン方式、大島4丁目市街地住宅、百草団地 港北ニュータウン事業都市計画決定、千葉ニュータウン事業着手、筑波学園都市開発事業着手	1969 (S44)
東京都、風致地区条例	豊島5丁目市街地住宅、桜台コートビレッジ 町田団地白書	1970 (S45)
東京都：再開発適地調査、広場と青空構想 新宿京王プラザビル完成（新宿副都心第1号高層ビル）	東京、米軍グランドハイツ住宅地全面返還決定、多摩ニュータウン入居開始、諏訪2丁目住宅入居開始	1971 (S46)
首都圏近郊整備地帯計画 港区：赤坂地区市街地再開発基本計画、旭川モール完成	美しが丘個人住宅会建築協定	1972 (S47)
市街地再開発事業：柏駅東口地区等完成 横浜、日照等指導要綱制定	全都道府県で1世帯1住宅達成 住宅地価高騰、北摂ニュータウン事業着手	1973 (S48)
森ビル：ARK都市構想案発表	東京、光が丘公園計画決定（米軍住宅グランドハイツ跡地）、港北ニュータウン事業着手	1974 (S49)
武蔵野市マンション.指導要綱により給水中止	柿生コープ：初のコーポラティブハウス 武蔵野市：開発指導要項無視のマンション業者に水道給水拒否	1975 (S50)
第3次首都圏整備計画、東京都総合設計制度許可要綱 川崎市議会、環境影響評価に関する条例可決	茨城県営六番池団地、伝統的建造物群1次指定（妻籠宿等7地区）	1976 (S51)
	ライプタウン浜田山、竜ケ崎ニュータウン事業着手	1977 (S52)
赤坂・六本木地区再開発準備組合設立	最低居住水準以下居住の割合を半減 公団グループ分譲住宅制度創設、多摩NTタウンハウス諏訪	1978 (S53)
鈴木都政スタート、赤坂・六本木地区第1種市街地再開発事業都市計画決定 横浜市都心臨海部総合整備計画基本構想発表	若葉台団地（横浜市青葉区）入居開始	1979 (S54)
東京、環境アセスメント条例成立	汐見台ニュータウン：初の歩車共存道路（ボンエルフ）、厚木ニューシティ森の里 ユーカリが丘の住宅地開発開始、真野まちづくり構想提案	1980 (S55)

年代	日本社会の出来事	世界の計画・制度	日本の計画・制度
1981 (S56)	行革一括法成立	米：ビレッジホームズ	住宅・都市整備公団法公布（住宅公団と宅地開発公団統合）、農住組合推進事業制度要綱、神戸市：総合まちづくり条例制定、第4期住宅建設5カ年計画
1982 (S57)	中曽根内閣 老人保健法公布、東北新幹線、上越新幹線開業、中央自動車道全線開通	米：マンハッタン地区：ミッドタウン地区制 仏：地方分権化基本法	木造賃貸住宅総合整備事業要綱、国土庁「関西文化芸術研究都市基本構想」発表 建設省：区域区分見直し方針通達（市街化区域保留枠、調整区域開発許可緩和） 建築基準法施行令改正：総合設計制度の敷地規模下限引下げ 宅地並み課税強化（ただし長期営農継続農地で猶予）
1983 (S58)	政府：新行革大綱閣議決定 日本海中部地震・テクノポリス法 三宅島大噴火、中国自動車道全線開通 政府、国有地等有効利用本部設置	仏：1983年都市計画法典	市街地住宅総合設計制度創設：マンションの容積率緩和等、地域住宅計画（HOPE計画）制度、建物区分所有法改正：規約改正等決議条件緩和 建設省：規制の緩和等による都市開発の促進方策、宅地開発指導要綱に関する措置方針、市街化調整区域の開発許可の規模要件を5haに 建設省：地域住宅（HOPE）計画発足、自治省：宅地開発指導要綱の是正通達
1984 (S59)			政府：国有地・国鉄用地の有効活用の基本方針決定 建設省：一連の規制緩和のため技術基準の改訂通達 建設省：特定街区制度の改訂（街区間容積移転等の緩和措置）
1985 (S60)	つくば万博 関越自動車道全面開通 日航ジャンボ機墜落 プラザ合意・円高急進		国土庁：首都改造計画決定（オフィス需要過大予測） 自治省：地方行革大綱通知 建設省：一連の規制緩和、事業推進、事務迅速化等通達
1986 (S61)	伊豆大島三原山噴火 円高不況 前川レポート 東北自動車道全線開通	独：連邦建設法典 P.カルソープ「サステナブル・コミュニティ」	建設省：民間プロジェクト推進会議設置 新住宅市街地開発法改正（業務施設の立地許可）、民間事業者の能力の活用による特定施設の整備の促進に関する臨時措置法公布 建設省：特定街区・総合設計・高度利用地区等規制緩和通達、第5期住宅建設5カ年計画 建設省：市街化調整区域の開発許可可能の弾力的運用通達、第5期住宅建設5カ年計画
1987 (S62)	国鉄分割民営化実施 第3次地価高騰ピーク（商業地中心） 緊急土地対策要綱閣議決定 竹下内閣 ブラックマンデー	ベルリンIBA	第4次全国総合開発計画（交流ネットワーク構築・多極分散型国土）、民間都市開発の推進に関する特別措置法制定 建設省：区域区分見直し通達（線引き廃止可）、緊急土地対策要綱閣議決定、建築基準法改正：木造建築物等規制合理化（高さ制限等緩和、準防火地域内木造3階建緩和）、建築物形態制限の合理化（特定道路までの距離に応じた容積率の緩和） 第1種住居専用地域内の高さ制限に12mを追加、道路斜線の適用距離と後退距離による緩和、隣地斜線の後退距離による緩和） 国土利用計画法改正：土地取引監視区域制度導入、集落地域整備法制定（集落地区計画）、総合保養地域整備法（リゾート法）
1988 (S63)	青函トンネル開業 瀬戸大橋開通		多極分散型国土法公布、国の機関移転閣議決定、土地区画整理法改正（同意施行制度、参加組合員制度） 国土庁市街化区域農地調査：農住土地利用計画区域制度等の提案 再開発地区計画制度（緩和型）創設（再開発法・建基法改正）
1989 (H1)	天皇崩御	東欧の民主化（社会主義諸国の崩壊）	土地基本法公布、道路法改正（立体道路制度）
1990 (H2)	地価高騰全国波及 経済低迷顕著化 日米構造協議 東西ドイツ統一	英：都市農村計画法 中：城市規划法（都市計画法）	大都市地域における住宅及び住宅地の供給促進特別措置法：住宅マスタープラン 用途別容積型地区計画、住宅地高度利用地区計画導入（都計法・建基法改正） 特定商業集積の整備に関する特別措置法・生産緑地法改正 大蔵省「不動産融資総量規制」実施、湯布院町まちづくり条例
1991 (H3)	バブル経済崩壊 宮沢内閣 湾岸戦争勃発	ジョエル・ガロー「エッジシティ」 アワニーの原則（P.カルソープ等）	総合土地政策要綱、地価税法、土地資源の利用の促進に関する法律公布 生産緑地法改正：市街化区域内農地を保全農地と宅地化農地に区分し、前者を30年間営農継続の生産緑地に指定する制度 掛川市土地条例、第6期住宅建設5カ年計画
1992 (H4)	山形新幹線開業		生活大国5カ年計画閣議決定、市町村マスタープラン、用途地域の細分化、誘導容積制度導入、低層住居専用地域内の敷地面積の最低限度、木造建築物・伝統的建築物に対する規制の見直し（都計法・建基法改正）、借地借家法改正（新借地借家法）施行：定期借地権等、地方拠点都市地域の整備及び産業業務施設の再配置の促進に関する法律、生産緑地法改正、国会等の移転に関する法律、首都機能移転問題懇談会、工場等制限法廃止
1993 (H5)	ラムサール条約締結 ウルグアイラウンド（米の市場開放等） 細川内閣・東京サミット開催		行政手続法公布、特定優良賃貸住宅法 土地区画整理法改正（住宅・宅地供給促進等目的に）、環境基本法
1994 (H6)	羽田内閣 関西国際空港開港 常磐新線起工	P.カッツ「The New Urbanism」	建築基準法改正：住宅の地下室に係わる容積率の制限緩和等、地方自治法改正：中核市、広域連合制度新設 政府「地方分権の推進に関する大綱方針」閣議決定、建設省住宅マスタープラン策定通達、ハートビル法（高齢者、身体障害者等が円滑に利用できる特定建築物の建築の促進に関する法律）公布、都市緑地保全法改正（緑の基本計画等）、まちなみ・まちづくり総合支援事業創設
1995 (H7)	阪神・淡路大震災 地下鉄サリン事件 九州自動車道全線開通		地方分権推進法成立、被災市街地復興特別措置法、街並誘導型地区計画創設（再開発法・都計法・建基法改正）、住宅宅地審議会答申：21世紀に向けた住宅・宅地政策の基本的体系（市場重視の必要性）、建築物の耐震改修の促進に関する法律（耐震改修促進法）公布 都市再開発法改正（市街地再開発事業の施行要件の改善等）、神戸市復興計画、阪神淡路大震災復興計画（ひょうごフェニックス計画）決定
1996 (H8)	橋本内閣		幹線道路の沿道の整備に関する法律、都計法・建基法改正、沿道地区計画 住専処理法等金融6法成立、第7期住宅建設5箇年計画、文化財登録制度
1997 (H9)	秋田新幹線、長野新幹線開業、磐越自動車道、北陸自動車道全線開通 金融不安激化、新総合土地政策推進要綱（閣議決定） 介護保険法公布 京都議定書採択（地球温暖化防止）	独：建設法典（都市計画契約等）	密集市街地における防災街区の整備の促進に関する法律公布、防災街区整備地区計画 環境影響評価法公布 高層住居誘導地区制度創設、共同住宅の共用廊下・階段の容積率不算入（都計法・建基法改正）
1998 (H10)	長野冬季オリンピック 小渕内閣 国民清算事業団閉鎖、経済戦略会議発足 明石海峡大橋開通		21世紀の国土のグランドデザイン（五全総）、優良田園住宅の建設の促進に関する法律公布 都市計画法改正：特別用途地区の法定類型廃止・地方自治体が決定、市街化調整区域における地区計画制度拡充 建築基準法改正：住宅居室の日照規定の削除、建築確認・検査の民間開放、中間検査制度等の導入、建築基準の性能規定化、連担建築物設計制度等、特定非営利活動促進法（NPO法）成立、まちづくり三法公布（都市計画法、中心市街地の活性化に関する法律、大規模小売り店舗立地法）、大規模小売店舗立地法公布、 中心市街地における市街地整備及び商業等活性化の一体的推進に関する法律公布（特別用途地区の拡充） 都市再開発法・都市開発資金の貸付に関する法律改正（再開発方針の策定対象都市の拡大等） 再開発緊急促進制度要綱制定（再開発事業の迅速化支援措置） 特定目的会社の証券発行による特定資産の流動化に関する法律公布：不動産の証券化による流動化促進
1999 (H11)	情報公開法公布		都市基盤整備公団法公布（住宅・都市整備公団法廃止）、住宅の品質確保の促進等に関する法律公布 良質な賃貸住宅等の供給の促進に関する特別措置法公布、地方分権一括法（地方分権の推進を図るための関係法律の整備等に関する法律）成立、工場跡地等の有効利用の推進について（都市局長・住宅局長通達）、都市計画法・建築基準法改正公布：機関委任事務の廃止（都市計画は自治事務）
2000 (H12)	森内閣 介護保険制度開始 越後妻有トリエンナーレ開催 鳥取西部地震	仏：都市の連帯と再生に関する法律（SCOT、PLU）	大深度地下利用法公布、交通バリアフリー法公布、住宅宅地審議会：21世紀の住宅宅地政策（住宅性能表示制度） 都市計画区域マスタープラン・特例容積率適用区域制度・特定用途制限区域・準都市計画区域・線引き選択制・開発許可制度見直し（都計法・建基法改正）、マンションの管理の適正化の推進に関する法律公布
2001 (H13)	小泉内閣 IT不況		経済対策閣僚会議、緊急経済対策、第8期住宅建設5箇年計画、国土交通省設置（建設省・運輸省・国土庁統合）、都市再生本部発足：都市再生プロジェクト 高齢者の居住の安定確保に関する法律（高齢者住まい法）公布、土砂災害防止法公布
2002 (H14)	総合デフレ対策 国立マンション問題訴訟		都市再生特別措置法公布、都市再生緊急整備地域指定、都市再生特別地区、マンションの建替え等の円滑化に関する法律（マンション建替円滑化法）公布、ハートビル法改正 都市再開発法改正：都市計画提案制度、地区計画の再編（誘導容積型・容積適正配分型地区計画創設等） 建基法改正：容積率・建ぺい率・日影規制の選択肢の拡大（商業地域1300%上限）・シックハウス対策 構造改革特別区域法公布、土壌汚染対策法の公布、工場等制限法廃止
2003 (H15)	十勝沖地震		国土交通省：美しい国づくり政策大綱、地方自治法改正：指定管理者制度
2004 (H16)	新潟県中越地震 市町村合併進む	英：計画・収用法（地域空間戦略と地区開発フレームワーク）	景観法公布（都市計画法・建築基準法・屋外広告物法・都市緑地法等の一部改正） まちづくり交付金制度、地方自治法改正：地域自治区制度、文化財保護法改正：文化的景観

主な都市形成	主な居住地形成・まちづくり	年代
	光が丘パークタウン、神戸市：まちづくり条例制定（全国初）	1981 (S56)
東京、ワンルームリースマンション急増、世田谷区まちづくり条例制定 東京都長期計画：多心型都市構造	田園調布憲章・環境保全についての申合せ策定 木場公園三好住宅	1982 (S57)
東京都：総合設計制度許可要網緩和 赤坂・六本木地区第1種市街地再開発事業着工	つくばセンタービル開設 ほぼ半数の世帯が平均居住水準を確保	1983 (S58)
国土庁：首都改造構想発表	武蔵野市開発指導要網による水道給水拒否について有罪判決 千葉ニュータウン線開業	1984 (S59)
都庁の新宿副都心移転決定、東京都防災生活圏モデル事業 東京都心等の商業・業務用地価格高騰、土地バブル本格化 港区開発事業に係わる定住促進指導要網		1985 (S60)
東京都（区部）再開発方針決定、東京赤坂・六本木（アークヒルズ）再開発事業竣工、東京湾岸道路（株）発足 東京都第2次長期計画：多核多心型都市構造	田園調布：異常地価に伴い固定資産税に暫定措置を求める請願書等提出 東京西戸山公務員宿舎跡地払い下げ 都心部の地価高騰、郊外住宅地・他都市に波及 多摩NT：特定業務施設導入、港北NT誘致施設開設	1986 (S61)
地下鉄3号線工事着手 日比谷シャンティ（地区計画・一団地総合設計制度活用）完成	パルテノン多摩開館、つくば市誕生	1987 (S62)
三菱地所：丸の内マンハッタン計画発表、臨海副都心開発基本計画 関西文化学術研究都市木津地区起工 大手町・丸の内・有楽町地区再開発計画推進協議会発足	千葉NT：特定業務施設導入、八王子ニュータウン事業認可 最低居住水準未満世帯が全国で1割をきる	1988 (S63)
臨海副都心開発事業化計画	多摩都市モノレール決定、千葉NT株式会社設立、大川端リバーシティ21（～2000）	1989 (H1)
東京都（区部）再開発方針見直し決定 東京都第3次長期計画	板橋区：まちづくり構想案・まちづくり計画案提示 代官山地区第1種市街地再開発事業都市計画決定 全国初ケア付き高齢者住宅（ビンテージ・ヴィラ） 近代化遺産総合調査開始、ベルコリーヌ南大沢完成	1990 (H2)
東京都庁移転 東京都営地下鉄12号線（大江戸線）一部開通	多摩都市モノレール着工、世田谷区まちづくりセンター構想 田園調布3・4丁目地区計画策定、都市景観100選開始	1991 (H3)
新宿駅南口地区基盤整備事業 東京外郭環状高速道路一部開通	コモンシティ星田：コモン形式、京都仏教会ホテル景観訴訟 神戸ハーバーランド街びらき、世田谷区住宅マスタープラン策定、世田谷まちづくりセンター・ファンド	1992 (H4)
地下鉄3号線開通	土浦つくば牛久業務核都市基本構想・横浜業務核都市基本構想承認、世田谷区参加のデザイン道具箱、真鶴町美の条例制定	1993 (H5)
副都心育成・整備指針 恵比須ガーデンプレイス完成（サッポロビール工場跡再開発）	第6次マンションブーム（都心回帰）	1994 (H6)
六本木6丁目地区再開発地区計画・第1種市街地再開発事業都市計画決定 東京、ゆりかもめ開通：新橋・臨海副都心間の新交通システム	八王子立川業務核都市基本構想承認、幕張ベイタウン完成、 京都市市街地景観整備条例制定、函館市都市景観条例制定	1995 (H7)
東京都：臨海副都心計画見直し、東京都防災都市づくり推進計画 丸ビル解体	公営住宅：応能応益家賃制度、日本NPOセンター設立、かながわ県民活動サポートセンター設立	1996 (H8)
生活都市東京構想策定 大手町・丸の内・有楽町地区まちづくり懇談会発足 立川基地跡地関連地区特定再開発事業認可 常磐新線沿線開発事業着手 明治生命本館：昭和期建造物で初重要文化財指定 区部中心部整備計画、副都心整備計画 東京湾アクアライン開通	箕面市まちづくり理念条例制定、常盤台まちづくり憲章策定、月島：街並誘導型地区計画 代官山地区市街地再開発事業スタート 東京都景観条例制定	1997 (H9)
東京都・建設省「都市構造再生プログラム」策定 大手町・丸の内・有楽町地区まちづくり懇談会：ゆるやかなガイドライン公表 六本木6丁目地区市街地再開発組合設立、晴海アイランド・トリトンスクエア	真野ふれあい住宅（高齢者コレクティブ住宅） 約半数の世帯で誘導居住水準を達成、高齢者向け優良賃貸住宅供給助成事業創設	1998 (H10)
青森都市計画マスタープラン（コンパクトシティ） HAT神戸脇の浜（震災復興事業）入居開始	京都市袋路再生取扱要領、神戸市近隣住環境制度	1999 (H11)
東京構想2000：首都圏メガロポリス構想 大手町・丸の内・有楽町地区まちづくり懇談会：大手町・丸の内・有楽町地区まちづくりガイドライン、元麻布1丁目計画着工、六本木6丁目第1種市街地再開発事業着工	玉川田園調布地区計画策定、代官山アドレス竣工	2000 (H12)
東京の新しい都市づくりビジョン	国土交通省：都市景観大賞「美しいまちなみ賞」開始、ニセコ町まちづくり基本条例制定	2001 (H13)
大手町・丸の内・有楽町地区：特例容積率適用区域都市計画決定（容積率の移転）、地区計画の都市計画決定 大丸有エリアマネジメント協会設立 六本木1丁目西地区第1種市街地再開発事業完成予定 豊洲・晴海開発整備計画	荒川区近隣まちづくり推進制度、大阪府協調建替住宅設計制度 宝塚市まちづくり基本条例制定、国立マンション訴訟東京地裁判決	2002 (H14)
新しい都市づくりのための都市開発諸制度の活用方針、 東京のしゃれた街並みづくり条例制定：街並み景観提案制度 東京都：用途地域等の見直し（高度地区による絶対高さ制限導入）検討	半数以上の世帯が誘導居住水準を達成、超高層マンション急増 東京：南青山一丁目都営住宅建替事業、六本木ヒルズ完成 東雲キャナルコートCODAN（～2005）	2003 (H15)
香川県：区域区分（線引き）廃止、鶴岡市：区域区分（線引き）指定	月島：3項道路化によるまちづくり、法善寺横丁：連担建築物制度を用いた建替え	2004 (H16)

年代	日本社会の出来事	世界の計画・制度	日本の計画・制度
2005(H17)	愛知万博 構造計算書偽装問題 福岡県西方沖地震		京都議定書目標達成計画閣議決定、国土総合開発法の改正と国土形成計画法の施行、社会資本整備審議会：市場とセーフティネット、地域再生法公布：地域活力の再生に関する取組み支援
2006(H18)			社会資本整備審議会答申：集約型都市構造、都市の秩序ある整備を図るための都市計画法等の一部を改正する法律：大規模店舗等の用途規制強化、開発整備促進区の用途規制の緩和網 住生活基本法公布、住生活基本計画（全国計画）の閣議決定、建築物の安全性の確保を図るための建築基準法等の一部を改正する法律：構造計算適合性判定の導入、階数3以上の共同住宅に中間検査義務、 高齢者・障害者等の移動等の円滑化の促進に関する法律（バリアフリー新法）公布、観光立国推進基本法公布、 まちづくり三法改正
2007(H19)	能登半島地震 新潟県中越沖地震 郵政民営化スタート		住宅確保要配慮者に対する賃貸住宅の供給の促進に関する法律（住宅セーフティネット法）公布
2008(H20)	リーマンショック	IFHP国際会議（姫路・淡路で開催） 中：城郷規制法（都市農村規制法）	地域における歴史的風致の維持及び向上に関する法律公布（歴史まちづくり法） 生物多様性基本法の公布 長期優良住宅の普及の促進に関する法律の公布
2009(H21)	民主党政権		高齢者住まい法の一部改正、農地法の一部改正
2010(H22)			
2011(H23)	東日本大震災 九州新幹線全線開通		東日本大震災復興基本法公布、電気事業者による再生可能エネルギー電気の調達に関する特別措置法の公布 津波防災地域づくりに関する法律公布、住生活基本計画（全国計画）の改定（2011～15年度）、高齢者住まい法の一部改正
2012(H24)			災害対策基本法改正、都市の低炭素化の促進に関する法律（エコまち法）の公布
2013(H25)			大規模災害からの復興に関する法律（大規模災害復興法）公布、国土強靭化基本法公布、建築物の耐震改修の促進に関する法律の一部改正（改正耐震改修促進法）、交通政策基本法の公布
2014(H26)	広島市の土砂災害		都市再生特別措置法改正（誘導施設の容積率等緩和）、電気事業法の改正（小売業参入の全面自由化）、空家等対策の推進に関する特別措置法（空家特借法）公布、国土形成計画（国土のグランドデザイン2050）、立地適正化計画、マンション建替円滑化法一部改正（耐震性不足マンション建替えの容積率緩和、マンション建替型総合設計制度創設等）、地域公共交通活性化再生法改正
2015(H27)	北陸新幹線開通、川崎市簡易宿泊所火災	国連SDGs（持続可能な開発目標）採択	都市再生特別措置法公布、建築物のエネルギー消費性能の向上に関する法律（建築物省エネ法）の公布、電気事業法等の一部改正（都市ガス・熱供給に関する制度改革）
2016(H28)	熊本地震、糸魚川大火、北海道新幹線開通		住生活基本計画（全体計画）の改定（2016～25年度）、都市農業振興基本計画閣議決定
2017(H29)	天皇即位特例法成立		都市計画法・建築基準法・都市緑地法改正（田園住居地域設定・用途地域13種）、生産緑地法改正（特定生産緑地制度創設）、住宅宿泊事業法公布（民泊サービス可）
2018(H30)	西日本豪雨、大阪府北部地震		都市再生特別措置法改正（都市のスポンジ化対策・土地の集約・遊休空間の活用等）、地域再生法改正（住宅団地再生、空き家活用による移住促進、公的不動産の利用）、建築基準法改正（老人ホーム等に係る容積率制限の合理化、用途規制・接道規制・日影規制の特例許可手続等の簡素化等）、宅地建物取引業法の改正
2019 (H31/R1)	山形県沖地震、東日本台風（19号）		国土審議会土地政策分科会特別部会とりまとめ、全国版空き家・空き地バンクの機能拡大、高齢期の健康で快適な暮らしのための住まいの改修ガイドライン、建築物省エネ法改正：省エネ基準適合義務の拡充
2020 (R2)	新型コロナウィルス猛威、九州豪雨		都市計画法・都市再生特別措置法・建築基準法改正：災害ハザードエリアにおける立地抑制・移転促進等・歩きたくなるまちなかの創出・生活利便性の向上等、賃貸住宅管理業法制定、マンション管理適正化法・建替え円滑化法改正：維持管理の適正化・再生に向けた取組み強化、流域治水関連法の整備
2021 (R3)	東京オリンピック・パラリンピック、静岡県熱海で土石流		新たな住生活基本計画（全国計画）、住宅循環システムの普及・定着のため長期優良住宅の普及促進と住宅の円滑な取引環境の整備（紛争処理機能の強化）：長期優良住宅法・住宅品確法・住宅瑕疵担保法の改正、長期優良住宅型総合設計制度創設、「成長戦略フォローアップ」「エネルギー基本計画」閣議決定、災害対策基本法改正、特定河川浸水被害対策法改正
2022 (R4)	宮城・福島地震		2050年カーボンニュートラルに向けて、建築物の省エネ対策の徹底、吸収源対策の木材利用拡大等を通じ、脱炭素社会の実現に寄与。改正建築物省エネ法公布。建築基準法集団規定：形態規制（高さ制限・建蔽率・容積率）の合理化（特例許可・認定）・一団地の総合的設計制度等の対象行為の拡大、既存不適格制限の合理化。建築物再生可能エネルギー利用促進区域制度の創設。
2023 (R5)			空家等対策特別措置法改正：空家等活用促進区域の指定（建築基準法の接道規制・用途規制を合理化）、空家等管理活用支援法人（NPO法人・社団法人等）の指定、財産管理人による空家（管理不全空家・特定空家等）の管理・処分

主な都市形成	主な居住地形成・まちづくり	年代
日本橋三井タワー完成	横浜市青葉美しが丘中部地区計画施行	2005(H17)
高松丸亀町商店街A街区、表参道ヒルズ開業		2006(H18)
富山市都市計画マスタープラン（コンパクトシティ）、東京ミッドタウン・新丸の内ビルディング完成		2007(H19)
モード学園コクーンタワー完成		2008(H20)
丸の内パークビルディング完成・三菱一号館復元	鞆の浦景観訴訟（広島県、埋め立て計画を断念）	2009(H21)
COREDO室町・二子玉川ライズ完成	多摩平の森	2010(H22)
ソニーシティ大崎完成	サービス付き高齢者向け住宅の登録開始（高齢者住まい法改正）	2011(H23)
東京都：木密地域不燃化10年プロジェクト実施方針策定、東京スカイツリー完成、東京ゲートブリッジ開通、渋谷ヒカリエ完成		2012(H24)
東京都：不燃化特区制度の制定、大阪うめきた・グランフロント大阪完成、ワテラス・御茶ノ水ソラシティ・GINZA KABUKIZA完成	多摩ニュータウン諏訪2丁目住宅建替事業入居開始	2013(H25)
あべのハルカス完成 環状2号新橋・虎ノ門地区第二種市街地再開発事業III街区（環状2号線と虎ノ門ヒルズ）完成		2014(H26)
品川シーズンテラス完成、東京湾岸にタワーマンション、民泊ブーム		2015(H27)
	京橋エドグラン	2016(H28)
	東京都都市づくりのグランドデザイン、GINZA SIX・赤坂インターシティ	2017(H29)
	渋谷ストリーム・大手町プレイス・さっぽろ創世スクエア	2018(H30)
		2019(H31/R1)
	大都市圏で大規模再開発が進行	2020(R2)
		2021(R3)
		2022(R4)
		2023(R5)

おわりに

　私たちは20世紀初頭の都市部における悲惨な居住環境を克服して、安全で衛生的で、便利で快適な都市をつくり上げてきた。地球上には、今なお、安全面や衛生面などで深刻な問題を抱える都市も多く存在するが、一方で、先端技術を導入した便利で快適な都市も増加した。

　しかしながら、エネルギーや資源を大量消費する都市は、深刻な環境問題を引き起こした。都市部に過度に集中する経済活動は、農山村の疲弊をもたらした。さらに、経済効率優先で熾烈な競争社会は、利便性中心の生活スタイルをもたらし、心のゆとりや豊かさを感じにくい社会を構築した。また、人々の交流や相互助け合いを減らし、地域のコミュニティを弱体化させた。整備された住宅地が、快適で美しく便利で安全であったとしても、住民が、その地域に愛着を持て誇りが持てる地域であり、積極的に関与し地域を育てていきたいと感じられる地域でなくてはならない。

　本書では、自然共生や環境問題や、農山村、地域コミュニティについて、比較的多くのページを費やし、随所に生活者の視点からの空間計画や環境・社会を捉えたのはこのような理由によるものである。しかし、本書の執筆を通じて、さらに私たちは今、社会構造の大きな曲がり角にいるものの、その先の姿を十分に見通せていないことを痛感した。環境問題を引き起こさない社会も、豊かな農山村社会も、充実した地域コミュニティも、それらの実現方策が十分に示せているとはいえない。

　日本では、今後、人口が減少し、2050年には現在の居住地域の約2割が無居住地域になるという試算も発表されている。無居住地域となるといわれるエリアの将来像はどのようなものか、あるいは、空き家だらけの地域像はどのようなものか、その解答は見いだせていない。

　しかし、人口が減少し成長スピードが緩やかになるということは、20世紀の急成長時代には実現できなかったことや、価値を認識せずに疎かにしてしまったことを現代社会に適合させつつ実現しうる可能性がある。緑豊かで農と住が共生する21世紀型田園都市、地域の文化や伝統技術を生かした個性ある都市、多世代の人々に魅力あるコミュニティ豊かな都市などはその例といえるかもしれない。

　将来に向けて、地域にある多様な資源を生かしつつ、現在暮らしている人々の豊かさの実現に結びつけ、一歩ずつ着実に愛着と誇りの持てる地域に向かっていく。そのための柔軟な計画づくりやきめ細やかな実現の方法を導き出していく必要がある。

著者一同

◉出典

プロローグ
図1　大日本帝国陸地測量部、二万分一地形圖八王子近傍二號（其八面）連光寺、明治39年測量同42年製版　図2　国土地理院基盤地図情報数値標高モデルより作成
0.1
表1　日本建築学会『図説　集落』（P.94）都市文化社、1989　図1　桑名市輪中の郷の展示資料より作成　図2　明治大学　神代研究室・法政大学　宮脇ゼミナール　編著『復刻　デザイン・サーヴェイ『建築文化』誌再録』彰国社、2012　図3　薬袋研究室　図4　井上修二『地割の進展』（『地理学評論』33巻2号）日本地理学会、1960　図5　吉田桂二『建築の絵本　日本の町並み探求』彰国社、1988　図6　薬袋研究室（羽島愛奈）
0.2
図2、6　薬袋研究室　図3　上田篤・土屋敦夫編『町家・共同研究』鹿島出版会、1975　図4　仙台市四谷用水再発見事業　図5　渡辺一二『生きている水路　その造形と魅力』（P.40）東海大学出版会、2003　図7　大岡敏昭『江戸時代　日本の家　人々はどのような家に住んでいたか』（P.213）相模書房、2011　図8　表：薬袋研究室（三浦茜）
Column（P.12）
図　薬袋研究室
1.1.1
図1　Steen Eiler Rasmussen, "Town and Buildings: desdribed in drawings and words", 1949より作成　図2　グラスゴーで発見された文書から、Leonardo Benevolo, "The History of the Cities", MIT Press, 1980　図5　W. Davidson, "History of Lanark, and guide to the scenery, etc." British Library所蔵、1828　表1　角山榮・川北稔　編『路地裏の大英帝国』（P.96）平凡社、1982　図6　Codbury Brothers, "Bournville in 1898", Bournville Village Trust　図7、8　E. ハワード、長素連訳『明日の田園都市』（P.78、90）、鹿島出版会、1968　図9　Parker & Unwin's Original Plan of Garden City as first published, 1904
1.1.2
図1　"Le Corbusier ŒUVRE COMPLÈTE 1910 – 1929", Les Edition d'Architecture, 1964　図2　パトリック・ゲデス、西村一朗他訳『進化する都市』（P.103）、鹿島出版会、1982　表1　パトリック・ゲデス、西村一朗他訳『進化する都市』（P.306 ～ 307）、鹿島出版会、1982をもとに作成　図3　C. アレグザンダー、稲葉武司・押野見邦英訳『形の合成に関するノート／都市はツリーではない』（P.222）、鹿島出版会、2013　図4　C.アレグザンダー他者、平田翰那訳『パタン・ランゲージ』（P.311、406、466、614）鹿島出版会、1984
1.1.3
図1　稲葉和也・中山繁信『建築の絵本　日本人の住まい』（P.69）、彰国社、1983　図3、4　吉田桂二『間取り百年』（P.28、33）彰国社、2004　図5　高梨由太郎・高橋仁『文化村の簡易住宅　文化村の住宅設計図説』、左：生活改善同盟会出品住宅（P.117、123）、右：あめりか屋出品住宅（P.71,73）　図7　東京市社会局『東京市新市街不良住宅地区分布図』1934.7　図8　森地茂監修・東京圏鉄道整備研究会編著『東京圏の鉄道のあゆみと未来』（P.3）、運輸施策研究機構、2000　図9　箕面有馬電気鉄道株式会社「池田新市街平面図」池田文庫蔵、1910　図10　田園都市株式会社「田園都市多摩川台住宅地平面図」、1924
1.2.1
表1　国土交通省「全国のニュータウンリスト」より一部抜粋、2013　図1、2　UR都市機構　図3　A.B. Gallion & S. Eisner, "The Urban Pattern", D. Van Nostrand Co., 1950, 1963, 1991をもとに文章のみ翻訳　図4　Clarence A.Perry "Neighbourhood and Community Planning" 1929
1.2.2
図1　大阪府「千里ニュータウンの建設」、1970　図2　千里ニュータウン研究情報センターホームページ「千里の基本情報：近隣住区論」より　図3　住宅金融公庫『宅地造成事業現況図集』、都市計画協会所蔵、1969　図4　横浜市「港北ニュータウン土地利用計画図」（横浜国際港都建設事業・横浜北部新都市第一地区および第二地区土地区画整理事業、変更（第9回）事業計画および横浜国際港都建設計画土地区画整理事業、横浜北部新都市中央地区土地区画整理事業変更（第2回）事業計画にもとづく）　図5　UR都市機構「港北ニュータウン　グリーンマトリックスシステムによる緑と保全の活用パンフレット」、1996をもとに作成
1.3.1
表1　国土交通省「平成27年版土地白書」（P.42）をもとに作成　表2　国土交通省2014年3月の数値をもとに作成　表3　「新潟県土地利用基本計画における土地利用に関する調整指導方針」をもとに加筆　図1、2　国土交通省土地総合情報ライブラリーホームページ「制度・施策：国土調査」より　図3　国土交通省「土地利用基本計画の活用に関する研究会」、2009年2月
1.3.2
表1　総務省統計局「世界の統計2012」（P.107 ～ 109）をもとに作成　表2　農林水産省「一般企業の農業への参入状況」、2015　図1　農林水産省「耕地及び作付面積統計」より作成　図2　「農林業センサス累年統計：16耕作放棄地面積」より作成　図3　農林水産省「土地利用計画と農業振興地域制度・農地転用許可制度の概要（P.4）、2007　図4　総務省＜市街化区域内農地面積＞：「総務省固定資産の価格等概要調書」、国土交通省＜生産緑地面積＞：「都市計画年報1993 ～ 2019」　図5　練馬区都市計画図2（都市施設等）、2015年4月現在　図6　農林水産省「農村振興：市民農園をめぐる状況」ホームページより　図7　農林水産省「平成26年度食料・農業・農村の動向」、「平成27年度食料・農業・農村政策」6次産業化の推進、総合化事業計画の認定状況（農林水産省調べ）
1.3.3
図1　環境省生物多様性センター「植生調査概要：植生と植生図について」のホームページより　図2　環境省「人と自然の共生をめざして」（P.5）、2009の一部を使用し、指定地域数などについては環境省資料の新しい年次のものを使用　表1　環境省「自然環境調査：植生調査：植生自然度区分基準」　図3　環境省「自然環境・生物多様性：自然環境保全地域」のホームページより　図4　「自然環境保全地域等の行為の規制」をもとに作成　図5、6　筆者作成
1.4.1
図1　藤森照信『明治の東京計画』岩波書店、1982　図2　『エンデ・ベックマン建築図集』日本建築学会所蔵　図3　石田頼房『日本近現代都市計画の展開1868 – 2003』（P.62）自治体研究社、2004　図4　『東京市区改正委員会議事録』「陸軍省所轄麹町区永楽町外二ケ町払下地之図」より　図5　石田頼房『日本近現代都市計画の展開1868 – 2003』（P.84）自治体研究社、2004　図6　石田頼房『日本近現代都市計画の展開1868 – 2003』（P.108）自治体研究社、2004　表1　石田頼房『日本近現代都市計画の展開1868 – 2003』（P.107）自治体研究社、2004　図7　石田頼房『日本近現代都市計画の展開1868 – 2003』（P.121）自治体研究社、2004、（『土地区画整理理論（三）』建築雑誌43集527号、伊部貞吉より）　図8　内務省復興局「帝都復興の基礎区整理早わかり」　図9、10　東京都『東京の都市計画百年』（P.51）東京都都市計画局、1989　図11　越沢明所蔵（『東

京都市計画物語』（P.80）日本経済評論社、1991） 図12 東京都『東京の都市計画百年』（P.67）東京都都市計画局、1989 図13 石田頼房『日本近現代都市計画の展開1868－2003』（P.112）自治体研究社、2004

1.4.2
図1 国土交通省資料より作成 図2 国土交通省国土局「平成21年度首都圏整備に関する年次報告」（P.2） 図3 国土交通省「新たな国土形成計画（全体計画）中間とりまとめ概要」 表1 国土交通省国土局資料より作成 表2 国土交通省資料より作成 図4 石田頼房『日本近代都市計画の展開1868－2003』（P.228）自治体研究社、2004 図5 東京都『東京の都市計画百年』（P.51）東京都都市計画局、1989 図6 東京都「東京構想2000」、2000より 図7 平成23年度国土交通白書より 図8 国土交通省「国土計画や都市圏構想の変遷」 図9 国立社会保障・人口問題研究所「日本の将来推計人口（2012年1月推計）」

1.4.3
図1 国土交通省「みらいに向けたまちづくりのために－都市計画の土地利用計画制度の仕組み－」リーフレット 図2 饗庭伸・加藤仁美ほか『初めて学ぶ都市計画』（P.103）市ヶ谷出版、2008 図3 三船康道＋まちづくりコラボレーション『まちづくりキーワード事典』（P.22）、学芸出版社、2009 図4 日本建築学会『まちづくりのデザインプロセス』（P.17）、2005 図5～6 国土交通省「都市計画マスタープランリンク集」 図7 茅ヶ崎市「ちがさき都市マスタープラン（全体版）」 図8 国土交通省都市局都市計画課「立地適正化計画作成の手引き（案）」（P.48）2015年4月10日 図9 国土交通省「都市再生特別措置法」に基づく立地適正化計画概要パンフレット（2014年8月1日時点版） 図9、10 名古屋市資料（2023年）より

1.4.4
図1 国土交通省「みらいに向けたまちづくりのために－都市計画の土地利用計画制度の仕組み－」リーフレット 図2、4、5 国土交通省都市局都市計画課「都市計画法」（2023年）より 図6 住環境の計画編集委員会『住環境4社会のなかの住宅』（P.111）彰国社、1988 図7 日本建築学会『成熟社会における開発・建築規制のあり方』（P.100）技法堂出版、2013 表1 米野史健、日本都市計画家協会『都市・農村の新しい土地利用戦略』（P.87）学芸出版社、2003

1.4.5
表1 五條渉ほか『建築法規概論 四訂版』（First Stageシリーズ）実教出版、2023 表2 戸田敬里監修『ディテール6月号別冊 デザイナーのための建築・都市法規チェックリスト』彰国社、2009 図2、3 『日経アーキテクチュア』2000年10月30日号（P.46～47）を参考に作成 図4 筆者 図5 戸田敬里監修『ディテール6月号別冊 デザイナーのための建築・都市法規チェックリスト』彰国社、2009 表3 米野史健、日本建築学会建築法制委員会『社会変化に対応しうる用途規制再構築の方向性』（P.3）、2015.9

column（P.40）
表1 著者 図1 ノルトライン・ヴェストファーレン州資料、図2、3 ドイツのミュンスター市ホームページより

2.1.1
表1 薬袋研究室 図1 浜田崇・三上岳彦「都市内緑地のクールアイランド現象 明治神宮・代々木公園を事例として」『地理学評論』Ser. A Vol.67（1994）No.8 P.518－529） 図2 東京緑地計画協議会「東京緑地計画協議会決定事項収録」1939 図3 都市研究会『都市公論』第26巻9月号、1943 図4 石川幹子『都市と緑地』岩波書店、2001 図5 国土交通省「みどりの政策の現状と課題」

2.1.2
図1 国土交通省「社会資本整備審議会都市計画・歴史的風土分科会」都市計画部会公園緑地小委員会資料 表1 薬袋研究室 図2 薬袋研究室（宮脇里紗） 表2 横浜市資料より作成（横浜市環境創造局環境政策課行政運営調整局税務課、「緑豊かなまち横浜」の未来のために～「横浜みどり税」を実施します～、（発行）2009年1月） 図3 川崎市、川崎市緑の基本計画「多様な緑が市民をつなぐ 地球環境都市かわさきへ」（P.38）、2008年3月 表3 川崎市環境保全審議会緑と公園部会「川崎市における新たな緑地保全方策について－斜面緑地の保全を中心とした施策の推進にむけて－」（P.7、15）、2002年10月 図4 小布施町ホームページ資料より作成

2.1.3
表1 加藤晃・竹内伝史『新・都市計画概論 改訂2版』（P.186）共立出版、2006 図1 国土交通省「平成16年度首都圏整備に関する年次報告（平成17年版首都圏白書）」（P.75）、2005年6月より作成 図2 国土交通省「都市公園の質の向上に向けたPark-PFI活用ガイドライン」（2023年改正）より 図3 食品容器環境美化協会 表2 トトロのふるさと基金を参考に筆者作成 表3 薬袋研究室 図4 川崎市「生田緑地マネジメント会議会則」より

2.2.1
図1 水資源機構「利根川水系・荒川水系 流域図」より作成 図2 国土交通省「河川用語解説集」（P.3） 図3 福井県×福井工業大学「流域治水って？ みんなで守る、くらしの安全」 表1 薬袋研究室 図5 国土交通省「雑用水利用の現状と課題」 図6 国土交通省「東京港の変遷」 図7 産経新聞

2.2.2
図1 資源エネルギー庁「電源開発の概要」「電力供給計画」をもとにした「発電電力量の推移（一般電気事業用）」の統計数値（1980～2021）からグラフ作成 図2 IEA「Energy Balances 2020」 図3 電気事業連合会「日本の電力ネットワークの構成」を参考に作成 図4 資源エネルギー庁「再生可能エネルギーの固定価格買い取り制度について」2012の固定価格買取制度をもとに作成（なお、改正FIT法が2016年に成立予定である） 図5 総合資源エネルギー調査会基本政策分科会 電力システム改革小委員会制度設計ワーキンググループ「小売全面自由化に係る詳細制度設計について」（P.12）、2013 図6 経済産業省エネルギー庁「スマートコミュニティのイメージ」

2.3.1
図1 竹内・磯部ほか『地域交通の計画 政策と工学』鹿島出版会、2011 図2 加藤晃・竹内伝史『新・都市計画概論 改定2版』共立出版、2006 図3 国土交通省「地域公共交通網形成計画及び地域公共交通再編実施計画作成のための手引き入門編」より 図5 都市計画教育研究会『都市計画教科書 第三版』彰国社、2001 表1

2.3.2
表1 薬袋研究室 図2 イギリス運輸省編、八十島義之助・井上孝訳『都市の自動車交通 イギリスのブキャナンレポート』（P.44）鹿島出版会、1965 図3 加藤晃・竹内伝史『新・都市計画概論 改定2版』（P.161）、共立出版、2006 図4 原田昇・羽藤英二・高見淳史 編『交通まちづくり：地方都市からの挑戦』（P.121）、鹿島出版会、2015 図5 生活道路におけるゾーン対策推進運営研究会検討委員会「生活道路におけるゾーン対策推進調査研究報告書」（P.14）、2011 図6 Jan Gehl and Lars Gemzoe, "Public Spaces-Public Life", The Danish Architectural Press and the Royal Danish Academy of Fine Arts, School of Architecture Publishers, Copenhagen ,1996 図7

薬袋研究室 図8 薬袋研究室（村松和香） 図9 左地図：飯田市東野公民館「飯田大火から40年 火と水の災禍を超えて」、1987、右地図：薬袋研究室 図10 飯田市資料

2.3.3
図1、2 Thomas Adams, "The Design of Residential Areas", Cambridge, Harvard University Press, 1934 図4 新宿区パンフレット 図3,6 田中直人『建築・都市のユニバーサルデザイン その考え方と実践手法』（P.71）、彰国社、1991 図4、5、6 国土交通省 表1 土木学会『地区交通計画』国民科学社、1992

2.4.1
図1、2、4 筆者作成 図3 左：住環境の計画編集委員会『住環境の計画5 住環境を整備する』（P.57）、彰国社、1991右：世田谷区砧五丁目土地区画整理組合「砧五丁目土地区画整理事業竣工記念誌」、2000 図5 事業前：図面：佐藤滋・高見澤邦郎 他『同潤会アパートとその時代』鹿島出版会、1998事業後：図面：代官山地区第一種市街地再開発事業、代官山地区市街地再開発組合パンフレット、2006 図6 国土交通省「今後の市街地整備のあり方に関する検討会－都市問題の変遷と市街地整備政策のこれまでの取組」2007

2.4.2
図1 国土交通省「道路行政の簡単解説」（P.15） 図2 東京都、大阪府などの資料をもとに作成 図3 国土交通省「構想段階における市民参画型道路計画プロセスのガイドライン」（P.1）、2005、「構想段階における道路計画策定プロセスガイドライン」（P.5）、2013より修正 図4 国土交通省「費用便益分析マニュアル」（P.3）、2008 図5 高秀秀信編著『横浜発 住民参加の道路づくり 提案、議論、そして選択』（P.7、139）、かなしん出版、2000

2.4.3
表1 環境省「環境アセスメントガイド」、2022 図1 環境アセスメント学会「スモールアセスの勧め－自主アセス・ミニアセスなどを中心に」（P.4）、2013 表2 相模原市「相模原市環境影響評価技術指針」、2015をもとに作成 図2 環境省「環境アセスメントガイド－環境アセスメントの手続き」、2012

Column（P.64）
環境省「低炭素社会・循環型社会・自然共生型社会の統合について」、2014 図上：「環境白書平成23年」、中：「環境省エコプロダクツ2013」、下：「図で見る環境白書平成25年版」

3.1.1
図1 吉阪隆正『人間と住居 住宅問題講座第一巻』有斐閣、1965 図2、4 薬袋研究室（泉水花京子） 図3 延藤安弘ほか『計画的小集団開発』学芸出版社、1979（原資料はAmos Rapport, "House Form and Culture"（P.80）Prentice-Hall, Inc., 1969）） 表1 住環境の計画編集委員会『住環境の計画5 住環境を整備する』（P.40）、彰国社、1991 図5 室田研究室 図9 薬袋研究室

3.1.2
表1 国土交通省「戸建て住宅団地の居住環境評価に関するガイドライン」2009より一部抜粋 表2 国土交通省「住生活基本計画（全国計画）」（2021）の「成果指標」 表3 国土交通省「住宅の品質確保の促進等に関する法律」にもとづく「新築住宅の性能表示制度ガイド」2016より 図1 国土交通省「住宅・建築物の耐震化について」ホームページより作成 表4 国土交通省「住生活基本計画（全国計画）」（P.25、26）、2016をもとに作成 図2 一般財団法人建築環境・省エネルギー機構「CASBEE街区 建築環境総合性能評価システム 評価マニュアル（2014年版）」（P.12）、2014 表5、6 同上、（P.15、16）

3.1.3
表1 浜松市資料より 図1 真鶴町「真鶴町まちづくり条例 美の基準」（P.129） 図2 横浜市 図3 田園調布会資料より「田園調布憲章」「環境保全の申し合わせ」

3.1.4
表1 筆者作成 表2 戸田敬里監修『ディテール6月号別冊 デザイナーのための建築・都市法規チェックリスト』彰国社、2009 図1、5 国土交通省 表3 全国地区計画推進協議会 図2 浜松市 図3、4 東京都都市整備局 図6 目黒区、目黒区環七沿道地区計画パンフレットより 表4 美しが丘中部自治会ホームページをもとに作成 図7 横浜市都市整備局、地区計画ホームページより 図8 青葉美しが丘中部地区街づくりアセス委員会「青葉うつくしが丘中部地区街づくりハンドブック」（P.6）、2014（改定）

3.2.1
表1 筆者作成 図1 神戸市の資料をもとに作成 図2 ケヴィン・リンチ著、丹下健三・富田玲子訳『都市のイメージ』（P.22、29）、岩波書店、1968 図3 筆者作成 図4 国土交通省「緑化地域制度導入の手引き」2018

3.2.2
図1 太田博太郎・小寺武久『妻籠宿 その保存と再生』（P.85～86）、彰国社、1984 表1、図2 渡辺定夫編著『今井の町並み』（P.220）、同朋舎出版、1994 図3 国土交通省「景観計画策定・改定の手引き」2022 表2、図4、5「鎌倉市景観基本計画」（P.15、16、38）、2007

3.3.1
表1 水谷武司『自然災害と防災の科学』東京大学出版会、2002 図1 朝日新聞DIGITALの図をもとに作成 図2 気象庁ホームページ 図3 国土地理院等の資料をもとに作成 図4 東京都都市計画局総務部相談情報課『東京の都市計画百年』（P.25）、東京都情報連絡室、1989 表3、4 消防庁「東日本大震災記録集」（P.151）、2013 表5 薬袋研究室

3.3.2
図1 日本建築学会『図説 集落』都市文化社、1989 図2 国土交通省近畿地方整備局「九頭竜川流域誌」 図3 独立行政法人 防災科学技術研究所「自然災害情報室」 図4 国土地理院写真より薬袋研究室作成 図5 インパク会 図6、7『新建築学大系9 都市環境』（村上processir直、P.145、149）彰国社、1982

3.3.3
図1 静岡県「"ふじのくに"危機管理計画基本計画」（P.1）、2011 図2 科学技術振興機構「Science Window 2010年増刊号〈春〉」（P.16）、2010 図3 左：加藤晃・竹内伝史『新・都市計画概論 改定2版』（P.208）、共立出版、2006 右：三船康道・まちづくりコラボレーション『まちづくりキーワード事典 第3版』（P.131）、学芸出版社、2009 図4 江戸川区「江戸川区水害ハザードマップ」2019

3.3.4
表1 加藤晃・竹内伝史『新・都市計画概論 改定2版』（P.204）、共立出版、2006より 図1 赤旗新聞2013年1月17日 図3 大月敏雄 図4 左：日本地理学会津波被災マップ、建設省国土地理院「チリ地震津波調査報告書 海岸地形とチリ地震津波」（P.76）、1961 図5 南三陸町「『南三陸町の復興まちづくり』に関する意向調査結果」（P.2～51）、2011 図6 女川町「女川町復興計画」2011 図7 日本都市計画学会、防災・復興問題研究特別委員会『安全と再生の都市づくり』（P.216）、学芸出版社、1999

3.4.1
図2　薬袋研究室　図3　ベターリビング「平成21年度老人健康増進等事業　公的住宅団地を活用した見守りサービス拠点および福祉サービス拠点の構築に関する調査研究報告書　公的住宅団地における見守りサービス・活動支援ガイドブック」(P.17)、2010　図4　福井県坂井地区広域連合「第8期介護保険事業計画（地域包括ケア推進計画）」2021をもとに作成　表1　東海大学都市計画研究室　図5、6　薬袋研究室（高橋和子）

3.4.2
図1　彼末一之・能勢博編『やさしい生理学』（改訂第6版、南江堂、2011）より作成　図2　林知子・川崎衿子『住まい方から住空間をデザインする−図説　住まいの計画』(P.122)、彰国社、2000　図3　仙田満『環境デザイン講義』（左：P.102、右：P.104）、彰国社、2006　図4　薬袋研究室　図5,6　薬袋研究室（堀部修一、山下真弘）　図7　子どもの遊びと街研究会「三世代遊び場マップ」、1982　表2　林知子・浅見雅子・川崎衿子・大井絢子・林屋雅江『図説住まいの計画　住まい方から住空間をデザインする』第二版、(P.122)、彰国社、2000　表2　薬袋奈美子作成　図8　仙田満・上岡直見編『子どもが道草できるまちづくり』学芸出版社、2009

3.4.3
図1　厚生労働省　図3　内閣府「障害を理由とする差別の解消の推進に関する法律（障害者差別解消法＜平成25年法律第65号＞）の概要」　表1　法務局「在留外国人統計（旧登録外国人統計）統計表」（長期統計及び2010年、2015年統計）より作成　図4　法務局「在留外国人統計（旧登録外国人統計）統計表」（第4表都道府県別　国籍・地域別　在留外国人）より作成　図5　稲葉剛『ハウジングプア「住まいの貧困」と向きあう』(P.17)山吹書店、2009、および厚生労働省「ホームレスの実態に関する全国調査（概数調査）結果について」(2016年4月28日)より作成　図6　東京都「ホームレスの自立支援等に関する東京都実施計画（第3次）」(P.23)、2014　図7　大川弥生「生活不活発病（廃用症候群）− ICF（国際生活機能分類）の『生活機能モデル』で理解する」（日本障害者リハビリテーション協会「ノーマライゼーション　障害者の福祉（第29巻　通巻337号）」、2009）

4.1.1
図1　総務省農業センサス累年統計より作成　表1　総務省e-stat「農業センサス累年統計−農業編−（昭和35年〜平成22年）」(P.277)　図2　筆者作成　表2　金木健・桜井康宏「消滅集落の属性と消滅理由について：戦後日本における消滅集落発生過程に関する研究　その2」(巻号：(602)、年月次：2006−04−30　日本建築学会計画系論文集)　表3　農村開発企画委員会「平成17年度農林水産省委託　平成17年度限界集落における集落機能の実態等に関する調査」(P.41)、2006　表4　総務省　地域力創造グループ　過疎対策室「過疎地域等における集落の状況に関する現況把握調査報告書」(P.81)、2011　表5　筆者作成　表6　農林水産省資料より作成　図3,4　薬袋研究室　図5　大潟村役場　図6　農林水産省（ホームページ）資料より作成　図7　田中伸一、農村環境整備センター

4.1.2
図1　国土交通省「平成16年度　国土交通白書7章第3節　豊かで美しい自然環境を保全・再生する国土づくり1.（1）図表Ⅱ−7−3−1」、2005　図2、3　薬袋研究室　図4　山梨県資料より　図5　大和田順子、Lohas & Sustainable Style

4.2.1
図1　国土交通省資料より　表1、図2　薬袋研究室　図3　経済産業省・原子力安全・保安院ガス安全課「北海道北見市におけるガス中毒事故について」、2007　図4　薬袋研究室「地方都市の大型店立地による地区環境への影響と改善手法に関する研究（福井大学大学院修士論文）」、2006　図6　岐阜市「岐阜市都市マスタープラン全体構想」(P.8)、2008　図7　岐阜市「岐阜市都市マスタープラン全体構想」(P.7)、2008

4.2.2
図1、2　国土交通省都市局まちづくり推進課「まちづくりにおける新たな担い手の活動検討調査業務　別表　会社等の活動事例集　活動類型別の代表的な30事例の紹介」(P.11)、2012　図3　高松市民活動センター掲載、高松丸亀町商店街振興組合　高松丸亀町まちづくり株式会社「高松丸亀町　これからの街づくり戦略」より　表1、図4　薬袋研究室　図5　国土交通省都市局まちづくり推進課「2014年度　中心市街地活性化ハンドブック」より作成　図6　青森県浪岡町「浪岡町都市計画マスタープラン」(P.67)、2003

4.3.1
図1　住環境の計画編集委員会『住環境の計画5　住環境を整備する』（リム・ボン作成、P.84）彰国社、1991　図2　住環境の計画編集委員会『住環境の計画5　住環境を整備する』(P.56)彰国社、1991　図3　国土交通省国土技術政策総合研究所「密集市街地整備のための集団規定の運用ガイドブック」（国総研資料、第368号）、2007　図4　『まちづくりキーワード事典第3版』(P.40)学芸出版社、2009（国土交通省「国土交通白書2006」（ぎょうせい））　図5　伊藤雅春・澤田廣浩他『都市計画とまちづくりがわかる本』彰国社、2011　図6　薬袋研究室　図7　『まちづくりキーワード事典第3版』(P.40)学芸出版社、2009（国土交通省「国土交通白書2006」（ぎょうせい））　図8　大阪府門真市パンフレット「ええやん末広南」より作成　図9　加藤研究室　図10　筆者作成

4.3.2
図1　飯島友治『家主と店子』、（西山夘三『日本のすまいⅠ』勁草書房、1976）　図2　加藤仁美「市街地建築物法における道路幅員規定の成立経緯に関する研究」(P.154)学位論文、1992　図3　「建築知識No.620」（稲葉良太、P.113）、2007年5月　図4　神戸市ホームページ「駒ヶ林町1丁目周辺地区近隣住環境計画」より　図5　神戸市ホームページ「近隣住環境計画について」より　図6、7　大阪市都市計画局ホームページ　表1　国土交通省国土技術政策総合研究所「密集市街地整備のための集団規定の運用ガイドブック」（国総研資料、第368号）2007　図8　新宿区若葉地区地区計画リーフレットより　図9　新宿区若葉地区まちづくりのルールより

4.4.1
図1　住環境の計画編集委員会『住環境の計画4：社会のなかの住宅』(P.74)彰国社、1988　図2　上田篤「貧しい日本の住まい」朝日新聞1973年1月3日付より、絵：久谷政樹　図3　国土交通省ホームページより　図5　薬袋研究室　図6　「地方都市郊外住宅団地における住み続けに関する研究」、福井大学地域環境研究教育センター研究紀要「日本海地域の自然と環境」No.12、2005　図7　勝又済「住宅地の縮退管理の観点から見た大都市圏郊外のまちづくりの方向性」(P.40)土地総合研究2013年秋号　図8　一般財団法人世田谷トラストまちづくりホームページ　図9　薬袋研究室　図10

4.4.2
図1　団地サービス「マンションの共用部分　日常の点検と管理」(P.23)、1999より作成　図2,3　UR都市機構　図4　町田市・東京都住宅供給公社・住宅都市整備公団「町田市の「一団地の住宅施設」の将来見通し計画に関する調査報告書」（H.10.6）より作成　図5　大月敏雄「まちなみ塾2010」(P.130)住宅生産財団、2010　図6,9　加藤研究室　表1　山万株式会社「夢百科」(P.3)

第9号より作成　図7　山万株式会社「夢百科」(P.4)第9号より作成　図10　大月敏雄「まちなみ塾2010」(P.136)住宅生産財団、2010

4.5.1
図1　大谷幸夫編『都市にとって土地とは何か』(P.26、27)筑摩書房、1988（前田昭彦作成）　表1、3、図6、8　大澤昭彦「東京都区部における超高層住宅の開発動向に関する研究−人口の都心回帰と絶対高さ型高度地区導入に着目して」日本都市計画学会都市計画論文集（Vol.57、No3）、2022　図2　東京都「新しい都市づくりのための都市開発諸制度活用方針」2003　表2　織田正昭「高層住宅居住の母子の行動特性」(『建築雑誌』vol.105（No.1303））　図3、4　国土交通省　図5　UR都市機構パンフレットより　図7　国土交通省

4.5.2
図1　大手町・丸の内・有楽町地区まちづくり協議会「ゾーン・軸・拠点による整備方針図：大丸有協議会パンフレット」2017　表1、2、3　日本建築学会編（執筆：大澤昭彦）『市街地建築物法適用六大都市の都市形成と法制度』（順に、P.212、213、200）技報堂出版、2022　図3　東京都都市づくり公社「東京の都市づくり通史　第1巻」2019

5.1.1
図1　筆者作成　表1　福田巖「地縁による団体の認可事務の状況等に関する調査結果について」（総務省自治行政局調査2008年より）(P.122)、地方自治第737号　図2　辻中豊・ロバートペッカネン・山本英弘『現代日本の自治会・町内会』(P.125)、木鐸社、2009をもとにグラフを作成　図3、4、5　総務省調査　表2　内閣府NPOホームページ「特定非営利活動法人の活動分野について」2015　図6　内閣府NPOホームページ「特定非営利活動法人の認証・認定数の推移」2015　図7、8　内閣府「平成27年度特定非営利活動法人及び市民の社会貢献に関する実態調査報告書」(P.18、20)、2016　図9　内閣府「国民生活選好度調査平成18年度−家族・地域・職場のつながり」(P.72)（無回答を除いた数字から作成）、2007　図10　内閣府「平成27年度社会意識に関する世論調査」、2016

5.1.2
図1、表1、2、3　筆者作成　図2　Sherry Arnstein "A Ladder of Citizen Participation", Journal of the American Planning Association, pp. Vol. 35, No. 4, 216−224. 1969 より図の引用と筆者による説明のまとめ

5.1.3
図1　Bryson and Crosby "Policy Planning and the Design and the Use of Forum,Arenas, and Courts" (P.175−194)、Environment and Planning B: Planning and Design, 1993をもとに作成　表1　安梅勅江編著『コミュニティ・エンパワメントの技法　当事者主体の新しいシステムづくり』(P.6)、医歯薬出版、2005　図2　横浜市都市整備局まちづくりの推進に関する制度検討委員会「地域まちづくりのプロセスと支援機能のあり方」より、2005　表2　筆者作成

5.2.1
表1、2、図1　筆者作成　図2　中川ルネッサンスプロジェクト会作成「中川ルネッサンスプロジェクトの全貌」、2013

5.2.2
表1、図3　筆者作成　図1　上図：筆者作成、下図：特定非営利活動法人ふらっとステーション・ドリーム「ドリームハイツエリアマップ」ホームページより　図2　図と表　筆者作成

●撮影

薬袋Column（P.12）／1.2.1　写1／1.3.2　写1／2.1.1　写2、3、4、5／2.1.2　写1、2、3／2.1.3　写1、2、3／2.2.1　写1、2、3／3.3.2　写5／3.3.3　写1、2／3.3.4　写1／3.4.3　写1／4.1.2　写1、2／5.1.3　写1

室田　1.1.1　写1、2、3、4／1.2.2　写2、3、4、5／1.3.2　写2／1.3.3　写1／2.3.3　写1／3.1.1　図6　左上、右上／3.2.1　写4、5、6／3.2.2　写2／5.1.3　写2、3／5.2.1　写1、2、3／5.2.2　図1、図2

加藤　1.4.5　写1、2、3／2.4.1　図5　事業後／3.1.1　図6　左下／4.3.1　写1、2、3、4、5、6／4.3.2　写1、2、3、4／4.4.1　写4、5／4.4.2　写1、2、3、4／4.5.1　写1、2、3

三寺　潤　2.2.1　写2　2.3.1　写1、2、3

大月敏雄　3.3.4　写1

国土地理院　0.1　写1／2.1.1　写1（国土地院空中写真（CKT20015X−C5−19))、2001
彰国社写真部　2.3.3　写2／3.2.1　写3、4　3.3.2　写1彰国社編集部
多摩市文化振興財団（パルテノン多摩）『パルテノン多摩所蔵写真集・航空写真で見る多摩ニュータウン』、2011プロローグ　写1
日本建築学会所蔵　1.4.1　写1
毎日新聞社　1.2.2　写1
太田博太郎・小寺武久『妻籠宿　その保存と再生』(P.85〜86)、彰国社、1984 3.2.2　写1

●参考文献

0.2
図1　都市史図集編集員会『都市史図集』彰国社、1999

1.1.1
図3、4　角山榮・川北稔編『路地裏の大英帝国』平凡社、1982

1.1.3
図2　紀田順一郎『東京の下層社会　明治から終戦まで』(P.81)、新潮社、1990　図6　橋本文隆・内田青蔵・大月敏雄『消えゆく同潤会アパートメント』(P.116)、河出書房新社、2003

1.4.1
図8　石塚裕道・成田龍一『東京都の百年』(P.172)山川出版社、1986

4.4.1
図4　大月敏雄「まちなみ塾2010」(P.131)、住宅生産財団

4.4.2
図2　木下庸子、植田実　編著『いえ　団地　まち−−公団住宅　設計計画史（住まい学大系103）』住まいの図書館、2014

索 引

◆著者プロフィール

薬袋奈美子（みない　なみこ）
日本女子大学家政学部住居学科卒業
東京都立大学工学研究科建築学専攻博士課程修了、博士（工学）
現在、日本女子大学家政学部住居学科教授
専門分野：都市計画、居住地計画、住教育
著書に、『生活と住居　第二版』（2023年、共著・光生館）、『自分にあわせてまちを変えてみる力　韓国・台湾のまちづくり』（2016年、共著・萌文社）、『Agenda　家庭基礎』（2020年、共著・実教出版）、『住まいの百科事典』（2021年、共著・丸善出版）など

室田昌子（むろた　まさこ）
お茶の水女子大文教育学部地理学科卒業
東京工業大学社会理工学研究科社会工学専攻博士課程修了、博士（工学）
東京都市大学環境学部環境創生学科教授を経て、現在、東京都市大学名誉教授
専門分野：都市計画、居住環境、コミュニティ再生
著書に、『密集市街地のまちづくり―まちの明日を編集する』（2002年、共著・学芸出版社）、『ドイツの地域再生戦略　コミュニティ・マネージメント』（2010年、単著・学芸出版社）、『都市自治体と空き家―課題・対策・展望―』（2015年、共著・日本都市センター）、『世界の空き家対策：公民連携による不動産活用とエリア再生』（2018年、共著・学芸出版社）、『市街地建築物法適用六大都市の都市形成と法制度』（2022年、共著・技報堂出版）など

加藤仁美（かとう　ひとみ）
日本女子大学家政学部住居学科卒業
東京都立大学工学研究科建築学専攻修士課程修了、博士（工学）
元東海大学工学部建築学科教授
専門分野：都市計画、住宅地計画
著書に、『未完の東京計画』（1992年、共著・筑摩書房）、『かわる住宅・まちづくり』（1996年、共著・丸善）、『近代日本の郊外住宅地』（2000年、共著・鹿島出版会）、『実践・地区まちづくり』（2004年、共著・信山社サイテック）、『自治と参加・協働』（2007年、共著・学芸出版社）、『市街地建築物法適用六大都市の都市形成と法制度』（2023年、共著・技法堂出版）、『持続する郊外』（2023年、共著・青弓社）など

後藤智香子（ごとう　ちかこ）
東京理科大学理工学部建築学科卒業
東京大学大学院工学系研究科都市工学専攻修士課程・博士課程修了、博士（工学）
現在、東京都市大学環境学部環境創生学科准教授
専門分野：都市計画、まちづくり
著書に、『コミュニティデザイン学』（2016年、共著・東京大学出版会）など

三寺　潤（みてら　じゅん）
福井大学工学部環境設計工学科卒業
福井大学工学研究科システム設計工学博士後期課程修了、博士（工学）
現在、福井工業大学環境情報学部デザイン学科教授
専門分野：都市デザイン、交通まちづくり
著書に、『福井　みちづくりの歴史　改訂二版』（2011年、共著・地域環境研究所）、『福井　公共交通の歴史　改訂版』（2012年、共著・地域環境研究所）、『福井　みなとづくりの歴史』（2013年、共著・地域環境研究所）』）など

生活の視点でとく 都市計画 第2版

2016年 8 月10日　第 1 版　発　行
2024年 1 月10日　第 2 版　発　行

著　者　薬袋奈美子・室田昌子・加藤仁美・
　　　　後 藤 智 香 子・三 寺　　潤

発行者　下　　出　　雅　　徳

発行所　株 式 会 社　彰　国　社

162-0067　東京都新宿区富久町 8-21
電　　話　03-3359-3231（大代表）
振替口座　0 0 1 6 0 - 2 - 1 7 3 4 0 1

自然科学書協会会員
工学書協会会員

著作権者と
の協定によ
り検印省略

Printed in Japan

© 薬袋奈美子・室田昌子・加藤仁美・後藤智香子・三寺潤　2024 年
印刷：三美印刷　製本：誠幸堂

ISBN 978-4-395-32199-5　C3052　　　https://www.shokokusha.co.jp